中國古代戰爭通覽（一）

——上古時代至三國時代

〈軍事學術研究文集序〉

世事難料——拙著《中國古代戰爭通覽》、《中國近代戰策輯要》、《兵家必爭之地》、《歷代兵詩窺要》，皆係二、三十年前舊作，分別由大陸解放軍出版社、長征出版社、軍事科學出版社出版發行。本以為時過境遷，早成過眼雲煙，或束高閣，或散故人，大概只有自己還記得這事。不期竟蒙臺灣知書房出版社垂顧，在當今紙媒出版這麼困難的情況下，將其匯總成一套軍事學術研究文集面世。枯木也能逢春，不啻恩同再造了。

既然全是在跟歷史上的攻戰殺伐打交道，那就說說我為何喜歡歷史。

我上學沒專門學過歷史，卻好像跟歷史有緣分，較早就懂得歷史這概念，似乎應包括歷史知識和歷史意識兩個層面。人想有歷史知識，那好辦，多待幾天圖書館，多跑幾趟博物院，甚麼三墳五典、百宋千元、天球河圖、金人玉佛、祖傳丸散、祕製膏丹……全裝進腦袋裡了。有沒有歷史意識，可沒這麼簡單。須知歷史知識本身，一般是已經凝固的東西，並不能教會你如何運用它，這種運用之道，乃是歷史知識以外、歷史知識以上的能力。確實，知識和意識是有區別的，它們是不同的東西，就像吃飽了肚子，未必就長身體，學到了知識，不見得就有意識。這就是為什麼有的人雖無學問，思想卻很活躍，有的人雖有學問，卻無思想。這也即為什麼在研究工作中養成良好的思維習慣，要比擁有大量相關知識重要。所以，困難就在於既把握所應把握的一切知識，又不讓這些知識束縛自己，身陷塵封網結的故紙堆中，大腦皮層卻噼啪作響，神鶩八極，總能自覺地將歷史看作一門不能忽視已知事實的藝術，一門用實例教訓世人的哲學，是為了鑒往知來，撫古馭今，不能不對已逝歲月有所回望，不能不跟歷代先人有所對話。

有人說，但凡歷史上值得思考的事情，早被人無數次地思考過了，搞歷史在炒冷飯。真是寧跟明白人打架，別跟糊塗人吵架，我們所應當做的，只是試圖重新加以思考而已。你看世間多少事物，都是給它一種解釋之後，許多人便接受了，不再考慮對與錯。有思想的人卻不滿足，認為一定還有可研究的地方。這時候，就不要輕易放棄突如其來的感觸，那也許是某種頓悟，更不要隨便丟棄思想上的火花，那也許是將認識引向深入的亮點。聰明睿智的特徵，就在於只需看到或聽到一點，就能有更多的理解和考慮。做學問，當然得吸收前人和旁人所做的一切，然後再往前走，所謂操千曲而知音、觀千劍而識器，非盡採百家之美，不能成一人之奇，非取法至高之境，不能開獨造之域，同時也切忌模仿和因循。模仿別人，成不了那個人，因循二字，從來誤盡後生。

最後，從事軍事學術研究，最重要的學養基礎，應該是哲學、歷史和地理。讀哲學的好處是站得比較高，使你在分析、綜合、選擇、判斷各種軍事現象時，神智更清醒些，意識更超越些，不至於只見樹木不見森林，知其然不知其所以然，缺乏理論思辯的深度和力度。懂歷史，便可形成一種歷史的眼光，而任何事物一旦確立了它的歷史地位，也就瞭解了它。沒有地理知識的人，想必也沒有空間意識，研究軍事沒有空間意識，難怪總是在雲山霧罩，不著邊際。

張曉生 二〇一四年五月二十三日

臺灣版原序

中國是歷史悠久、幅員遼闊、由多民族融匯而成的國家。自從私有制出現，隨之社會分化為階級或集團以來，何日無戰？僅據有案可稽的文獻，截至清代以前，就發生過數以千計的戰爭。其中許多戰爭，規模之浩大，衝突之激烈，性質之複雜，為處於相同歷史階段的任何國家所難匹擬。認真整理一下這筆遺產，對於研究中國歷史，分析戰爭經驗，無疑非常必要。

以往雖然做過這方面的工作，往往停留在某些著名戰例上，一直缺乏系統地整理。於是三年前，我們應大陸出版社之約，從浩如煙海的史籍中，稽要鉤玄，綜合歸納，以能夠影響歷史進程和民族命運為標準，撰寫了上自黃帝、下至清末一百七十一次比較重要的戰事。

在敘述上，我們不但儘量做到脈絡清晰，將各次戰爭發生的起因、戰前有關情況、戰場地理形勢、雙方謀略及兵力部署、作戰經過、戰爭結局、勝負原因深入淺出地予以闡釋，而且注意此次戰爭與彼次戰爭的承啟關係，以期連綴起來，能夠讓讀者在有限的時間裡，一覽四千餘年來發生在中華大地上波詭雲譎的戰事。拙著在大陸出版後，反映尚好。今蒙臺灣雲龍出版社在臺灣地區出版繁體字版，不勝欣慰，亦願討教於臺灣學術界的朋友。

是為《中國古代戰爭通覽》臺灣版序。

張曉生一九八九年十一月十日

—臺灣版今序—

光陰荏苒，忽忽二十五年過去，承蒙謝俊龍先生不嫌不棄，在臺灣再版《中國古代戰爭通覽》，撫今追昔，恍若隔世。

這部書出版三年後，已是一九九一年春夏之交，遠在美國的劉長樂先生突發奇想，要搞套《中華古文明大圖集》，邀我去統稿，並為之撰寫題記。該書八部二十四集，內有《兵戰》一集。在為《兵戰》撰寫題記時，曾將搞通覽的體會梳理了一下，即當年寫得頭昏腦漲，究竟想讓讀者瞭解甚麼呢？當然希望瞭解所涉戰事，但同時又希望別僅如此，而是能由此感到——人類社會的發展，從來就不是在溫情脈脈中和平共處的，恰然相反，總是充滿無盡的矛盾和衝突。

說到我們這個幅員遼闊、人口眾多、由多民族融匯而成的國家，自從石器時代即有部族相斫以來，何日無戰？僅據有案可稽的文獻，截至清代以前，就發生過數以千計的戰事。其中許多次戰事，規模之浩大，衝突之酷烈，性質之複雜，為處於相同歷史階段的任何國家所難匹擬。正是以這種長期的、繁複的、劇烈的戰爭實踐為基礎，神州子弟嫻兵甲，華夏英雄富韜鈐，中國人高度清醒、冷靜的理知態度，首先在軍事領域獲得成熟與發達。素有禮義之邦美譽的中國，又因此被稱為兵學昌盛之國。

即如，與曾經一味依靠炫耀或硬拼武力、似乎不大講究戰略為何物的西方古代軍事界相比，中國人很早就強調「廟算」，注重「全勝為上」、「兵者詭道」、「知己知彼」、「知天知地」、「以逸待勞」、「以戰止戰」、「不戰而屈人之兵」……這些為兵聖孫子兩千五百年前便提出的著名的戰略原則，迄今仍代表著古今中外戰略研究的最高智慧。是的，拋開近代由於統治者腐朽顢頇，造成中華民族不幸落後挨打的歷史性恥辱另表，幾千年的中國人擺弄起軍事來，刀頭獵色敵寒膽，虎帳談兵鬼聳肩，演出過多少幕人類戰爭史上最為有聲有色的往事。而且，中國人似乎更清楚戰爭的目的何在，深知兵者是兇器，祇能不得已而用之，痛感最是風雲龍虎日，不勝天地慘淒情，主張倘能制侵淩，豈在多殺傷。這就使得中國兵學的大義，往往表現在這樣幾個方面：一切以現實利害為依據，非常具體地重視經驗，迅速從紛繁交錯和撲朔迷離中發現和抓住跟戰爭有關的本質與關鍵，把人的能動作用與戰爭的客觀條件聯繫起來綜合探索勝負之情。

中國古代的唯物論和辯證觀念，無疑在兵學中被集中和簡化了，使之構成中國實用理性的重要內容，給整個中國思想傳統都留下不可磨滅的印跡。這也即為甚麼兵學所總結的攻守、進退、虛實、勞逸、利害、奇正、分合等一系列軍事鬥爭中矛盾統一的概念，一旦擴展到自然現象和人事經驗，諸如明昧、高下、長短、先後、曲直、美惡、寵辱、成缺、損益、巧拙……就會成為貫穿事事物物的普遍性的共通原理。中國兵學所含真理的時空跨度，大矣哉。

是為《中國古代戰爭通覽》臺灣版今序。

張曉生二〇一四年三月三十一日於北京

目錄

第三章戰國時代

第一章

上古至西周時代

黃帝與蚩尤涿鹿之戰

距今四千六百餘年前，黃帝與蚩尤在今河北省涿縣進行了一場大戰。這是中國歷史上見諸記載的最早的戰爭。

中國北部自黃河流域到長江流域，在舊石器時代末期至新石器時代初期，便有人類活動、生息、繁衍。各氏族為爭奪適於生存的耕牧畋獵之地，競逐於中原地區，逐漸形成夏族、夷族及黎苗三大族群。當時，根據地在長江中游的黎苗族群，因境內貯藏有豐富的五金礦產，用它們的鎔品製造的大刀矛戟，比石器更為堅利，故其兵力威震天下。夏族內部的團結似乎不甚穩固，各氏族之間時常互相侵伐。黎苗首領蚩尤乘其紛爭，率領八十一個兄弟氏族發起進攻，擊敗了夏族首領炎帝榆罔，進而統治中原，自為炎帝。夏族各部落不堪忍受異族的統治，紛紛起來抵制。原立國於有熊（今河南省新鄭縣一帶）的黃帝，聯合夏族各部落，展開了反抗蚩尤的抗爭。

黃帝部族與蚩尤部族的最初接戰地點，可能在今河南省中部。黃帝深知蚩尤部族使用銅製兵器，不易抵禦，但由於他們從南方而來，對北方的天候、地形不熟悉，所以決定實施後退作戰的策略，即將他們引導到一個陌生的地域，以增加其生活和行動的困難，然後趁其戰力衰退之際，尋找機會殲滅之。根據這一構想，黃帝在兩軍初戰之後，便主動地向北引退。蚩尤部眾隨即跟蹤追擊。當進入森林蔽野的河北平原後，蚩尤部眾可能因環境生疏、氣候不適、語言隔閡、敵情不明以及飲食缺乏等因素，行動日感困難，精神上所受的威脅，也愈來愈大。到達河北省北部地區時，經過長途奔馳，他們已是疲憊不堪，其戰力和鬥志均大為減退。反之，黃帝部眾因得天候、地形之利，無形中實力相對增強。最後，黃帝於涿鹿（今河北省涿鹿縣）地區利用特殊有利的天候——狂風大作、塵沙蔽天，乘蚩尤部眾迷亂彷徨之際，以指南車指示方向，驅眾向蚩尤部眾衝擊，一舉擊潰敵軍，蚩尤亦被擒殺。

黃帝與蚩尤涿鹿之戰，為夏族與黎苗以武力爭奪中原的一次大規模戰爭。蚩尤所率的黎苗部族，無論就兵器還是就兵力來說，均較對方為優，但結果終為黃帝所敗，究其原因，主要是黃帝戰略指導的正確。如前所述，涿鹿之戰前，蚩尤部族已統治中原，而夏族各部落那時尚處於極不統一的發軔階段，如無雄才大略的黃帝起來領導夏族各部落與蚩尤抗爭，則中原可能永為蚩尤之族所盤踞，而中國此後的歷史將有所不同。可見，涿鹿之戰，實為中華民族在發軔時期決定日後面貌的大事。

夏商鳴條之戰

商湯伐夏桀鳴條之戰，發生在夏桀王十三年（西元前一七六六年）。

夏自孔甲以後，日漸衰敝。其末代共主桀，並非一個庸碌無能之人，但因荒淫自縱，近讒拒諫，所以不但不能起衰振敝，反使夏政每下愈況。此時，由殷（今河南省安陽縣西）遷至亳（今山東省曹縣）的商族，在其首領湯的率領下逐漸強大。

商湯為推翻夏朝，進行了甚為深遠的謀劃和長期的準備。他深知夏桀雖然暴虐無道，為民所棄，但夏為中原共主，已歷四百餘年，聲威餘緒，亦非自己所可比擬，況且夏桀與各諸侯間有上下名份之分，以下犯上，不易獲得人心悅服。於是，他便利用中原人民崇拜天帝的宗教思想，一面廣佈仁德，爭取夏人的擁護，一面暴露夏桀的醜惡，宣稱要替天行道、弔民伐罪。同時，又廣泛羅致賢能，增強自己的力量，如聘請伊尹主持國政，重用仲虺、汝鳩、汝房等。

在情報工作方面，商湯開創了「上智為間」的先河，推薦伊尹去夏桀處供職，觀察夏政，調查中原地形，在夏臣中策反。在軍事上，則採取蠶食政策，逐個併吞附近擁護夏朝的諸侯，以壯大自己，孤立夏朝。經過十八年的兼併擴張，原先僅有地方七十里的商湯，勢力日盛，聲望日增，諸侯多傾向於他。而夏桀對商湯的發展，不但未採取任何有效的防範措施，反而枉殺朝臣，益發荒淫殘暴，致使眾叛親離，國政紊亂，在政治上更給商湯以弔民伐罪的口實。

西元前一七六六年，商湯終於興兵伐夏。戰前，商湯作《湯誓》，極盡宣傳之能事。如聲稱「夏氏有罪，予畏上帝，不敢不正（征）」；形容人民對夏桀的仇視，有「時日曷喪，予及汝偕亡」之語。在《仲虺之誥》中，則鼓吹「東征，西夷怨；南征，北狄怨。曰：奚獨後予」，儼然以普天下的救世主自居，並有意誇大自己被人民所擁護的程度，煽動應當以商代夏的心理。當時，夏朝的首都在安邑（今山西省夏縣西北），商湯採取大迂迴作戰、切斷對方退路的戰術，由亳沿黃河南岸西進，利用大河掩護，使桀不能覺察，待至潼關附近，再渡河向北，攻擊安邑的側翼。夏桀倉促應戰，西出拒湯，戰於鳴條之野（今山西省運城縣東北）。夏師慘敗，夏桀只好放棄安邑，由太行山東南部涉黃河逃往三朡（今山東省定陶縣）。湯又移師伐三朡，桀乃奔往南巢（今安徽省巢縣），戰事遂告結束。夏朝從此滅亡，商湯成為中原共主。

綜觀商湯滅夏，舉凡近代所謂心理戰、宣傳戰、間諜戰、宗教思想戰、孤立戰以及大規模戰略迂迴行動與斷敵後方退路等，均有實際運用，洵可謂中國早期戰史中卓越不凡的戰例。

殷周牧野之戰

殷周牧野之戰，發生在殷帝紂王三十三年（西元前一〇二七年）。

周族起源於西方，遠自帝堯時代，即活動於涇渭平原之間，並由西而東，沿渭河步步東遷，至古公亶父（周文王祖父）時，已遷至今陝西省岐山縣。岐山一帶為古代渭河河谷最豐饒的地區，土地肥沃，灌溉便利，非常適於耕耘。周人遷至這裡後，農業迅速發展，人口增殖，武力亦漸漸壯大。周族所居地區，周圍的地理形勢相當優越：四面有崤函、秦嶺、黃河、北阪諸險，東向以對中原，呈高屋建瓴之勢，實為早期氏族時代興王建業之地。但統觀周族發展的歷史，其推翻殷商入主中原的企圖，似到文王才萌生。

文王姓姬名昌，曾受帝紂之封，為西伯。據《史記》記載，帝紂見諸侯多傾向西伯姬昌，故將其拘囚於羑里（今河南省湯陰縣北）。後來，帝紂接受了姬昌臣子進獻的美女、寶馬和財物，才赦免姬昌，並「賜之弓矢斧鉞」，使其掌有征伐之權。姬昌獲釋後，得姜尚（太公望）於渭濱，即下定滅殷的決心。他一面向帝紂裝出貪圖享樂的樣子，以免引起對方的疑慮，一面利用帝紂給予的「得專征伐」的大權，爭取盟國，翦殷羽翼，連征犬戎、黎、邘、崇等諸侯國，以控制進出今河南省及山西省的通道，對殷都朝歌形成包圍的態勢。姬昌逝世前，雖未曾以武力對殷商王朝實施進攻，但周族的勢力範圍，除今之陝西中部、南部、甘肅南部、山西南部以及河南中部外，已達於江漢荊楚巴蜀之地，史稱「三分天下有其二」，可見聲勢之浩大。

在周族崛起以前，殷商王朝統治中原已達六百二十餘年。殷人擁有比較進步的文化和強大的武力，不斷開疆拓土，有「邦畿千里」之說。但自第二十代帝武丁死後，國勢即轉趨衰落，至二十八代帝紂，已陷於眾叛親離的境地。相傳，帝紂原為一聰明勇武之君，「資辯捷疾，聞見甚敏，膂力過人，手格猛獸」，然而卻「智足以拒諫，言足以飾非，矜人臣以能，高天下以聲，以為皆出己下」。當時，殷臣中有箕子、微子、比干等人，均為賢能之人，帝紂一概不予重用，卻信任費申、惡來等人，遂使內部分裂，朝臣紛紛去殷奔周。

殷商統治中原既久，國勢晏安，帝紂不免縱情娛樂，所謂「沙丘鹿臺」、「酒池肉林」，即為他奢侈淫靡生活的寫照。至於殷商王朝的橫徵暴斂，嚴刑峻法，更是到了民不堪命的程度。因而，不但必然激起朝中許多大臣的反對，也引起平民和奴隸普遍的憤恨。可悲的是，帝紂一味沉浸於王位天命的傳統思想中，甚少警覺當時的危機。當文王滅黎（今山西省黎城縣）時，殷臣祖伊曾警告帝紂，可是帝紂仍認為「西伯改過易行，吾無憂矣」，並說：「不是有天命嗎？西伯能把我怎麼樣！」

周武王姬發，於帝紂二十二年（西元前一〇三八年）即位後，以太公望為師，周公旦為輔，繼續進行滅殷的戰爭準備。帝紂三十一年（西元前一〇二九年），武王為了觀察諸侯在文王死後的政治態度，檢查滅殷的準備情況，曾載文王木主（靈位）興師東進，前往孟津（亦稱盟津，今河南省孟津縣）。據史料記載，當時不期而會者，竟有八百諸侯，皆認為「紂可伐矣」。武王經過這次觀兵，得知大多數諸侯已歸附於他，但顧慮殷商勢強，伐紂時機尚未成熟，所以便以各諸侯「未知天命」為辭，下令還師。此後，武王一面繼續整軍備戰，一面加緊對殷商的謀略進攻。其進攻的要領，第一是收買內間，分化殷朝內部的團結，並促其腐化，從內部瓦解殷朝，第二是煽動中原各部族反殷向周，從外部孤立殷朝，第三是爭取邊遠民族的支持與擁護，擴大反殷的勢力。

孟津觀兵後兩年（西元前一〇二七年），帝紂淫縱暴虐，毫無悛改，殺比干，囚箕子，微子出奔於周。武王問太公望：「商朝的仁者和賢者都已經跑了，可以起兵討伐他了嗎？」太公望說：「時難得而易失。」此時，適逢殷軍主力遠在東南地區討伐東夷，一時抽調不回來。武王於是抓緊時機，立即呼籲諸侯會師孟津，同申討伐。

該年一月二十八日，武王親率戎車三百乘、虎賁三千人、甲士四萬五千人，以及庸、蜀、羌、髳、微、盧、彭、濮各部族的兵力，出潼關，循黃河，抵達孟津。各地諸侯聞訊，亦紛紛率師來會。武王作《泰誓》，備述帝紂罪狀，號召從征諸侯同仇敵愾，並向百姓宣告，此次起兵是因「殷有重罪，不可不伐」，不是與百姓為敵。深受帝紂壓迫的殷民聽到後，自然都擁護武王。二月四日，周師已進抵朝歌南郊的牧野，武王又作《牧誓》，激勵三軍將士，嚴申作戰紀律，並左持黃鉞，右秉白旄，親自指揮戰鬥。

帝紂聽說周師前來，發兵十七萬（一說七十萬）倉促應戰，歷史上有名的牧野之戰，遂告展開。周師士氣旺盛，戰力充沛，以成集團方陣的大量戰車甲士猛襲紂軍，實施中央突破作戰。紂軍人數雖多，卻大都是臨時徵集來的奴隸和戰俘，士氣低落，團結不固，故一遭突擊，即告崩潰，有的甚至掉轉矛頭，幫助周軍作戰。帝紂見全軍潰敗，大勢已去，登鹿臺自焚。殷商從此滅亡。

周武王伐帝紂，雖決於牧野一戰，但究其勝利的獲得，與其說由於軍事，毋寧說由於政治或權謀。本來，周族的實力與殷商比較，還相差甚遠，因帝紂暴虐淫侈，為中原臣民所憤恨，故文武兩王乃得乘機擴張，並以宣傳謀略手段，加深殷朝內部的矛盾，籠絡爭取中原諸侯及西南若干部族的擁護，從而造成了強大的反殷力量。

就軍事方面而言，武王選擇帝紂痲痺鬆懈、其主力遠在東南作戰的時機，直搗朝歌，可謂乘虛蹈隙。周師抵孟津後，急急渡河北進，又似在密匿其戰略奇襲，迫使帝紂於不預期的時間與地點倉促迎戰。而在牧野決戰中，周師主要得力於武器及戰術的運用。作戰一開始，周師即以大量戰車甲士猛襲紂軍，利用戰車的機動性與衝擊力，一舉突破紂軍的抵抗，迅速奠定勝利的基礎。

車戰，為中國古代戰史上的一大特色。戰車的發明與使用，雖自殷代開始，但大規模運用，以及高度發揮其突擊性能，是以此次作戰為首。這對於春秋戰國時代中原各諸侯對戰車的重視，有莫大的啟示。

犬戎顛覆西周之戰

犬戎顛覆西周之戰，發生在周幽王十一年（西元前七七一年）。

周武王滅商後，實行宗法分封，建立了西周政權。歷代周天子，利用尊祖敬宗的觀念和血緣親戚的關係，保持著宗法上天下之大宗、政治上天下之共主的地位。特別是成、康、昭、穆四代，社會安寧，倉廩殷實，是周王朝的全盛時期。但自周厲王即位後，由於信讒遠賢，暴虐無道，民多怨憤，國勢漸衰。

周厲王二十一年至二十六年（西元前八五八年至西元前八五三年），關中連年大旱，民不聊生，居住在國都鎬京（今陝西省西安市西南）的百姓，終於起來暴動，把王宮包圍起來。周厲王逃出鎬京，躲到黃河東邊的彘邑（今山西省霍縣），貴族共和出來攝政，稱為「共和行政」。後來，周厲王死於彘邑，太子靜即位，是為周宣王。周宣王實行了一些改革措施，曾使周朝表面上出現短暫的中興。但是，周宣王的統治，並沒有恢復往昔周天子的尊嚴地位，周王室搖搖欲墜的趨勢依然存在。及周宣王的兒子周幽王即位，鎬京所在的關中地區，發生了歷史上罕見的大地震，這次地震，使巍巍的岐山崩塌了，河流也乾枯了。面對著這樣嚴重的自然災害，周幽王卻不顧人民死活，仍過著奢侈荒淫的生活。他還不顧朝中大臣的反對，廢除原來的王后申后和太子宜臼，改立他所寵愛的褒姒為后，以褒姒生的兒子伯服為太子。如此一來，更加深了周王朝內部的矛盾，周王室與申國（申后的父親所建之國）之間的對立，也日趨緊張。

西周初年，周天子分封了一些內諸侯，離京城較近。周天子曾與這些內諸侯相約，如果遇到王室內亂或外族入侵等緊急情況，就在驪山頂上的烽火臺點燃烽火，諸侯望見火光或濃煙，立即出兵救應。這本是鞏固周天子統治、捍衛京城安全的一個有效措施，孰料荒唐已極的周幽王，因為褒姒不喜歡笑，為了博得褒姒一笑，竟在沒有敵情的情況下，命令兵士點燃烽火。各地諸侯望見烽煙，紛紛率兵前來勤王，聚集至驪山腳下。他們看見周幽王和褒姒正悠然自得地在烽火臺上飲酒作樂，褒姒哈哈大笑，根本沒有敵情，不禁惱羞成怒。後來，周幽王又幾次隨心所欲地點燃烽火，諸侯們再也不來了。

當時，盤踞在鳳翔以北山地的遊牧部族犬戎，不斷向外擴張掠奪，但懾於周朝的強大，一直未敢貿然對鎬京發動進攻。周幽王十一年（西元前七七一年），申侯（被廢的申后的父親）乘周朝上下交怨、危機四伏之際，勾引犬戎的軍隊大舉入侵，迅速包圍鎬京。由於鎬京西北方向無任何防禦設施，王室直接統率的「六師」，也未與來敵力戰，致使犬戎軍長驅直入，迅速包圍鎬京。周幽王把解圍的希望，寄託在諸侯前來勤王上，急忙下令點燃烽火。對那次亂點烽火十分憤慨的諸侯們，認為周幽王又是在娛樂消遣，很少有派軍隊來的。

鎬京被圍日久，援軍到達無望，周幽王只得派佞臣虢石父率百餘輛戰車出城，作試探性的攻擊，企圖僥倖取勝。虢石父率兵與犬戎軍一經接戰，即告潰散，犬戎軍乘勢衝入鎬京，大肆燒殺搶掠。司徒鄭伯友，於危急中保護周幽王由北門突圍，原擬到驪山行宮稍事休整後東奔鄭國，不料被犬戎軍追擊，鄭伯友陣亡，周幽王被殺於戲水（今陝西省臨潼縣）。

周幽王被殺的消息傳開，諸侯們才知道此次烽火並非遊戲，紛紛起兵勤王。鄭伯友封地所在的鄭國，行動最快，率先抵達鎬京外圍。鄭伯友的兒子掘突，為父報仇心切，不等其他諸侯到達，便向盤踞鎬京的犬戎發動進攻。由於雙方兵力懸殊，鄭軍失利，被迫撤退。正在這時，衛、晉、秦三國的軍隊已進抵鎬京以東地區，各路諸侯一致推舉資深望重的衛武公為統帥，指揮收復鎬京的戰鬥。衛武公決定利用夜間，分兵進攻鎬京東、南、北三門，獨留西門不攻，但卻派兵埋伏在犬戎軍西竄必經道路兩側，伺機殲滅之。入夜，諸侯軍分別發起攻擊。秦襄公率領的秦軍，因習慣於對犬戎戰鬥，給犬戎軍的殺傷力最大。犬戎軍在城內被諸侯軍擊敗，果然由西門逃竄。擔任伏擊任務的鄭軍兵力有限，未能完全堵住逃竄的犬戎軍，致使犬戎的幾個首領漏網，返回汧隴地區。

鎬京雖然收復，周朝數百年的積聚，已被搶掠一空。西元前七七〇年，被周幽王廢黜的太子宜臼，在周朝貴族和諸侯們擁立下繼承王位，是為周平王。周平王面臨鎬京殘破、犬戎仍可能隨時侵犯的嚴重形勢，決定遷都雒邑（今河南省洛陽市）。周平王東遷以後的周朝，歷史上稱為東周。

第二章

春秋時代

周鄭繻葛之戰

周鄭繻葛之戰，發生在周桓王十三年（西元前七〇七年）。

周代自武王伐紂成為中原共主，至犬戎顛覆西周，統治中原已歷三百四十餘年。西周的滅亡，標誌著周代封建制統治秩序，開始走向崩潰。西元前七七〇年，周平王在晉、鄭、秦等諸侯的保護下，將國都從關中的鎬京東遷到洛邑，以後的周代，歷史上稱為東周，即春秋戰國時代。這時，周王室直接統治的地區，已經很小，周天子名義上仍保留中原共主的地位，實際上根本號令不了諸侯。各地諸侯相互兼併，紛紛攘奪霸權。然而，春秋初年，首先在中原圖霸的，卻是一個國土不大的國家——鄭國。

鄭國在西周諸國中分封很晚，至周宣王時，才在今陝西省華縣立國。但鄭國的開國君主鄭桓公，是周厲王的幼子，周宣王的庶兄，與周王室關係相當親近。因此，周王室很依重鄭桓公，任命他為王室卿士，主持周朝中樞大政。鄭桓公早在西周尚未滅亡以前，就看到西周的統治不會長久，便把國內人民從關中地區遷到今河南省新鄭縣附近。鄭國自遷到這個四通八達的中原腹心地區後，開墾荒地，發展手工業生產和商業，國勢迅速強盛起來。

當時，北方的晉國還沒有興起，南方楚國的勢力還沒有發展到中原地區，齊國和秦國正處於自顧不暇的階段。鄭莊公繼鄭桓公之後主持周政，利用自己在周王室中的特殊地位，竭力對外實行擴張。他所採取的行動，主要是拉攏齊、魯兩國，打擊衛、宋、陳、蔡四國，滅亡許國。這樣，鄭莊公終於在中原諸侯中脫穎而出。然而，鄭莊公的圖霸，造成了他與周王室之間的矛盾，出現了「周鄭交質」、「鄭伯射王中肩」等事件。

鄭莊公由於連打勝仗，勢力愈來愈大，逐漸不把周平王放在眼裡。周平王見鄭國太專橫，不願把處理朝政的大權，都交給鄭莊公，想把一半權力私下轉交給虢公。鄭莊公知道後，很不高興。周平王既想削弱鄭莊公的勢力，又怕得罪他，便在鄭莊公面前否認此事。鄭莊公不信，於是「周鄭交質」，周平王的兒子子狐作為人質，住到鄭國去，鄭國的公子忽也作為人質，住到周都雒邑。周平王死後，周桓王決定把全部政事統統交給虢公處理，鄭莊公更是不肯讓步。周桓王一怒之下，剝奪了鄭莊公的卿士地位，並把鄭國的部分土地收為己有。鄭莊公吃了大虧，從此乾脆不去朝見周桓王了。

周桓王不能容忍鄭莊公如此無禮，於西元前七〇七年，親自統率周軍及陳、蔡、虢、衛四個諸侯國的軍隊，討伐鄭國。鄭莊公在繻葛（今河南省長葛縣以北）列陣，準備痛擊周軍。當時，周軍分為三個軍，周桓王親領中軍，虢公率領右軍和蔡、衛兩國軍隊，周公率領左軍和陳國軍隊。鄭國的子亢向鄭莊公獻計說：「陳國局勢很不穩定，軍士不想打仗，我們先打陳國，陳國軍隊必然逃散，周軍要照顧它，陣勢必然大亂，蔡、衛力量薄弱，屆時必然先退，然後我們再集中力量攻打周軍，就可以取得勝利了。」鄭莊公採納了他的計策。

戰爭一開始，鄭軍左、右軍搖動大旗，鼓聲如雷，陳軍迅速潰散，蔡、衛軍也倉皇退出戰場。

鄭軍左、中、右三軍，轉而集中攻擊周軍，越戰越勇，周軍很難抵擋。周桓王在後退時，被鄭軍的祝聃一箭射中肩膀，忍著傷痛，勉強指揮軍隊逃出重圍。鄭莊公看到周桓王的軍隊被打敗，心中暗暗高興。祝聃要求活捉周桓王，鄭莊公假仁假義地說：「侵犯天子已經不對了，怎麼能再去侮辱天子呢？我們作戰是被迫自衛，只要鄭國不受損失就行了。」鄭軍也就沒有去追擊周軍。戰後，鄭莊公為了進一步表示自己仍然「尊王」，特派大夫祭足去慰問受傷的周桓王。

周鄭繻葛之戰是周桓王發動的，本想藉由這次戰爭制服鄭國，恢復周王室的威權。但是，周王由於早已沒有實力，所以連對鄭國這樣的中等國家稱霸，都無可奈何。周王從此威信掃地，「禮樂征伐自天子出」的傳統，一去不復返。春秋初期，首先是鄭國在中原地區一度「小霸」，後來隨著齊、晉、楚、秦等大國的興起，大國爭霸的局面開始。

齊魯長勺之戰

齊魯長勺之戰，發生在周莊王十三年（西元前六八四年）。

周平王元年（西元前七七〇年）到周元王元年（西元前四七五年），是中國歷史上的春秋時代。這時，作為中原共主的周王室，已逐漸衰微沒落，失去了控制四方諸侯的力量，各諸侯國之間，則由於政治經濟發展的不平衡，出現了相互兼併、大國爭霸的局面。

齊國是周朝開國元勛太公望（姜尚）的封地，領土在今山東省北半部，土地肥沃，又富漁鹽之利，故而經濟發達，實力雄厚。周王還授予齊國輔佐周室、征伐不服從周朝統治的諸侯國的權力，更使得齊國成為春秋諸國中最強大的國家之一。位於今山東省南部地區的魯國，在春秋諸國中居於二等地位，無論是疆域，還是國力，都無法跟齊國相比。

周莊王七年（西元前六九〇年），齊國兼併了與魯國聯姻的紀國（今山東省壽光縣南），齊魯兩國的關係便緊張起來。周莊王十一年（西元前六八六年），齊魯兩國共同進攻郕國（今山東省寧陽縣北），但郕國卻為齊國所獨占，導致兩國的矛盾加深。

這年年底，齊國宮廷裡發生了一場內亂，齊襄公被殺，其堂弟公孫無知自立為齊君。公孫無知即位不久，被一幫大臣殺掉，國君的位置又空了出來。這時，分別在魯國和莒國（今山東省莒縣）避難的齊襄公的兩個兄弟公子糾和公子小白，都想趕快回到齊國去做國君。魯莊公竭力支持公子糾，甚至不惜發兵護送他回齊即位。不料公子小白捷足先登，當上了齊國的新國君，這就是日後赫赫有名的中原霸主齊桓公。齊桓公對積極支持公子糾與自己爭位的魯國，十分怨恨，魯莊公也因為公子糾沒有當上齊國的國君，非常惱怒。於是，齊魯兩國在周莊王十二年（西元前六八五年）大動干戈，戰於齊國境內的乾時（今山東省淄博市東北）。結果，魯軍戰敗，魯莊公被迫殺死公子糾，並送還齊桓公所要的管仲。

齊桓公並未就此罷休，繼續進行戰爭準備，企圖一舉征服魯國。他曾為此徵求管仲的意見。管仲回答：「未可，國未安。」建議桓公對內要革新政治和軍事，對外要結好各地諸侯，特別是南面的魯國，等齊國的力量強大起來以後再說。然而，急於馬上就向外擴張的齊桓公，沒有採納這一意見，於周莊王十三年（西元前六八四年）正月，即發兵攻魯。

乾時之戰後，魯國吸取了失敗的教訓，加緊訓練軍隊，趕造各種兵器，並疏浚了洙水，以加強國都曲阜的守備，在政治上則做了一些取信於民的事。所以，面對齊國的進攻，魯莊公決定動員全國的力量，同齊國決一勝負。

就在魯莊公要發兵應戰時，魯國有個名叫曹劌的人，請求入見。曹劌不忍看到自己的國家遭受齊國的攻掠，感到那些身居高官的人目光短淺，不懂得如何指揮作戰，因此要求參與戰事。他問魯莊公，依靠甚麼同齊國作戰。魯莊公說：「我對別人還算是寬厚的，衣物、食品之類的東西，從不肯獨自享受，總要分一些給別人。」曹劌說：「這只不過是小恩小惠，何況這些小恩小惠，又只落到少數人手裡，多數人並沒有得到，因此人民是不會為你出力的。」魯莊公接著說：

「我對神明也是很虔誠的，祭祀天地的祭品從不虛報，很守信用。」曹劌說：「對神守點小信，未必能感動神明，神也是不會降福於你的。」魯莊公又說：「我對於民間大小訴訟，雖然不能件件判斷得很清楚，但必能按照情況慎重處理。」曹劌說：「這倒是盡到了君主的責任，為老百姓辦了好事。可以與齊國決戰了。」他請求跟隨魯莊公一起去作戰，魯莊公允許他同車前往。

戰爭一開始，齊軍步步深入魯國，魯軍為保存實力，不得不暫時避開齊軍的鋒芒。當齊軍進入有利於魯軍轉入反攻的陣地——長勺（今山東省曲阜市北）時，雙方擺開了決戰的態勢。齊軍先發制人，向魯軍發起猛烈進攻。魯莊公將要下令擂鼓出擊，曹劌連忙勸止，要莊公堅守陣地，以逸待勞。齊軍求勝心切，又連續兩次發動攻勢，都未能奏效，戰力漸見衰落，鬥志亦漸沮喪。曹劌見時機已到，建議莊公反攻，魯軍一鼓作氣，即將齊軍的陣營衝垮。莊公見齊軍敗潰，欲下令追擊，又被曹劌勸阻。曹劌下車察看，發現齊軍的車轍紊亂，又登車遠望，發現齊軍的旗幟東倒西歪，判斷齊軍確是潰敗，才建議追擊。此役，魯軍重創齊軍，把齊軍趕出了國境。

戰爭結束後，魯莊公向曹劌詢問致勝的道理。曹劌說：「打仗所靠的是勇氣。第一次擊鼓衝鋒時，士氣最旺盛，第二次擊鼓衝鋒，士氣就衰退了，第三次擊鼓衝鋒，士氣就一點也沒有了。齊軍三通鼓罷，已經喪盡士氣，我軍士氣正旺，因此戰勝了他們。」他又說明未立即追擊的原因：齊國畢竟是大國，不可低估其實力，要防其佯敗，後來「視其轍亂，望其旗靡」，所以才建議追擊。

長勺之戰，魯軍之所以能用弱勢兵力擊敗遠較自己強大的齊軍，與戰前進行的取信於民的政治準備，是分不開的。曹劌也是從這一點，看到了魯國可以同齊國作戰的基礎。在戰場的選擇、反攻時機的選擇和追擊時機的選擇上，魯軍也處處掌握著制敵而不制於敵的主動權，因而獲得這場戰役的勝利。

齊桓公圖霸之戰

齊桓公圖霸之戰，起於周釐王四年（西元前六七八年），迄於周襄王九年（西元前六四三年），前後歷時三十六年。

齊魯長勺之戰後，齊桓公深知欲折服中原諸侯，必須憑藉強大的實力，於是聽從管仲的建議，努力整頓齊國內政。齊桓公六年，即周釐王二年（西元前六八〇年），管仲治理齊國已經五年有餘，所發佈的一切政令均已付諸實施，致使齊國日臻富強。而當時的中原形勢，則是周室衰微，諸侯內亂，戎狄南侵，荊楚北漸。齊桓公既已具有領導中原諸侯的實力，便展開一連串的會盟與征伐。

齊桓公欲稱霸中原，必須有一個明確的政治口號，才能師出有名。他在審時度勢後認為：周王室雖已失去號令諸侯的能力，但在名義上，畢竟還是中原的共主和宗法上的大宗，影響力還很大。因此，像鄭莊公那樣公然和周王打仗，就不能得到諸侯的同情和支持。而當時戎、狄等部族的入侵，嚴重地威脅著中原各國的安全，「攘夷」是中原各國的共同心願。要「攘夷」，就要樹立一面中原各國共同擁護的旗幟，用「尊王」的旗幟來團結諸侯，共同「攘夷」，是最恰當不過的了。於是，齊桓公終身奉行「尊王攘夷」這一策略，這使他得以九合諸侯，一匡天下。

早在齊桓公四年，即周莊王十五年（西元前六八二年）時，宋國的國君宋閔公被殺，齊桓公就曾請示周莊王，要求由他去過問此事。周莊王答應了。次年春天，齊桓公與宋、陳、蔡、邾四國之君會於北杏（今山東省東阿縣北），確定宋國的新君由宋桓公御說擔任。宋桓公不願接受齊桓公的轄制，北杏之會還沒有結束，就跑回國。齊桓公又請示周王室，以天子之命，召集陳、曹兩國的軍隊，與齊軍共同伐宋。周釐王派遣由單伯率領的周軍，亦來參戰。宋桓公無奈，只好服從齊桓公。這年冬天，齊桓公與宋、衛、鄭、單等國的君主會盟於鄄（今山東省鄄城縣北）。這次會盟，可視作齊桓公霸業的開始，因為宋、鄭、衛三個主要鄰國均已服齊。

齊桓公八年，即周釐王四年（西元前六七八年），齊桓公因楚國滅息（今河南省息縣）入蔡（今河南省上蔡縣西南），北侵中原之勢甚急，而鄭國此時態度遊移，暗中通好於楚，便遣兵與宋、衛之軍合力伐鄭，以迫使鄭國堅定留在中原同盟內的決心。然後，齊桓公又不計舊怨，爭取魯國支持，派人與魯莊公約定在柯地見面，雙方都不帶刀劍。但到了會上，魯莊公及其大夫曹劌都帶著劍，曹劌並拔劍要挾齊桓公，讓其歸還侵佔的魯地，改以汶河為兩國國境。齊桓公迫於形勢，不得已而答應。回到齊國後，齊桓公越想越不是滋味，決定悔約。管仲認為，不可失信於諸侯，答應了的事情，就應該做到。齊國終於把汶陽之地歸還了魯國。此舉，使魯國也加入了齊桓公領導的中原同盟，並使齊桓公在諸侯中贏得「信義之君」的美譽。

齊桓公二十三年，即周惠王十四年（西元前六六三年），山戎侵入燕國，燕莊公向齊國告急。齊桓公遂興師討伐山戎，順便滅亡了孤竹國（今河北省盧龍縣一帶）。燕莊公十分感激齊桓公，欲親送齊桓公回國。齊桓公說：「非天子，諸侯相送不出境，吾不可無禮於燕。」他還把與燕莊公告別的地方（屬於齊境）給了燕國。其他諸侯聽說此事，都稱讚齊桓公賢明有禮。伐山戎之戰兩年後，狄人又侵掠邢國（今河北省邢臺市西南）和衛國，邢軍敗潰，衛懿公被殺。齊桓公乃親率宋、曹兩國的軍隊伐狄，大敗狄人，修築夷儀城（今山東省聊城縣西），以收容邢國的百姓，修築丘城（今河南省滑縣東），以保存衛國，並派兵助其防守。

齊桓公既已北破戎狄，解除了後顧之憂，便可轉向對楚作戰。齊桓公三十年，即周惠王二十一年（西元前六五六年），齊國會合魯、宋、陳、衛、鄭、曹、許八國之軍，越蔡境伐楚，抵達楚國邊邑陘地（今河南省郾城縣陘亭）。楚成王得知諸侯聯軍侵入楚境，派大臣屈完去見管仲，責問管仲說：「齊國在北海，楚國在南海，兩國相隔這麼遠，為甚麼齊國的軍隊要來侵犯楚國呢？」管仲回答道：「過去召公和康公（周武王的兄弟）曾對我齊國的先君太公說：五侯九伯若不老實，你都可以討伐，以輔佐王室。並賜給太公一雙鞋，允許他穿著這雙鞋東到大海，西到黃河，南到穆陵，北到無棣。你們楚國不向周王進貢祭祀用的包茅，而且過去周昭王南征路過楚國時，你們故意叫他乘坐一隻用膠黏合起來的破船，使他淹死在漢水裡。我們就是來責問這兩件事的。」屈完說：「不貢包茅是不對，以後會入貢，若問昭王淹死的事，就請去問漢水吧。」兩人的態度都很強硬。

於是，齊桓公率領諸侯聯軍繼續向前挺進。楚成王又派屈完去講和，要諸侯聯軍退軍。齊桓公志得意滿，陪同屈完視察中原各國的軍隊，對屈完說：「用這些軍隊打仗，哪一個敵人，不被我們打敗呀！」屈完說：「齊國若講道義，人家才服從。若拚武力，我們楚國有漢水、方城之險，你們軍隊雖多，也是沒有用的。」齊桓公見楚國已有準備，用武力難以征服，便決定與楚國言和，雙方在召陵訂立了盟約。會後，楚成王派屈完帶著包茅去朝見周惠王，以表示尊崇周王室。

次年，周惠王因寵愛惠后，欲廢除太子鄭，而改立王子帶（惠后所生）為太子。齊桓公乃於這年八月，召集宋、魯、陳、衛、鄭、許、曹等七國諸侯，在首止（今河南省睢縣首鄉）開會，明確表示擁護太子鄭。周惠王討厭齊桓公干涉其內政，命令鄭文公不要去參加該會。齊桓公因此於周惠王二十三年（西元前六五四年）夏天，會合宋、魯、陳、衛、曹五國之軍伐鄭，聲討其逃盟之罪。但正當諸侯聯軍進攻新城（今河南省密縣）之際，楚國也出兵伐許（今河南省許昌縣），藉以救鄭。諸侯聯軍圍攻新城不克，乃移兵救許而還。不久，周惠王死，太子鄭（即周襄王）懼怕其弟王子帶篡位，不敢發喪，告難於齊。齊桓公聞訊，立即約請宋、魯、衛、許、陳、曹、鄭國的君主會盟於洮（今山東省濮縣西南），承認周襄王作為中原共主的合法地位。齊桓公並在周襄王元年（西元前六五一年）夏天，召開葵丘之會，盟誓效忠周王室。此時，齊桓公的霸業達到頂峰。

齊桓公在周王室衰微、中原諸侯混亂、四周外族入侵的形勢下，努力振興齊國，團結中原諸侯，使中原地區少受戰亂破壞，其歷史功蹟是應當肯定的。齊桓公在戰爭思想上，也頗有建樹，如先征服為害急切的戎狄，然後再作制楚的準備，對戎狄採取軍事上的直接攻擊，對楚則採取軍事和外交上的聯合行動，以不戰而屈人之兵。

宋楚泓水之戰

宋楚泓水之戰，發生在周襄王十四年（西元前六三八年）。

自周釐王四年（西元前六七八年）至周襄王九年（西元前六四三年），為齊桓公領導諸侯稱霸中原之年。齊桓公死後，中原諸侯失去一匡天下的領導人，無所適從，立刻形成一片散沙。當時的幾個大諸侯國，齊國因齊桓公的五個兒子爭奪君位而國內大亂，晉、秦兩國相互混戰，暫時無力過問中原，於是有資格爭奪霸權的，只剩下南面的楚國了。楚國侵淩中原的企圖，受齊桓公的遏制，已達三十餘年，齊桓公既死，出現了其北進中原的良機。然而，就在這時候，有個叫宋襄公的不自量力，也想嚐嚐當霸主的滋味。

宋襄公圖霸的野心很大。宋國是周初分封殷代貴族微子啟建立的國家，為周王室的賓國，國力雖然不強，其國君的爵號是上公，地位在所有諸侯之上。宋襄公見周室衰微，中原諸侯自齊桓公死後，已沒有發號施令之人，因此不僅想繼承齊桓公的霸業，而且欲乘中原空虛之際，恢復殷商的故業。特別是在他受齊桓公生前的委託，帶領幾個小國的軍隊，護送齊桓公的太子回齊即位後，更是狂妄不可一世，自認為足以代替齊桓公的霸業。

但是，霸主的地位是不能自封的，必須取得諸侯擁護才行。於是，宋襄公仿效齊桓公的做法，召集一些諸侯舉行會議，藉以抬高自己的聲望。他恐怕大國諸侯不聽他的號令，就約請幾個小國諸侯來開會。不料，就連那些小國諸侯，也沒有按時到齊，滕國諸侯遲到，鄫國諸侯乾脆不到，曹國諸侯會還沒開完，就偷跑回國了。宋襄公一怒之下，把滕侯關押起來，把鄫侯殺了祭睢水神，又出兵壓服了曹國。接著，他便與楚國打交道，企圖讓楚國也參加由他領導的盟會。

宋襄公欲霸中原，重興殷商，這與楚成王進取中原形成利害衝突。楚成王正想借機打擊宋國，便應允與宋襄公在鹿上（今安徽省太和縣西）見面。宋國的公子目夷（宋襄公的庶兄），勸宋襄公說：「宋國是一個小國，小國爭當盟主，是要招致災禍的。」宋襄公聽後，無動於衷。在鹿上之會上，他興高采烈，並要求楚成王約請他的盟國，出席下一次在盂（今河南省睢縣西北）舉行的諸侯大會。老謀深算的楚成王，早把宋襄公玩於股上，又很痛快地答應了。

這年秋天，宋、楚、鄭、陳、蔡、曹、許等國諸侯集會於盂。公子目夷勸宋襄公多帶些兵車，以防不測。宋襄公自詡素以仁義待人，不能失信於諸侯，便輕車簡從前往。公子目夷嘆道：「宋國的禍事到了，國君的欲望太高了，如果楚國不守信義，我們宋國怎麼對付得了呀！」宋襄公原以為，這次會談既然是由他提議召開的，當然得由他擔任盟主，不料剛剛到會，他就被楚成王手下的軍隊活捉了去。楚軍乘勢攻宋，宋國的軍隊和民眾進行了頑強的抵抗，楚軍才沒有攻下宋國。後來，由於魯僖公代宋國向楚國說情，楚成王也覺得在宋襄公身上，已經榨不出甚麼油水，於那年冬天釋放了宋襄公。

宋襄公回國後，十分痛恨楚成王的不講信義，並氣憤眾諸侯不肯靠攏他，決心先討伐鄭國，顯示一下自己的威風。大司馬公孫固和公子目夷，認為攻打鄭國可能引起楚國出兵干涉，勸宋襄公忍耐一下。宋襄公卻說：「如果上天不嫌棄我，殷商故業是可以復興的！」公子目夷嘆道：「復興上天早已拋棄了的殷商，定難成功。」宋襄公歷來瞧不起鄭國，正想借攻打楚國的這個盟國出口窩囊氣，執意伐鄭。這時，鄭文公適偕其夫人芈氏（楚成王之妹）朝楚返國，聽說宋國來攻，告急於楚。楚成王立即興兵，伐宋救鄭。宋襄公得到這個消息，才知道事態果然嚴重，急忙從鄭國撤軍。

周襄王十四年（西元前六三八年）十月底，宋軍返抵宋境，楚軍猶在陳國境內向宋國挺進途中。宋襄公為阻擊敵人於邊境，屯軍泓水（今河南省商丘縣與柘城縣之間）以北，等待楚軍到來。十一月一日，楚軍進至泓水南岸，並開始渡河。宋大司馬公孫固，見宋軍與楚軍寡眾懸殊，建議宋襄公，乘楚軍渡到河中間時予以掩擊。宋襄公皺起眉頭想了想，說：「好是好。可是，我們的軍隊是講仁義的，怎麼能乘人之危而圖僥倖呢？」楚軍於是從容地渡過泓水。楚軍正在佈陣，公子目夷又勸宋襄公，乘楚軍列陣未畢發動攻擊。宋襄公仍不同意，說：「不行，講仁義的人，不能攻擊不成陣勢的隊伍。」當楚軍已佈好陣勢，宋襄公才擊鼓向楚軍進攻，而且身先士卒，親自領兵前進。然而，正當宋軍向楚軍中央突進時，楚軍兩翼忽向宋軍實施左右包圍，宋軍大敗。大司馬公孫固，掩護腿受重傷的宋襄公突出重圍，倉皇逃回宋國，泓水之戰遂告結束。

戰後，許多大臣埋怨宋襄公實在糊塗。宋襄公仍然振振有詞地說：「我們做君子的，要講仁義道德，不能在敵人有危險的時候，去襲擊他們，不能捕捉頭髮花白的老兵為俘虜，不能在敵人沒有整頓好隊伍前，就擊鼓作戰。」公子目夷實在忍不住了，反駁他：「國君不懂得戰爭。強大的敵人處於不利地形，這是老天爺在幫助我們，乘機發起進攻，不是最恰當的嗎？即使這樣，還怕不能取得勝利呢！對方頭髮花白的老兵，也是敵人，怎麼能不俘虜呢？讓敵人擺好陣勢，再和他們打，簡直是自尋失敗！」宋襄公還是執迷不悟。而且，他認為楚國在打仗時太不講道理，愈想愈氣，加上受了箭傷，第二年夏天便死去了。

宋襄公圖霸失敗，一方面由於他既無雄厚的國力，又缺乏能戰的強兵，另一方面由於他意在恢復早已滅亡的殷商，開歷史的倒車，必然陷於孤立無援的境地。宋襄公的戰術見解，亦十分謬誤。兵法云：「殺人安人，殺之可也；攻其國，愛其民，攻之可也：以戰止戰，雖戰可也。」戰爭當以求勝為第一。宋襄公自矜仁義，甚至在強大的敵人面前也來這一手，可謂愚腐至極。其結果，只能是騙人害己，貽笑四方。

晉楚城濮之戰

晉楚城濮之戰，發生在周襄王二十年（西元前六三二年）。

楚國自泓水之戰擊敗宋國後，聲威大振，一時在中原已無敵手。楚成王掌握這有利時機，向黃河流域迅速擴展，相繼控制了魯、鄭、陳、蔡、許、曹、衛、宋等許多中小國家。楚成王對於中原弱小諸侯的策略，為親善與鎮壓並用。泓戰以前，陳國通宋，則派大軍討之，泓戰以後，宋成公來降，則予以優厚禮遇。對於未與楚國結盟的齊、晉、秦三個大國，亦區別對待。對齊則擁立公子雍，並派兵駐守穀邑監視他，同時任用齊桓公的七個兒子為楚國大夫，以收攏齊國人心；對晉則以隆重的禮節，接待流亡至楚的重耳（即後來的晉文公），為楚國插手中原減少一個對手，預先聯絡感情；對秦則派重兵屯守商密（今河南省淅川縣荊紫關）等地，以阻秦軍東出。

當時的齊國，自齊桓公死後，便捲入內亂的漩渦，已喪失了霸主地位。當時的秦國，正致力於向西方兼併，對東方諸侯的爭霸，常採取觀望中立的態度。於是，有心與楚國爭霸的，就只有逐漸強盛起來的晉國了。

晉國在西元前七世紀中葉以後，便開始兼併周圍小國和遊牧部落，統一了汾河流域，並把國土擴展到今晉、陝、豫之間的三角地帶，控制了析城、王屋、崤函及黃河、洛水、桃林諸險，為晉國爭霸中原做好準備。周襄王十六年（西元前六三六年），流亡在外十九年的晉公子重耳，在秦國幫助下回國即位。他即位後，進行了一連串內政改革與爭取盟國的外交活動，使晉國的國力一天比一天強盛。這時，他已經是六十多歲的老人了，覺得自己當國君的時間沒多長了，因此雄心勃勃地急著想當霸主。晉文公所採取的戰略，簡言之，即為：尊王室，聯齊秦，與楚爭霸。

晉文公鑒於齊桓公與宋襄公圖霸的經驗教訓，深知採取齊桓公「尊王攘夷」的辦法，乃是事半功倍之策。故而，當周王室發生內亂，周襄王逃到鄭國，派遣使者向秦、晉等國求救時，晉文公馬上帶領軍隊前去救援，還親自護送周襄王返回王都雒邑。此舉大大提升了晉國在諸侯中的威信，並獲得周襄王賞賜的陽樊、溫（今河南省溫縣西）、原（今河南省濟源縣西北）等地。晉文公遂派人大力經營這一對爭霸中原有戰略意義的地區，作為日後進出中原的基地。

晉文公為表示與秦國通好，於周襄王十六年（西元前六三六年）秋天，派兵助秦攻鄀（今河南省內鄉縣西），襲取楚國的商密。晉文公此一舉措，一面導秦南下楚國，一面借秦南下牽制楚國對中原的壓力，實為一石二鳥的戰略安排。至於晉與齊國的通好，則由於兩國中間隔著衛國，而衛國歸附於楚，只能在政治上遙相呼應。

周襄王十八年（西元前六三四年），中原形勢突變。自泓戰後迫不得已歸附楚國的宋成公，始終以中原上國屈從「蠻夷」為恥，見晉國日益強盛，就轉而投靠晉國。這當然帶給晉文公莫大的鼓舞，而帶給楚成王莫大的打擊。恰巧此時，齊魯兩國交兵，魯國乞援於楚，楚正派兵援魯伐齊，便移兵一部圍宋。宋國向晉國求救，晉文公正欲挫楚北進之勢，又唯恐位於中原心臟地帶的宋國若亡於楚，則中原大局將無法挽回，便召集臣僚討論對策。跟隨晉文公多年的大夫先軫，對文公說：

「宋襄公在國君遇難時，曾待以厚禮，報答宋國的恩惠、建立晉國霸業的時機到了！」晉文公採納其議，決定救宋。

但是，晉軍救宋，必經曹、衛兩國，而曹衛兩國又都是楚國的盟國。晉將狐偃針對這一情況，建議：「楚國剛得到曹國的歸附，又新與衛國結親，如果出兵攻打曹衛，楚國一定會派兵援救，這樣就可以解除楚國對宋國的圍攻。」晉文公認為這個辦法，不僅可以調動楚軍北上作戰，以解宋圍，而且在輿論上，可避免未報楚惠，就和楚作戰的指責，在軍事上，可避免勞師遠征，遭受楚軍與曹衛軍前後夾擊，立即同意，並下令進行軍事準備。至周襄王二十年（西元前六三二年）三月，由原來兩軍擴充為三軍（每軍約一萬二千五人）的晉軍，相繼攻佔了衛、曹兩國。

晉軍進攻曹衛，原欲引誘楚軍棄宋北上，但楚軍卻不為所動，反而攻宋益急。宋國再次派人向晉國求援，這使晉文公感到很為難：若置宋不顧，則無以報答宋襄公昔日相待之恩，勢必貽笑於諸侯，而且宋國若亡，將陷全局形勢於不利；若進而救宋攻楚，則原定誘使楚軍於曹、衛決戰的戰略，便將落空，在宋境決戰，也恐無取勝的把握。

正當晉公猶豫不決的時候，先軫說：「最好的辦法是，讓宋國去賄賂齊秦，利用他們去勸楚撤兵；同時，把曹衛的土地分一部分給宋國，以堅定宋國抗楚的決心。楚國看到曹衛的土地被宋佔去，必然不聽齊秦的勸解，齊秦既接受宋國的賄賂，必然抱怨楚國不聽勸解，甚至可能因此出兵。」晉文公聽了大喜，立即依計行事。楚成王果然拒絕了齊秦兩國的調停，齊秦兩國也終於出兵參戰，於是出現了晉、齊、秦三個強國聯合攻楚的形勢。

楚成王見晉、齊、秦結成聯盟，中原形勢愈發於楚不利，唯恐後方有虞，決定撤兵回楚，避免與晉軍衝突。但當楚軍大部分已撤至楚地申（今河南省南陽縣）時，楚令尹子玉率領的部隊仍在宋境，楚成王告誡子玉要適可而止，不能前進時就後退，切勿與晉軍交鋒。驕狂成性的子玉，根本不聽勸告，他聽說有人認為他指揮無能，就堅決要同晉軍決戰，並請求楚成王批准他的要求，增調兵力給他。楚成王匆忙回申，原是顧慮秦軍東出武關，攻其後方，回國後發現後方安謐無事，乃派出六卒的兵力（共一千人左右），去增援子玉，希望他能僥倖取勝。

子玉得到楚成王增派的援兵後，更加堅定了他同晉軍作戰的決心。為了尋找決戰的藉口，他故意向晉軍提出了一個「休戰」條件：如果晉軍撤出曹衛，讓曹衛復國，楚軍則可撤離宋國。這個條件，晉文公既不能答應，也不好拒絕。因為，晉國出兵的本意，主要不在救宋，而在於打擊楚國勢力。狐偃認為子玉太無理，楚軍只解宋圍，卻要晉放棄曹衛兩國，主張立刻對楚軍發起進攻。先軫則深悉子玉的用意，提出了一個更高明的對策。他說：「子玉的建議，可以使宋、曹、衛三國都復國，如果晉國不答應，就把三國都拋棄了，楚國變成三國的恩人，晉國反倒與三國結怨。我們本是來救宋的，現在卻置宋於不顧，諸侯會怎樣看待我們？盲目樹敵，將來還怎麼打仗？不如將計就計，私下答應曹衛復國，條件是他們必須與楚絕交，以此激怒子玉來戰。」晉文公採納了這一對策，成功地離間了曹衛與楚國的同盟關係。子玉果然被激怒，率軍向曹都陶丘急進。

晉文公見楚軍逼近，立刻命令晉軍退避三舍（九十里）。這一撤退，引起了晉國將士的不滿，認為堂堂晉國的國君，害怕楚國的一個臣子，簡直是恥辱。狐偃向大家解釋說：「我們後撤，是國君為了報答流亡時受過楚王恩遇。那時國君曾許下諾言，如果日後晉楚兩國發生戰爭，晉軍一定退避三舍。我們撤退了，而楚軍還追上來，理虧的是楚軍，我們就有理由進攻他們。」這時，楚軍許多將領感到事出蹊蹺，建議停止前進，子玉卻認為這正是消滅晉軍、奪回曹衛的最好時機，命令部下加緊追趕，一直追到城濮（今山東省濮縣南）。

周襄王二十年（西元前六三二年）四月四日，歷史上著名的城濮之戰爆發，投入決戰的晉軍共三萬餘人、戰車七百乘，另有秦、齊、宋國的軍隊五萬餘人，楚軍方面，連同隨征的陳、蔡等國的軍隊，約十一萬人。

決戰一開始，晉左翼下軍胥臣部，以虎皮蒙在馬上，首先衝擊戰鬥力差、鬥志不堅的楚軍右翼陳蔡軍，陳蔡軍驚駭而潰。這就牽動楚右軍，使楚右軍亦告潰敗。這時，晉右翼上軍主將狐毛，故意豎起兩面大旗，向後面移動，佯作撤退，引誘當面的楚左軍出擊。晉左翼下軍主將欒枝，也叫人用戰車拉著樹枝，在陣後奔跑，揚起漫天塵土，假裝敗逃。子玉以為晉右軍敗退，命令其左軍追擊。晉中軍主將先軫見子玉上了圈套，立即率領最精銳的晉君親兵攔腰橫擊，晉上軍亦乘勢回軍夾攻。子玉此時，見其左右兩軍均已潰敗，急令中軍停止前進，才得保全中軍，向西南方向撤退。城濮之戰至此結束。

城濮之戰，晉文公一舉定霸，楚國的勢力被迫退回原來的桐柏山、大別山以南地區，中原復呈安定局面。

晉秦崤函之戰

晉秦崤函之戰，發生在周襄王二十五年（西元前六二七年）四月。

晉楚城濮之戰後，中原諸侯立即舉行踐土之會。會上，晉文公奉周襄王之命稱為侯伯，繼齊桓公之後領導中原諸侯。此會，秦穆公沒有參加。

這時的秦國，自秦穆公即位（周惠王十八年，西元前六五九年）以來，已二十餘年，秦穆公任用百里奚、蹇叔主持國政，國勢逐漸強盛。但是，秦國畢竟僻處西陲，雜居戎狄之間，土地狹小，只有涇水與渭水河谷，以資繁息。其東面洛水兩岸，則屬晉國，又自桃林（今陝西省潼關）以至崤函地區，原為西虢之地，後為晉國所併，亦屬於晉。秦穆公欲東出中原，阻於晉國。故經常與晉通好，並娶晉獻公之女為夫人。晉獻公死去，晉國發生內亂，秦穆公以割取今陝西潼關、河南陝縣一帶，以及山西臨晉西南近黃河之地給秦，作為交換條件，擁公子夷吾為晉惠公。晉惠公後因上述土地面積廣大，又為晉國命脈之所在，悔約不給，秦晉兩國遂於周襄王七年（西元前六四五年）戰於韓原（今陝西省韓城縣西南）。

韓原之戰，晉軍失敗，晉惠公被俘。秦穆公本想乘勢接收晉惠公原先許諾割讓的土地，但由於晉國在那裡組織力量抵抗，無法接收，秦穆公乃放棄割取晉地的企圖，釋放晉惠公歸國。晉惠公死後，秦穆公又興兵迎接公子重耳赴晉，立為晉文公，並將女兒懷嬴嫁給他，以求與晉結好，即後世所謂「秦晉之好」。

周襄王十六年（西元前六三六年），周襄王因狄人入侵，號召各地諸侯勤王。秦穆公認為機會難得，想借道晉國前往。晉文公親赴河上，勸說秦穆公南出武關，勤王之事，則由晉國就近出兵擔任。秦穆公對此鬱鬱寡歡，卻也無可奈何。晉文公勤王成功後，為安撫秦穆公，隨即出兵幫助秦國攻取鄀國（今河南省內鄉縣西）與商密，作為對秦穆公的報答。但是，晉文公後來因城濮之戰，一躍而為中原霸主，秦穆公未免怏怏於心，所以拒絕參加踐土之會。晉文公於是密許秦國，以後中原有事出兵，晉秦兩國可聯合行動，想以此平釋秦穆公的不滿。

周襄王二十二年（西元前六三〇年），晉秦兩國根據上述密約，共同出兵討伐鄭國。鄭文公知道晉秦兩國貌合神離，就派燭之武縋城而出，夜見秦穆公。燭之武對秦穆公說：「現在秦晉兩國圍攻鄭國，鄭國自知必亡。若鄭亡而有益於秦，則秦國自應全力以赴，然而鄭國離秦國如此遙遠，秦國攻佔了鄭國，也很難守住。這樣，鄭亡後，必然歸入晉國版圖。晉國之利，就是秦國之害。如果保全鄭國，鄭國必然與秦結好，將來秦國在中原有事，鄭國可為東道之援，供應秦國所需物資，於秦國實在有莫大的利益。秦國過去曾厚待晉君，晉君許割河外之地給秦，但晉君早晨渡河歸國，當天就築城防止秦國來取，此事恐怕不會忘記吧？晉國素來貪得無厭，將來既然東得鄭國，必然向西擴張，危害秦國。秦國現在幫助晉國，正是害了秦國自己。請您加以考慮。」秦穆公聽了這番言論，自然動心，乃私自與鄭國結盟，命杞子、逢孫、楊孫三大夫留戍於鄭，自己則率軍返回秦國。晉將狐偃見秦軍撤退回國，建議晉文公乘機攻擊秦軍。晉文公因秦穆公過去對自己有相待之恩，而且晉國初立，霸業不久，不願與秦國廝殺，亦與鄭國言和後回晉。晉秦之間這一微妙關係，遂為日後發生崤函之戰的導因。

周襄王二十四年（西元前六二八年），鄭文公與晉文公相繼死去，秦穆公得到戍鄭大夫杞子的報告，勸秦穆公潛師襲鄭。秦穆公乃決定乘晉鄭兩國發喪之際，興兵襲鄭，從此進入中原。大夫百里奚、蹇叔勸道：「勞師以襲遠，不易成功。我軍越千里襲鄭，鄭必知之，勞而力竭，欲攻有準備的敵人，很難取勝。」秦穆公聽後，不以為然，派百里奚之子孟明視、蹇叔之子西乞術和白乙丙三人為將，領兵向東。

百里奚和蹇叔，深知此行險惡，而且很可能招致晉國干涉，在出兵送行的那天，邊走邊哭，對孟明視、西乞術、白乙丙說：「我們看著你們出去，恐怕看不到你們回來了。」又囑咐說：「函谷關以東的崤山一帶，地勢最為險惡，經過那裡，要特別小心。」秦軍出發後，過崤山，經雒邑，行抵滑國國境（今河南省偃師縣）。這時，鄭國有個專門以販牛為生的商人弦高，在途中獲知秦軍將偷襲鄭國的消息，便冒充鄭國使臣求見孟明視，聲稱：「我們的國君，聽說貴軍要來鄭國，特派我獻上十二條牛犒賞貴軍。」弦高同時派人速告鄭國國君，作迎戰的準備。孟明視見鄭國已有準備，知道襲鄭難以成功，若進而圍之，則兵力孤單，又無後援，遂下令停止前進，駐軍於滑國境內。秦軍在進退兩難之際，為了不虛此行，夜襲滑國，將滑國子女玉帛滿載兵車之上，然後撤兵回秦。

晉國在籌辦晉文公喪事期間，即已獲悉秦軍經過晉國桃林、崤函地區東進的消息。大夫先軫對晉襄公說：「秦穆公不聽蹇叔等人的忠告，興師伐鄭，這是上天給我們擊秦的機會。天之所予不可失，貪婪之敵不可縱，違天不祥，縱敵生患，必擊秦軍。」當時，欒枝覺得秦穆公曾有厚恩於晉文公，今襲攻秦軍，對不起剛去世的晉文公，主張不攻。先軫說：「秦國不顧及我們的國喪，討伐與我們同姓的鄭國，是秦無禮於我們，我們還怎能顧及秦國過去的恩惠？我聽說，一日縱敵，將為數世之患。我們為後世子孫著想，也是無愧於先君的。」晉襄公於是決定擊秦。

周襄王二十五年（西元前六二七年）三月末，晉軍抵達崤函地區，在東西二崤及崤陵關裂谷兩側高地設伏，準備等秦軍全部進入裂谷之後，即阻絕道路，分段堵擊。四月初，秦軍由滑國回秦。因車輛重載，行動遲緩，進抵崤函地區時，道路崎嶇狹窄，隊伍拉得很長。當秦軍大隊進入裂谷後，兩邊晉軍乘機出擊，秦軍前後不能相救，全部被殲於谷中，孟明視、西乞術、白乙丙亦被俘。崤函之戰遂告結束。

晉秦因爭霸演成崤函之戰，對於雙方來說，其實都是不利的。晉襄公惑於一時之利，殲滅秦軍於崤函地區，軍事上雖然獲得全勝，但秦晉之好卻從此斷絕，兩國連年相仇，晉國陷於東西兩面作戰的苦境，不能再集中力量過問中原，反使楚國有可乘之機。至於秦穆公，自晉軍城濮之戰後一反常態，輕兵遠襲鄭國，犯了孤軍深入之忌，崤函地區為晉國命脈之所在，經過那裡必然使晉國不安，秦國縱然得手，也很難控制住。若干年後，商鞅主持秦政，採取先固關中而後及於中原的戰略，其眼光超過秦穆公甚遠。

晉楚邲之戰

晉楚邲之戰，發生在周定王十年（西元前五九七年）。

楚國雖然在城濮之戰遭到失敗，但楚國早在商代就是一個南方大國。楚國並非西周初年分封的國家，而是周王通過封賞拉攏過來，使其服從周朝的統治，與周王室並沒有血緣和親戚關係。楚國地區廣大，物產豐富，手工業技術勝過中原各國。所以，楚國的君主很早就想同周王爭奪天下。當時，其他諸侯國的君主，或稱公，或稱侯、伯、子、男，唯有楚國君主稱王，即表明其不甘臣事於周的獨立性。

城濮戰後四年（周襄王二十四年，西元前六二八年），楚成王為掩飾其再圖中原的野心，派出使節與晉國講和。晉文公很高興，晉楚兩國復歸於好。後來，秦國和晉國發生爭端，秦穆公一心仇晉，轉與楚國結好。楚國見晉國為秦所牽制，遂於周襄王二十九年（西元前六二三年）再次向中原用兵，接連併滅中原南部的江、六、蓼等小國。周襄王三十一年（西元前六二一年），晉秦兩國又爆發戰爭，一連數年未息。楚國乘此機會繼續北侵，伐鄭伐陳，使之降服。蔡國迫於形勢，也歸附楚國。周頃王二年（西元前六一七年），楚軍與鄭、陳、蔡聯合伐宋，宋國處於孤立無援的境地，不得已而降楚。鄭、陳、蔡、宋既然均已降楚，楚國勢力又復彌漫於中原。周頃王五年（西元前六一四年），晉國再也不能坐視楚國如此猖狂，乘楚成王去世、楚莊王繼位之際，召集魯、宋、陳、衛、鄭、許、曹諸國之君，會盟於新城（今河南省商丘縣西南）。上述已附楚諸國，除蔡國外，均來加盟。這是因為，此時中原諸侯，見晉楚兩國勢力起落不定，均抱一種唯強者馬首是瞻的態度。

楚莊王是一英明有為的君主。周定王元年（西元前六〇六年），楚莊王為了觀察周王室和北方各諸侯的實力，瞭解他們對楚國的態度，乘晉成公新立之際，出兵討伐陸渾戎（今河南省嵩縣）。楚軍進入周王所在的雒邑境內，周定王大為恐慌，立即派大臣王孫滿去慰勞楚軍，以弄清其來意。楚莊王在談話中，向王孫滿詢問九鼎的大小和輕重。九鼎是周朝一種非常莊重的青銅禮器，是王位的象徵，楚莊王居然問起九鼎的大小輕重來，暴露了他想取代周王統治天下的企圖。但是，楚莊王看到，周王雖然已經沒有實力，仍受中原諸侯的擁護，特別是晉國，仍打著「尊王攘夷」的旗幟，因此楚國奪取周室天下，必須和晉國較量才行，楚莊王遂帶領軍隊離開雒邑。

楚莊王入侵中原的情勢，與楚成王城濮之戰時，已大不相同。城濮之戰時，楚國西面有秦國南出武關的威脅，北面有宋國叛楚為其肘腋之患，故那時楚國的主要作戰目標是服宋。至楚莊王時，秦既與楚通好，宋亦降服於楚，只有鄭國時受晉國威逼，叛服無常，故楚國的主要作戰目標是服鄭，鄭國若被徹底降服，楚國便可封鎖黃河，阻晉南下，從此囊括中原了。周定王十年（西元前五九七年）春，楚莊王以鄭通晉叛楚為罪名，大舉伐鄭，並由此演成晉楚邲之戰。

這年六月，楚軍在圍鄭三個月後，攻破鄭國都城。因鄭國為晉國進入中原的通道，晉景公不能允許楚國控制這裡，遂派荀林父為中軍元帥，率軍救鄭。當晉軍到達今河南省黃河北岸的溫縣時，獲知鄭已與楚媾和，荀林父於是與諸將會商進止之策。荀林父認為，鄭既降楚，已失去救鄭的意義，不如等待楚軍撤兵南歸後，再行伐鄭，如此便可不與楚國作戰，而仍能恢復對鄭的控制。中軍佐將先縠，反對這個意見，認為「威師以出，聞敵強而退，非丈夫也」，竟自率其部屬渡河南進。晉司馬韓厥，對荀林父說：「先縠以偏師陷敵，勢必招致危險。部屬不聽命令，是元帥的罪過。不如命令全軍前進，這樣即使打不贏，有罪也是大家共同承擔。」荀林父聽了韓厥的話後，被迫命令全軍，在衡雍（今河南省鄭州市東）渡河，行至邲地（衡雍西南），由西而東，背靠黃河列陣。

此次作戰，一切都由楚軍採取主動。楚軍首先讓鄭襄公派人對晉軍說：「鄭國服從楚國，乃是為了自己的社稷，對晉國並無二心。楚軍因驟然獲勝而驕傲異常，未加設防，貴軍若發動進攻，鄭軍可為內應，一定能把楚軍打敗。」這是借鄭人之口，勸說晉軍與楚軍作戰，以便楚軍擊敗晉軍。晉軍對鄭國勸戰，也出現了兩派不同的主張。一派以先縠為首，力主決戰，藉由打敗楚軍來服鄭；一派以欒書為首，認為鄭國勸戰純粹是為了自身考慮，以便在晉楚之間擇強而從，切不可相信。荀林父猶豫於兩派意見之間，遲遲未作決定。這時，楚軍又親自派使節對晉軍說：楚軍此次行動，乃是繼承楚國成、穆二王的先例，撫定鄭國而已，並不敢開罪於晉，請晉軍不必留在此地。晉軍則以「王命」為辭，派人回答：「昔日周平王命令晉國和鄭國夾輔周室，如今鄭有二心，故我們來問罪。這與楚國毫無關係。」先縠認為這樣回答太軟弱，擅自將答辭改為「必逐楚軍，無避戰」。其實，楚人此次遣使，著眼點在於探察晉軍的意向與虛實。

當楚莊王明瞭晉軍上下意見分歧的情形後，再次派人以卑屈的言辭，向晉軍求和。荀林父原來就是被迫渡河的，見楚軍求和，立即答應。但正當晉軍等待與楚談判的時候，楚軍突然派出小股兵力，向晉軍發起襲擾。晉將魏錡、趙旃，素與荀林父不和，想乘此機會立功，便不聽荀林父的號令，藉口往楚軍講和，率部向楚軍進攻。荀林父知道後，並未加以制止，只是唯恐他們有失，派出兵車若干乘，前去接應。

當魏錡、趙旃相繼襲擊楚軍時，楚令尹孫叔敖怕晉軍主力隨後來攻，立即下令佈陣，準備迎戰。佈陣已畢，孫叔敖說：「寧可我們去追擊敵人，不要使敵人來追擊我們。」遂即轉取攻勢，下令向晉軍猛攻，以楚右軍攻擊晉下軍，楚左軍攻擊晉上軍，楚中軍攻擊晉中軍。楚軍首先殲滅了孤軍深入的晉軍魏錡、趙旃部，以及荀林父派來接應他們的兵車。

這時，荀林父還在營中幻想楚軍派使者來講和，楚軍突然如潮而至，才亂了方寸。荀林父見晉軍前臨大敵，後阻黃河，在黃昏時，趕緊命令全軍渡河躲避，並大呼「先濟者賞」。晉軍頓時陷於混亂，擁擠於河岸附近，爭船渡河，沒有上船的，則紛紛跳入河中，手扒船緣泅水，船隻因此不能開行，而在船上者，急於脫逃，揮刀亂砍，斷臂斷指紛紛墜入河中。幸好，楚軍並無壓迫晉軍於河岸聚殲的計劃，晉上軍及中下軍殘部，才得於混亂中逃脫。

此役，楚軍一洗城濮戰敗之恥。楚軍在戰前，一再遣使探查晉軍狀況，並佯作求和，以鬆懈晉軍的防衛，繼而突然採取奇襲行動，這些戰術的變化運用，均甚恰當。而當晉軍向楚軍挑戰時，楚軍立即做好全面應戰的準備，並採取主動，向晉軍進攻，可謂當機立斷。只是，戰後追擊尚欠猛烈，否則戰果更為可觀。

晉齊鞍之戰

晉齊鞍之戰，發生在周定王十八年（西元前五八九年）。

晉楚邲戰後，晉國聲威一落千丈，失去了控制中原的能力。此時的晉國，南方受到楚國勢力的威脅，西方則有秦國的困擾，北方有白狄犯邊，東方有赤狄入侵，陷於秦、楚、白狄、赤狄四面包圍之中。

晉景公不甘心讓晉國的霸業淪喪在自己手中，依靠士會、郤克、欒書、韓厥等賢能之臣，上下戮力同心，對內政外交痛加整頓，以期晉國的霸業復興。其圖霸方略是：第一，迅速併滅赤狄，驅逐白狄，肅清肘腋側背之患，進而向東擴張疆土至黃河北岸，改善晉國對中原的戰略形勢，與楚國向西擴張保持平衡狀態；第二，擴張軍隊，以實力控制諸侯，並扶助親近晉國的國家；第三，爭取齊國，以分化齊楚，爭取吳國，分化吳楚，離間秦楚，以孤立楚國。

周定王十三年（西元前五九四年），晉景公命荀林父消滅潞氏之狄（今山西省長治市、高平縣一帶）。次年，晉景公又命士會消滅赤甲氏及留籲、鐸辰諸族（均為狄族，在今山西省屯留、黎城縣一帶），盡收赤狄所佔之地，使晉國疆土向東擴張至太行山以東黃河北岸地區，造成有利於控制中原的戰略形勢。晉景公見其肘腋側背之患已除，下一個步驟，就是聯結齊國，以打擊楚國。

當時的中原，已成為晉、秦、楚三強國角逐之場，唯有東方的齊國尚獨立於三強之外，有舉足輕重之勢，為晉楚雙方都努力爭取的對象。晉景公於周定王十五年（西元前五九二年），派郤克出使齊國，希望能與齊頃公在斷道（晉地，今山西省沁縣斷梁城）相會。不幸在這次聘問中，發生了一件不愉快的事情，使晉景公聯齊的策略遭到破壞。

齊頃公對他的母親很孝敬，而他的母親常常落寞寡歡，使他心裡不安。在此期間，來齊聘問者，同時有魯、衛、曹、晉四國的使節，魯使係禿頭，衛使瞎了一隻眼睛，曹使駝背，晉使郤克有條腿瘸。齊頃公為了讓他的母親歡愉，請她在帷幕後面，觀察四位畸形使者同時入覲。其母見後，不禁大笑失聲。郤克因此甚為憤怒，認為這是極端侮辱之事，立即返晉，準備報復。

郤克回晉後，力主伐齊。但晉景公審時度勢，聯齊之念，並未因此放棄。次年，齊頃公與晉景公會盟於繒（齊地，今山東省陽穀縣附近）。兩年後，齊頃公因這次盟會束縛其對魯、衛的行動，而楚國此時正向齊國表示友好，遂毀約轉而結好楚國，同時伐魯擊衛。魯衛兩國，乞援於晉。晉景公見齊國背盟結楚，聯齊之望已絕，於是出兵伐齊。

周定王十八年（西元前五八九年）春，晉國出動兵車八百乘，將士六萬人，由郤克率中軍，士燮率上軍，欒書率下軍，韓厥為司馬並率狄卒（赤狄從征者），去援救魯衛。齊軍聽說晉軍將至，立即撤兵東退。晉軍追至莘（齊地，今山西省莘縣北），接著又追至靡笄山（今山東省濟南市西南米箕山）下，兩軍在這裡對峙，準備決戰。

齊頃公首先使人請戰，說：「晉軍既然來到此地，齊軍只好不顧自己的力量單薄，與晉軍相見。」郤克回答：「晉國與魯衛是兄弟國家。他們派人來告訴我們，齊國時常到他們的國家發脾氣，耍威風，晉國國君聽後不忍，故派我們來轉告齊國，並不想久留此地。」齊頃公又說：「大夫若肯退兵，正是寡人的願望，若不肯退，就請以兵戎相見！」說罷，密命齊將高固突襲晉軍，生擒一些晉兵和兵車回營。齊頃公以此勉勵齊軍將士：「想立功的聽著，寡人將獎賞這樣的勇士。」於是，齊晉雙方在鞍地（米箕山西北側任莊附近），擺開了決戰的態勢。

齊頃公甚為輕敵，列陣完畢，竟然說：「餘姑翦滅此，而後朝食（我先消滅了他們，再吃早飯）！」爾後，命齊軍馬不披甲，便向晉陣衝擊。雙方剛交鋒，晉將郤克即被箭所射中，但仍擊鼓不絕督戰，晉軍奮力拼殺，齊軍大敗。晉軍追擊至華不注山（今山東省歷城縣東北華山），齊頃公幾乎被晉將韓厥率領的狄兵擒獲，幸好齊將逢丑父趕來，才被救脫。這時，晉軍另一部自丘輿（今山東省費縣西）繞越今沂蒙山區，進攻馬陘（齊地，今山東省益都縣西南），與晉軍主力合擊齊軍，然後進逼齊都臨淄。齊頃公見敗局已定，派使者帶上寶器，去見郤克，請求割地言和。郤克不肯接受，而要齊頃公的母親為人質，並要齊國境內的道路改為東西走向，以便以後晉軍的兵車通行。齊使當即予以拒絕，表示：如果逼人太甚，則齊國只好背城決一死戰！參戰的魯衛兩國，也都不想再打下去了，勸郤克與齊言和。郤克終於應允，在齊國歸還侵佔魯國的汶陽之地後，與齊頃公在袁婁（今山東省淄博市西）言和。

晉齊鞍戰的導因，發生於齊頃公的母親笑客一事，適足見齊頃公玩世不恭。但晉使郤克以私人之憤，立即離齊，並由此導致鞍戰，亦足見其氣量狹小，未以聯齊使命為重，在辦理外交上是不稱職的。然而，郤克在決戰時，以一部兵力繞出沂蒙山區，由丘輿進攻馬陘，與從西面進擊齊軍的晉軍相呼應，合攻齊都臨淄，則開中國古代戰爭大迂迴運動與分進合擊戰術的先例。

晉秦麻隧之戰

晉秦麻隧之戰，發生在周簡王八年（西元前五七八年）。

晉齊鞍戰後第二年，齊頃公因晉國勢力復振，而且晉國自併滅赤狄後，國土已接近齊境，被迫親往晉國結盟。晉景公以極隆重的禮節對待他，晉齊兩國重歸於好。這時，晉景公考慮到齊國畢竟是個大國，若不滿於晉而聯楚，則晉國的霸業將發生動搖，魯國過去常依違於晉楚之間，唯強者是從，朝服夕叛，毫無誠信可言，遂強制魯國歸還齊國在鞍戰後割讓的汶陽之地。此舉，自然使齊頃公十分感激，打消了聯合楚國的計畫。

與此同時，晉景公又接受從楚國逃晉的申公巫臣所獻的聯吳制楚之策，並派申公巫臣帶少量晉兵和兵車至吳，教給吳人車戰和步戰的方法。這樣，吳國很快興起於東南，吞併楚國所屬的蠻夷諸部落，成為楚國的大患。

在聯齊聯吳均告成功後，晉景公的下一個步驟，就是拆散秦楚聯盟，以便予以各個擊破。這時，楚國由於吳國的侵擾而疲於奔命，晉景公便利用這一良機，設法與楚媾和。晉景公首先於周簡王四年（西元前五八二年）冬，釋放被俘的楚將鍾儀歸楚，使晉楚兩國多年的緊張關係趨於緩和。宋國大夫華元，見晉楚有和好的趨勢，就奔走於兩國之間，促進兩國正式媾和。周簡王七年（西元前五七九年）五月，晉楚兩國終於透過華元的介紹，各派大臣在宋國的國都見面。兩國相約，再也「無相加戎」，「好惡同之」，「若有害楚，則晉伐之，在晉，楚亦如之」。晉楚之和，當然各有各的目的。晉國只有拆散秦楚聯盟，才能避免重蹈東西兩面作戰的苦境，覓機擊破其中任何一方。楚國雖然一向與秦為友，以晉為敵，現因吳國興起，為其大患，所以也願與晉言和，以便集中力量對付吳國。

當華元奔走於晉楚之間，謀通兩國和好之際，晉厲公（晉景公的兒子）對秦國也作了和好的試探。周簡王六年（西元前五八〇年），晉秦兩國在令狐結盟。當時，晉國大夫士燮，就判斷秦桓公毫無誠意。秦桓公回國後，果然背棄自己所許下的諾言，與楚國和狄族共謀伐晉。楚國拒絕了他的要求，並將此情況轉告晉國。

晉國這時已將東方的赤狄併滅，但北方的狄族仍然經常與秦勾結，成為晉國北部的邊患。晉楚聯盟既然達成，晉國南方的威脅解除，便可專力向北對秦狄作戰。周簡王七年（西元前五七九年）秋，秦約狄人進攻晉國，被晉軍擊敗於交剛（今山西省交城縣）。接著，晉厲公決定進攻秦國，派大夫魏相赴秦，宣佈與秦絕交，並發表了一篇春秋歷史上行文最長的討伐文告。這篇文告，從表面上來看，全是在敘述歷史事實，其實卻有深刻的謀略意義。簡言之：第一個作用，是誆騙楚國，使其不注意晉國伐秦；第二個作用，則在博取諸侯的同情，爭取他們助晉伐秦。所以，晉先借令狐之會向秦國謀和，謀和不成，便將多年來積累的歷史事實宣佈，以證明晉之伐秦乃是兩國歷史上的積怨所造成，與楚國無關。至於其他諸侯，也使他們明白晉秦歷史上的積怨，晉欲謀和而秦無誠意，晉迫不得已才用兵，以贏得諸侯的同情。楚國果然被這篇文告所蒙蔽，坐視秦國將敗，而不加救助。

周簡王八年（西元前五七八年），晉厲公會合齊、魯、宋、衛、鄭、曹、邾、滕八國之軍，大舉伐秦。晉國此次作戰，不但要徹底打擊秦國，使其不再成為晉國西邊之患，而且力求速戰速決，以免曠日持久，而為楚國所乘。為此，晉國集中了絕對優勢兵力，除用本國四軍全部外，徵集齊、魯、宋、衛、鄭、曹、邾、滕八國之軍，總兵力在十二萬人以上。秦國面對強敵直逼國門，亦起全國之兵（約四五萬人）進行抵抗。這年五月，晉及諸侯之軍直趨麻隧（今陝西省涇陽縣南），與秦軍對陣，並隨即展開突擊。秦軍因居於劣勢，又背阻涇水，其在涇水以東者全部被殲，殘部退至今咸陽地區。晉厲公見伐秦的目的已經達到，下令還師。

晉秦麻隧之戰前，晉國首先聯齊和楚，以孤立秦國。但楚國之所以與晉謀和，又是因其後方受吳國的侵擾，是晉景公採取聯吳政策的結果。此次作戰，興兵之多，用兵之速，均打破春秋歷史的紀錄。秦國以後，數世不振，全係受此役影響。晉國既於此役重創秦軍，西方威脅解除，從此便可全力對楚，於是有三年後的晉楚鄢陵之戰。

晉楚鄢陵之戰

晉楚鄢陵之戰，發生在周簡王十一年（西元前五七五年）。

晉國既在麻隧之戰擊敗秦國，便進一步準備攻打楚國。但楚國遠處南方，必須誘其北進中原，才有攻打的機會。所以，晉國這時特別著眼於中原的糾紛，因中原諸侯本多糾紛之事，而此種糾紛最易引起楚國的注意。

麻隧戰後次年（周簡王九年，西元前五七七年）八月，鄭成公派子罕討伐許國，楚國見其盟國許國受侵，討論是否伐鄭救許。令尹子重認為，伐鄭足以引起晉楚兩國交戰，主張不救許。司馬子反則說「見死不救，還算是什麼盟國呢」，力主伐鄭救許。楚共王聽從子反的建議，立即興兵伐鄭。楚軍迅速佔領鄭國的暴隧（今河南省扶溝縣境），又東侵衛國，攻佔首止（今河南睢縣首鄉）。鄭成公則派兵侵入楚境新名（似在今河南省許昌市附近），以威脅楚軍的後路。晉國君臣得知楚軍侵入鄭衛兩國，頓時大嘩。大夫欒書認為，這正是攻擊楚軍的良機，急欲興兵救鄭。由於此時，晉國內部諸卿爭權，侵入衛國的楚軍，因後路被鄭軍威脅而撤軍回國，欒書救鄭的建議未得通過。

此後，中原又發生若干事件。首先是宋國發生內亂，親楚派與親晉派相互殘殺，楚國不能不密切關注。接著是晉國發生內變，晉國的三郤（郤錡、郤犨、郤至）專橫跋扈，擅殺大夫伯宗和欒弗忌，伯宗的兒子伯州犁，被迫逃往楚國避難。楚國上次伐鄭伐衛，曾受鄭軍牽制，無功而還，這時為求與鄭國和好，便割讓楚國的汝陰之地（約在今河南省襄城縣汝河以南地區）給鄭。鄭成公立即叛晉附楚，並自視為中原強國，興兵伐宋。晉國見鄭國叛晉附楚，又興兵伐宋，唯恐宋國降楚，則整個中原形勢將有利於楚國，決心伐鄭救宋。楚國聽說晉國出兵，亦迅速出兵，北上救鄭。

周簡王十一年（西元前五七五年）四月，晉厲公親率兵車五百餘乘、將士五萬餘人，渡過黃河向鄢陵（今河南省鄢陵縣）急進，同時徵集齊、魯、宋、衛之軍，要他們會師於鄢陵。晉軍之所以選擇鄢陵作為戰場，是因為鄢陵附近川原平曠，無名山大川阻擋，而且道路四通八達，便於軍事佈局。

楚軍的編組，也已完成。楚共王親自統率全軍，連同鄭成公帶來的鄭軍，共有兵車五百三十乘、將士九萬三千人。楚鄭聯軍由申邑（今河南省南陽縣）出方城（今河南省方城縣），過葉（今河南省葉縣）經瑕（今河南省襄城縣西南），渡過汜、潁二水，疾趨鄢陵。楚軍中軍統師子反的設想，是欲乘晉所召集的諸侯之軍尚未到達前，以優勢兵力先擊破晉軍，故楚軍北上行軍極為迅速，到達鄢陵後，不顧天色已暗，直壓晉軍營前列陣。

此時，齊、魯、宋、衛諸國的軍隊，尚在往鄢陵開進的途中。晉軍既感到兵力單薄，又受楚軍所逼，沒有列陣的餘地。晉將士匄於是建議：「塞井夷竈，即就營陣地而陣（填塞水井，平毀竈臺，就在宿營地列陣）。」晉中軍元帥欒書正想固守營壘，以待諸侯之軍到達，再轉為攻擊，立即採納其議。晉將郤至又說：「楚鄭聯軍有六個弱點，不可不加以利用。楚軍中軍元帥子反和左軍元帥子重關係不好，此其一；楚軍多年老之兵，此其二；鄭軍列陣不整，此其三；楚軍中隨軍的蠻卒不懂得戰術，此其四；楚鄭聯軍不顧天色已昏列陣，此其五；楚鄭聯軍陣中士卒喧囂不靜，秩序混亂，此其六。如此雜亂無章的軍隊，作戰時必然各顧其後，沒有鬥志。我軍發動進攻，一定能把他們擊破。」晉厲公與欒書認為言之有理，決定立即發動進攻。

這時，楚共王登上高臺瞭望晉軍，晉厲公也登上高臺瞭望楚軍。從楚國叛逃晉國的苗賁皇對晉厲公說：「楚軍的精銳在其中軍王卒，不可抵擋。如果以我軍精銳先分擊其左右，然後集中三軍之力合攻王卒，必可取之。」晉厲公採納其議。於是，欒書乃作如下部署：以中軍一部進攻楚軍左軍，以另一部進攻楚軍中軍，集中上軍、下軍、新軍及公族之兵，進攻楚軍右軍及鄭軍。晉軍部署既畢，遂於六月二十九日中午在營內開闢通道，向楚軍進攻。

正當晉軍向楚軍陣地發起攻擊時，晉厲公乘坐的戰車忽然陷於泥淖之中，欒書看到後，想換下自己的戰車供晉厲公使用。他的兒子欒鍼，斥責他道：「請你趕快離開！你負有指揮全軍的重任，不可如此亂來！」欒書只好作罷，繼續率軍進攻。楚共王在戰車上，見晉厲公陷於泥淖中，無法脫身，親自率軍前來擒拿。晉將魏錡用箭射楚共王，中其左目，楚共王痛極後退。這時，晉厲公的戰車已從泥淖中掙脫出來，下令追擊楚共王。

楚軍聽說楚共王中箭負傷，人心惶恐，及見晉軍從東面攻來，以為諸侯之軍已到，陣勢大亂，紛紛敗退至潁水南岸。這天夜裡，楚中軍元帥子反整頓隊伍，準備明晨再戰，然後便飲起酒來。楚共王派人召子反商議戰事，子反飲酒已醉，竟未能到。楚共王見元帥都是這副樣子，無心再戰，連夜撤軍南走。晉軍遂於次日進入楚營，食用楚軍留下的糧食，休兵三日後凱旋。此役，各國諸侯之軍，除齊軍於戰役臨結束時才到達外，其他均未到達戰場。

晉軍在鄢陵之戰的作戰部署，士匄建議塞井夷竈就地列陣，郤至主張立即攻擊，欒書集中兵力於一翼，均屬戰術上的卓見。尤其是欒書能採納眾人智慧，不拘己見，足為將帥的楷模。

晉悼公復興晉國霸業之戰

晉悼公復興晉國霸業之戰，起於周簡王十三年（西元前五七三年），迄於周靈王十四年（西元前五五八年），前後歷時十六年。

晉悼公的霸業，是繼承晉景公而來。此前，因晉厲公昏庸無道，造成晉國內亂，致使中原諸侯多懷叛逆之心，晉國的霸業又呈衰墜之象。晉悼公即位後，首先整頓內政，愛民節用，尊賢任能，將軍事統御權從六卿手中收回，對中原諸侯則不再採用強壓政策，而以當時諸侯間的聘問禮儀相往來。不久，在晉國的內政、外交均有所改善之後，晉悼公便與楚國展開對中原宋、鄭地區的爭奪戰。

周簡王十三年（西元前五七三年）六月，楚共王乘晉悼公新立，與鄭成公合謀侵宋，直抵宋國都城外，然後東取彭城（今江蘇省銅山縣），在此設立日後進一步圖宋的據點。楚鄭聯軍撤軍後，宋大司馬老佐起兵包圍彭城。楚共王聞訊，命楚軍會合鄭軍再次攻宋，以解彭城之圍。老佐急忙回軍，途中遭遇楚軍埋伏，老佐戰死。宋國大夫華元，於是往晉國求援。晉國正卿韓厥，對晉悼公說：「要想得到別人的信任，必須及時解其所難，晉國恢復霸業，安定疆土，應當從救宋開始。」晉悼公便遣使召集魯、宋、衛、邾、齊等國的諸侯，會盟於虛朾（宋地），商量如何救宋。次年春天，諸侯聯軍遏制楚軍於靡角（宋地），楚軍不戰即退。諸侯聯軍又移兵圍攻彭城，將其攻克歸宋。

晉國此次與楚爭宋，致使其東部與中部的戰略形勢大為改觀。晉悼公決心再接再厲，命韓厥率魯、齊、曹、邾、杞之軍伐鄭，擊敗鄭軍於洧水之上。韓厥進而攻擊楚軍所駐的焦夷（今安徽省亳縣），準備與楚軍決戰。楚軍畏懼諸侯聯軍的攻勢，向楚國撤退，諸侯聯軍亦罷兵而歸。但楚軍於諸侯罷兵後，又興兵侵宋，並使鄭軍協同。楚軍之所以採取這種晉軍來則避去、晉軍去則來攻的擾亂戰法，乃是借此疲勞晉軍。

周靈王元年（西元前五七一年），鄭成公死去。晉悼公乘機會合宋衛兩國之軍，再次伐鄭。諸侯聯軍進佔鄭國的虎牢，派重兵守之。鄭國因其西北要隘被佔，隨時有被晉軍攻擊的危險，只好背楚附晉。這時，楚國國內公子申與子重爭權，已無暇與晉爭鄭。

周靈王二年（西元前五七〇年），晉悼公偕同周王室卿士單子，與齊、魯、衛、鄭、宋、陳、邾諸國之君盟於雞澤（今河北省永年縣西南），晉國的霸主地位重新得到確定。晉悼公下一步行動，就是和戎連吳，以固霸權。周靈王三年（西元前五六九年）春天，晉悼公採納魏絳和戎的建議，首先與山戎無終國（今山西省太原市以東）結好，進而聯結諸戎。這為以後晉國與楚爭霸中原，解決了後顧之憂。周靈王四年（西元前五六八年）夏天，吳王遣使至晉，說明吳國因應付楚國的進攻和路途遙遠，所以未能參加雞澤會盟，但吳國絕對承認晉國的霸主地位。晉國至此不但霸主地位已固，而且對楚國形成包圍之勢。

此時，楚國鑑於過去鄢陵之敗，而晉國又較前更為強盛，對晉不敢輕易決戰，採取晉來則退、晉去則進的「疲敵戰法」。晉國也因此三分四軍，輪番向楚軍發動進攻。晉楚兩國，遂演變成拉鋸式的戰爭。

周靈王八年（西元前五六四年）十月，晉悼公因鄭國又投靠楚國，親率全部晉軍（四軍）及齊、魯、宋、衛、曹、莒、邾、滕、薛、杞、郳之軍伐鄭。齊、魯、宋之軍，隨晉中軍圍攻鄭都的東門，衛、曹、邾之軍，隨晉上軍圍攻鄭都的西門，滕、薛之軍，隨晉下軍圍攻鄭都的北門，杞、莒、郳之軍，從晉新軍駐於東汜（今河南省中牟縣南），作為總預備隊（以後「三分四軍」的編組，即大概如此）。鄭國見狀恐懼，向晉求和。晉上軍元帥荀偃欲繼續圍鄭，以待與楚決戰。晉悼公也知道鄭國求和，不過又是權宜之計，但為了使楚軍疲於奔命，遂與鄭媾和後還師。諸侯之軍走後，楚又伐鄭，鄭又附楚。

周靈王九年（西元前五六三年）四月，晉悼公在吳國對楚國實施牽製作戰的同時，為確保通吳之路，派晉軍與諸侯聯軍，消滅阻礙晉吳兩國聯絡的夷族小國偪陽，將其部分土地分給宋國。六月，楚軍會合鄭軍北上伐宋，攻擊宋都的桐門。這時，晉正出兵伐秦，因秦又與楚聯結，而為晉國西部的邊患，便使衛軍出兵襄牛（今河南省瞿縣）救宋。楚軍此次行動，目的在於打擊宋、魯兩國，逼使其脫離晉國，不料盟軍鄭軍被衛軍擊敗，楚軍唯恐晉軍騰出手來參戰，在侵佔宋國的北鄙後回國。

同年九月，晉上軍會合諸侯聯軍再次伐鄭，在虎牢（今河南滎陽縣）附近修築梧、制二城，以控制鄭國，然後南進至陽陵（今河南省禹縣）。楚軍北進救鄭，與晉軍夾穎水（今河南省許昌市南）對陣。晉上軍元帥荀偃，見疲楚的目的已經達到，率軍北返。楚亦撤軍南歸。

周靈王十年（西元前五六二年）四月，晉新軍與齊、宋、衛之軍又伐鄭，迫鄭求和，並南侵舊許（今河南省許昌縣），誘使楚國出兵。此次，楚國知道僅憑自己的力量難以勝晉，乃遣使向秦國求援，秦出兵助楚。楚秦聯軍北上鄭國，鄭又請和於楚，並引導楚秦軍伐宋。九月，晉悼公親率諸侯聯軍伐鄭，楚軍知不可敵，倉促撤軍回國。鄭國從此誠心歸服晉國，有二十多年不再叛晉。楚國也再已無力，與晉國爭奪鄭宋。

戰爭發展到晉悼公時代，已由主戰國角力時代，進至集團勢力角逐時代。晉國三分四軍對付楚軍，開疲勞消耗戰術的先河。但使敵人疲勞，必須自己不疲於奔命才行，三分四軍這種輪番用兵制度，設想頗為周到，對楚軍的間接傷害，並不亞於在戰場上的直接殺傷。

晉伐齊平陰之戰

晉伐齊平陰之戰，發生在周靈王十七年（西元前五五五年）。

晉楚鄢陵之戰後，晉厲公寵信嬖臣，誅殺功臣，致使內政紊亂。晉大夫欒書和中行偃，為拯救晉國，廢除晉厲公，迎接公子周回晉，立為晉悼公。晉悼公重振晉文公、晉景公時代的霸業，團結中原諸侯，對抗楚國北侵。然而，正當晉國霸業恢復之時，晉悼公忽然死去，晉平公隨之即位。周靈王乘機施展挑撥離間之計，娶齊國女子為王后，指定齊靈公為霸主。被抬高了身價的齊靈公，忘乎所以，立即興兵伐魯，同時與楚通使聯好，造成中原同盟內的極大混亂。身為中原諸侯領袖已經一百餘年的晉國，對於齊國的上述舉動，自然不能容忍，決定徹底打擊齊國。

周靈王十七年（西元前五五五年）夏天，齊軍正進攻魯國的北境，晉平公命元帥荀偃率軍伐齊。這年十月，晉軍東渡黃河，與宋、衛、鄭、曹、莒、邾、滕、薛、杞、郳十國之軍，會師於魯國境內的濟水南岸，隨即向齊境進軍。

齊靈公親率齊軍，在平陰佈防。晉及諸侯之軍，總兵力約為十二萬五千人，齊軍約四五萬人。這時，齊靈公的部下，勸他分兵扼守平陰以南地勢險要的泰山餘脈，齊靈公未予採納。晉及諸侯之軍，則決定分為主力軍與迂迴軍兩路進攻，主力軍進攻平陰，迂迴軍經由魯莒國境，越過沂蒙山區，進襲齊都臨淄。

作戰一開始，在晉軍主力軍的猛烈攻勢下，齊軍即死傷甚眾。荀偃為動搖齊軍軍心，讓中軍副元帥士　，告知與他素有舊誼的齊國大夫子家：「晉與魯莒二國，已經以戰車千乘（顯係誇大之詞），自魯莒國境疾襲臨淄。臨淄告失，則齊國即亡，何不早謀應付？」同時，又派兵在平陰以南的山澤間虛張旗幟，佯作陣勢，並驅左實右虛之車（只乘一人），曳著樹枝揚起塵土，以示晉軍眾多。齊靈公聽到子家的報告，以為魯莒之兵果真已進襲臨淄，再登上平陰東北的巫山瞭望晉軍，見晉軍氣勢雄壯，只好乘夜黑撤軍東走。

夜間，晉軍聽到齊軍方面有馬嘶之聲，次日淩晨又見平陰城上有群鳥盤旋覓食，判知齊軍已經夜遁，遂立即入據平陰，並展開猛烈追擊。齊軍撤退時，在平陰附近留下若干後衛部隊，用障礙物阻塞平陰隘道，企圖阻擋晉軍前進。晉軍上、中、下三軍，全力攻克齊軍各據點，然後向臨淄挺進。

十二月二日，由晉、魯、莒三國軍隊編成的迂迴軍，已越過沂蒙山區進抵臨淄，晉軍主力亦很快到達，遂展開對齊都的攻堅戰。十二月三日，晉軍焚燒臨淄的雍門及西郭南郭，接著又攻破西門、中門、東門，並焚毀東郭北郭。齊靈公見晉及諸侯之軍四面圍攻臨淄，各門已破，率部突圍，前往郵棠（今山東省即墨縣南）。晉及諸侯之軍窮追不捨，決心徹底打擊齊軍。十二月八日，晉及諸侯之軍追至濰水（今山東濰縣境）時，獲知楚國為救齊國已興兵伐鄭，恐後方遭受威脅，乃撤兵西向，前去救鄭。

晉伐齊平陰之戰，完全是由於周靈王指定齊靈公為中原霸主的愚妄決定所引起。周靈王因嫉妒晉國的霸業，想當然地讓已經既無英君賢相、又無強大國力的齊國稱霸，只能使中原造成紛亂之局，給楚國以北侵之機。晉軍在平陰之戰中，迅速給齊軍以沉重打擊，戰術上仍採取鞍戰時那一套，即以主力軍由平陰直攻齊都臨淄，另以迂迴軍經由魯莒國境，越過沂蒙山區，進攻臨淄的東面，與主力軍形成東西夾擊之勢。晉軍在後一階段所展開的追擊戰，乃是春秋時代最長距離的一次追擊戰。

齊襲晉太行之戰

齊襲晉太行之戰，發生在周靈王二十二年（西元前五五〇年）。

齊國在平陰之戰慘敗，齊靈公鬱憤成疾而死，其子公子光即位，是為齊莊公。齊莊公上臺後，因國內政局不穩，曾被迫向晉國求和，並參加晉平公在澶淵（今河南省濮陽縣西南）召集的諸侯盟會。但齊莊公內心並未服晉，時刻伺機報仇雪恥。周靈王二十年（西元前五五二年）秋，晉國大夫范宣子與欒盈火併，欒盈被迫奔楚，次年又自楚至齊。齊莊公很看重他，將他作為日後謀晉的工具。

周靈王二十二年（西元前五五〇年）初，晉平公將他的妹妹嫁給吳侯。齊莊公按當時諸侯間的禮儀，派謀士析歸父隨嫁，而另以大篷車密載欒盈和若干武士，讓他潛入欒盈原來的封邑曲沃，伺機發動變亂。

該年三月，欒盈潛回曲沃後，與晉國大夫魏舒祕密見面，相約聯合發動事變。四月，欒盈便率其族人，由魏舒作嚮導，進襲晉國的宮廷。但是，此事已為晉國大夫士匄和他的兒子士鞅所知。魏舒剛入晉宮，遇見士鞅，士鞅告訴他晉軍早有防備，正等待迎擊欒盈，魏舒於是背叛欒盈，又投靠晉室。欒盈見自己勢力孤單，只好率領族人敗退曲沃，閉城固守，等待齊軍來援。齊莊公此次伐晉，原欲利用欒盈為內應，故選擇精銳部隊，以奇襲姿態進行。齊軍首先奪取晉國東方的軍事基地朝歌（今河南省淇縣），然後分為兩路，一路入孟門（今河南輝縣白陘），登太行，大概經過今山西省高平、沁水兩縣，直奔晉國的國都絳都，一路沿太行南麓，經今河南省沁陽、濟源兩縣，越過王屋山東脈的要隘，前往絳都。齊軍北路與南路主力，在熒庭（今山西省翼城縣東南）即已會合，並在此遭到晉軍反擊。雙方經過激戰，齊軍殺傷晉軍甚眾。齊莊公此時感到孤軍深入，已無法與困守曲沃的欒盈取得聯繫，便將晉軍的屍體統統拋入少水（今澮水），然後揚威而還。

齊襲晉太行之戰，為春秋時代最長距離的奇襲突擊戰。齊晉兩國雖相距遙遠，晉國又有太行、王屋諸山為其屏障，但由於齊莊公利用欒盈之亂，故能出其不意，長驅直入，重擊晉國。

向戌弭兵之會

向戌弭兵之會，為宋國左師向戌發起，召開於周靈王二十六年（西元前五四六年），地點在宋國國都的西門外。

自周襄王二十年（西元前六三二年）城濮戰後晉國稱霸，到周定王十年（西元前五九七年）邲戰後晉國的霸業中衰，楚國稱雄於中原，晉楚之間的爭霸戰持續了八十餘年。到晉平公楚康王時代，雙方均已久戰疲勞，再也打不下去了。而且，楚國因其東方吳國的興起，不得不把更多的注意力，放到防禦吳國的侵犯上。晉國的大權，則逐漸為韓、趙、魏、范、中行、智等六卿所操縱，各卿之間互相攻訐，誰都希望消滅對方，控制晉國，對於向外擴張，則已不大感興趣。苦於晉楚為爭奪中原霸權而征戰不休的中原諸國，屢遭戰禍，也希望晉楚雙方休戰，能夠有一個和平安定的局面。這就是向戌弭兵之會召開之前的局勢。

向戌是宋國的左師，他鑑於過去華元曾拉攏晉楚兩國結好（事在周簡王七年，西元前五七九年），晉楚曾作一時休戰，便利用自己和晉卿趙武、楚令尹子木的私人關係，奔走於晉楚之間，宣傳弭兵的理想。向戌先到晉國，對執掌晉國大權的趙武，提出弭兵主張。趙武與晉國諸大夫商議。韓宣子說：「打仗會傷害人民，耗費錢財，為小國帶來災難。召開休戰會議，即使難以實現，也是不能不同意的。如果我們不同意，楚國倒同意了，用這個名義來號召諸侯，我們就會失去盟主的地位。」趙武於是同意向戌的建議。向戌到楚國後，楚國也同意弭兵。向戌又到齊國，齊國開始還有點勉強。齊國大夫陳文子說：「晉楚已經同意了，我們怎麼好反對呢？人家都要休戰，我們不答應，我們帶著軍隊去打仗，到哪兒去打呢？」齊國也同意了。向戌後來，又到秦國和各個小國遊說，也都同意弭兵。周靈王二十六年（西元前五四六年）夏天，向戌終於約請到晉、楚、齊、秦、宋、魯、鄭、衛、曹、許、陳、蔡、邾、滕十四國的當權者，在宋國都城西門外召開規模盛大的弭兵會議。

這次弭兵會議，大致上相當成功，也收到預期的效果。會議約定：晉楚兩方所屬的盟國，對晉楚兩國均有朝聘的義務，即各中小國家，必須同時向兩個霸主交納貢物。齊、秦兩國例外，與晉楚只是聯盟關係。各國之間，再也不要交戰。然而，這次聚會也發生了一些不愉快的事。一是晉楚爭奪盟主的地位，也就是由誰來歃血主盟。晉國原來態度很強硬，認為它本來是盟主，自然應由它來主盟。楚國反駁說：「你們也認為晉楚是平等的，晉國又一直在當盟主，怎麼可以一直由你們來當呢？」趙武聽從叔向的勸告，決定讓步，由楚國主盟。另一件事是，有人發現楚國參加會盟的人內穿鎧甲，讓這次會議出現緊張氣氛。原來，楚國令尹子木，覺得晉楚連年相仇，根本不可能結盟，為了自身利益，只要能達到目的，就不想講信用，準備乘開會之機偷襲晉軍。趙武和叔向商量，覺得各諸侯國都要求弭兵，晉國又事先未做軍事準備，就必須依靠堅守信用，來爭取諸侯。於是，晉國方面，就在水陸交通方便的地方紮營，既不設堡壘，也不設防衛的軍隊。楚國怕因失去信用，使諸侯倒向晉國，況且晉國已在會上給楚國很大的面子，也就不想動武。這樣，弭兵會議終於成功，晉楚第一次成為和平結盟的國家。

就弭兵之會召開前與開會期間的爾虞我詐和互相爭攘的情況來看，晉楚兩方似乎均無誠意可言，故而即使達成休戰條約，也似無任何實際效果，但後來事情的發展，卻出人意料。會盟以後，晉楚兩大集團之間雖仍然時有糾紛，基本上竟能和平相安，未再發生戰事。楚國從此可以盡全力對付東南的吳國，晉國則乘機將附近的戎狄翦滅。這確實為中原地區帶來比較安定的局面，奠立了以後戰國時期列國對峙的基礎。

吳楚初期相爭之戰

吳楚初期相爭之戰，自吳王壽夢於周簡王二年（西元前五八四年）興兵進攻楚國東方重鎮州來算起，至吳王僚於周景王二十年（西元前五二五年）命公子光率舟師擊敗楚舟師於長岸為止，前後經歷六十年，發生大小戰爭十八次。

晉楚弭兵之後，中原處於和平休戰狀態。此時，吳國興起於東南，又與楚不斷征戰。所以，戰局遂由中原地區移向淮河流域和長江下游地區。

據《史記》記載，吳國建國，當在西元前十三世紀太伯奔吳之時，約為殷商第二十二代帝祖甲時代。相傳，周文王的祖父古公亶父有三個兒子，即大兒子太伯、二兒子仲雍、三兒子季歷。季歷生子姬昌（即周文王），自幼聰明異常，古公亶父很喜愛這個孫子，認為他必能光大周族的事業，決定傳位給季歷。文王的伯父太伯和仲雍二人，為表示讓位，托辭往衡山採藥，從關中逃到今江蘇省南部。太伯斷髮文身，和當地的「荊蠻」（古越族的一支）生活在一起，並得到他們的擁戴，建立了吳國。吳國統治的地區，是原來荊蠻居住的地區，經濟文化比較落後，但它受西周宗法制度的束縛也比較少。到了春秋時期，受中原經濟文化的影響，吳國的發展，反倒比中原各國更為迅速。這和它所處的地理位置，也很有關係，吳地氣候溫和，土壤肥沃，河川交錯，湖汊縱橫，因而人民生活豐裕，造船業也興起得甚早。春秋中期以後，吳國的青銅冶煉技術，已遠遠超過中原地區，尤以製造鋒利的寶劍而聞名於世。由於上述種種因素，日益強大的吳國，傳至太伯第十九代孫壽夢時，開始自稱吳王，使得中原各國都不敢小看它。這時，晉景公為聯吳制楚，派逃奔到晉國的楚國大夫申公巫臣入吳，教吳人乘車、御射、列陣等車戰步戰之法，吳國的軍事力量也迅速強盛起來。

吳楚均為荊蠻所建之國，兩強相逢，勢所必爭。吳楚之戰，始於周簡王二年（西元前五八四年）。吳王壽夢聽從申公巫臣的建議，以新編練的水陸軍，北伐徐國（今安徽省宿縣北符離集），借此打開通晉之路，並討伐徐國附楚之罪。徐國抵擋不住，只好臣服於吳。吳王壽夢又認為，欲保持吳國在淮河流域的勢力，必須先將楚國的據點攻克，於是乘楚軍伐鄭，在淮河流域僅留守州來（今安徽省鳳臺縣）之機，移伐徐之軍進攻州來。這年八月，吳軍攻破州來城，楚令尹嬰齊由鄭國移兵來救，為時已晚。

吳國為東南新興國家，竟能一舉將侵淩中原數十年、中原諸侯盡聯盟之力才能抵禦的楚軍擊敗，並攻破其重要城邑，在中原諸侯眼中，自然足為抗楚的盟友，於是被邀請參加中原的聯盟。周簡王十年（西元前五七六年）冬，晉、齊、宋、衛、鄭、邾等國的代表，與吳王會盟於鍾離（今安徽省鳳陽縣東北臨淮關）。這時，久受楚軍壓迫蹂躪的江淮地區諸小國，也認為吳國可以作為自己的保護國，相繼臣服於吳。其中，尤以舒庸（今安徽省桐城縣西）受楚軍的蹂躪最為嚴重，故其幫助吳國也出力最多。周簡王十一年（西元前五七五年），晉厲公率聯軍與楚戰於鄢陵，楚軍大敗，舒庸遂引導吳國圍攻楚國巢邑（今安徽省巢縣）、駕邑（今安徽省蕪湖市魯港）、釐邑（今安徽省無為縣）、理邑（今安徽省繁昌縣荻港）。楚國因剛敗給晉國，不敢再輕易用兵，各邑均為吳軍佔領。

周簡王十二年（西元前五七四年），楚令尹嬰齊為雪上年失地之恥，大造舟師，準備伐吳。對於舒庸引導吳軍攻楚一事，嬰齊尤其痛恨，在準備伐吳過程中，嬰齊得悉舒庸恃吳為援，未作守備，命楚軍襲攻舒庸。吳國救之不及，舒庸為楚所滅。

周靈王二年（西元前五七〇年）正月，楚國編練舟師，已大有成就。楚共王便使鄧廖為先鋒，嬰齊率大軍繼後，沿長江順流東下伐吳。楚軍攻克鳩茲（今安徽省巢湖東），到達衡山（今江蘇省江寧縣丹陽鎮南橫望山），以為由此可長驅直入，滅掉吳國。不料，吳軍水陸並出，頑強抵抗，並以奇兵阻斷楚國中軍，而截擊楚軍先鋒，一舉將楚軍先鋒擊破，楚大軍因此被迫西退。

周靈王十二年（西元前五六〇年），吳王壽夢死去，諸樊即位。這年秋天，楚共王也死去，楚康王即位。吳國乘楚共王之喪，自駕邑興兵伐楚。楚康王派養由基和司馬子庚，前往庸浦迎戰。養由基以輕舟引誘吳軍進入埋伏，大敗吳軍，俘獲吳公子黨。

次年秋天，楚令尹子貞又率陸上大軍，自鍾離南下，抵達棠邑（今江蘇省六合縣）。因吳軍避不出戰，楚軍於大掠之後，欲由棠邑經六邑（今安徽省六安縣）回國。歸途中，楚後軍在皋舟之隘（今安徽省合肥至六安紫蓬山與龍鳳山之間的隘道），突遭吳軍伏兵的攻擊，楚前軍回救，又遭吳軍的堵擊，楚軍前後相失，遂致大敗。楚令尹子貞羞愧難當，拔劍自刎，臨死前遺言：「必須加固國都郢的城防，以備吳國來攻。」楚康王因數貞所率的大軍慘敗，深受刺激，決心痛整內政，以培養國力。所以，此後吳楚之間，有十餘年未再交戰。

周靈王二十三年（西元前五四九年），楚康王又興兵伐吳，因吳國戒備嚴密，無功而還。這年冬天，晉平公率諸侯聯軍伐齊，戰於平陰，楚攻鄭以援救齊國，吳國乘機唆使舒鳩國（今安徽省舒城縣）叛楚。楚軍自鄭回師後，責問舒鳩為何叛楚，舒鳩說它並未叛楚，並請求與楚國結盟。楚康王忿猶未釋，仍決定討伐舒鳩。楚令尹薳子馮勸道：「不可，舒鳩既然表示並未叛楚，而且請求與楚結盟，我們仍去討伐它，就是在討伐無罪了。不如姑且答應下來，以觀其今後表現，若果然對楚國不懷二心，那不是很好嗎？如果背叛楚國，再出兵討伐，它就沒什麼話可說了，其他國家也沒話可說。」楚康王同意了。但時隔一年之後，舒鳩終於叛楚從吳。這時，楚令尹薳子馮已死，屈建繼為令尹，率軍討伐舒鳩。楚軍與吳軍相遇於離城（今安徽省舒城縣西北），楚右軍養由基部誤入吳軍埋伏，楚左軍為吳軍所阻不能相救，致使養由基部被殲，楚左軍亦陷於重圍。楚左軍將領經過商議後，認為與吳軍長久對峙，必為吳軍所破，不如速戰。有五個將領，便向屈建請求率部前去突圍，由屈建率大軍在後，如突圍成功，則大軍隨之，如突圍不成，亦可誘使吳軍進入楚軍的埋伏。屈建採納了這一計策。於是，楚左軍五個將領各率所部，拚死衝擊吳軍，迫使吳軍後退。吳軍統帥登山觀望，見楚軍兵少，而且沒有後繼力量，下令反擊，因而陷入楚軍所設的伏陣，吳軍大敗。楚軍乘勢圍攻舒鳩城，將其攻佔。同年十二月，吳王諸樊再次興兵伐楚，兵臨巢邑。楚國守將午臣，見吳王勇而輕敵，設下埋伏，打開城門等待。及吳王親臨城邊視察，午臣隱身城堞之內，突然發箭射去，吳王中箭，回營即死。吳軍倉皇撤退。

周靈王二十五年（西元前五四七年）夏天，楚國因吳國連年對其侵擾，疲於奔命，從秦國借得兵力，準備再次伐吳。但當楚秦聯軍行至雲婁（今安徽省霍邱縣西南）時，知吳已有防備，便回師侵鄭。

三年後，吳王餘祭大建舟師已畢，準備溯江伐楚。不料，餘祭正在檢閱舟師時，突然被一個越國的俘虜刺死，伐楚之事遂罷。

周景王七年（西元前五三八年），晉楚兩大集團，已處於和平休戰狀態。楚靈王藉口伸張正義，討伐從齊逃至吳國的叛臣慶封，率諸侯聯軍攻吳，包圍慶封所居的朱方（今江蘇省鎮江市東南丹徒鎮），誅殺慶封。吳國因諸侯聯軍力量強大，未敢迎戰。諸侯聯軍在達到目的後，亦還師。這年冬天，吳國為報朱方之仇，分兵伐楚，進入楚國的棘邑（今河南省永城縣西南、安徽省亳縣東南）及櫟邑（今河南省新蔡縣櫟亭）、麻邑（今安徽省六安縣西南麻埠）。楚國不想和吳軍交戰，只在巢邑和州來兩地構築堅城，以防吳軍。這是楚國用大軍築城防吳的開始。

周景王八年（西元前五三七年），楚國召集蔡、陳、許、頓、沈、徐、越等國諸侯，在夏汭（今安徽省懷遠縣西）開會，定於十月會師夏汭，大舉伐吳。會上還約定，屆時楚軍在夏汭等候，越軍在瑣邑（今安徽省霍邱縣）與楚靈王會合後前來。九月下旬，越國大夫常壽過率越軍至長江渡江北上，楚巢邑守將薳啟疆前來迎送。吳軍偵知這個消息，突然出兵截擊，在舒鳩城西的鵲岸，大敗楚越聯軍。這時，楚靈王所率的楚軍和蔡、陳、許、頓、沈、徐六國及東夷（今江蘇省寶應縣）之軍，按原定計劃已進至南懷（今安徽省全椒縣）、汝清（今安徽省合肥市以東）等地，但因吳國處處戒備嚴密，無隙可入，只得仍由原路撤回。

次年九月，楚將薳泄伐徐，楚令尹薳罷率大軍屯駐沙汭，以援攻徐之軍，並防吳軍北出。吳軍果然北出救徐，與薳罷戰於房鍾（今安徽省蒙城縣），楚軍敗潰。楚國因屢次與吳作戰均告失利，遂轉取守勢，吳楚兩國間又平靜了數年。

周景王十六年（西元前五二九年），楚令尹棄疾逼死楚靈王，自立為楚平王。吳國乘楚內亂，出兵包圍州來。楚國新令尹鬬成然認為，州來乃吳楚之間的戰略要地，請求率軍伐吳。楚平王則認為內亂初平，民心未固，未予允許。此後，楚國整軍練兵三年，至周景王二十年（西元前五二五年）冬，才派令尹陽匄、司馬子魴率舟師伐吳。楚軍與吳公子光（即後來的吳王闔閭）之軍戰於長岸（今安徽省當塗縣西江中的東西梁山），楚軍俘獲吳軍最大的戰船「餘皇」，使吳軍被迫在江邊築塢防守。這天夜裡，吳公子光對其部將說：「失去先王乘坐過的『餘皇』戰船，並不僅是我本人的罪過，你們也都有罪。讓我們合力把它奪回，以贖罪吧！」大家都同意這麼做。吳公子光便派出三人，潛水隱藏至「餘皇」船旁，然後乘夜黑襲攻楚舟師。楚舟師列陣不動，吳軍不敢接近，便環繞楚舟師高呼「餘皇」，「餘皇」船旁有人答應，吳軍因此知道「餘皇」所在的位置。守護「餘皇」的楚軍，因搜求內奸而自行混亂，鄰近的楚船也紛紛駛向「餘皇」。吳軍乘機發動攻擊，楚舟師亂不成隊，向西敗退。吳軍於楚師敗退之後，收回「餘皇」，奏凱而還。

從此，楚軍放棄攻吳的企圖，在吳楚邊境築城自守。吳軍也因連年征戰，感到疲憊，在與齊軍作戰時又失利，暫時停止了對楚國的進攻。

綜觀吳楚兩國六十年間的相爭，雙方均無明顯的政治口號，純為一種爭奪土地的戰爭。但吳國為一新興國家，其統帥與各級將士，均有積極進取之心，作戰勇敢，戰術靈活，故常能於敗中取勝，扭轉局勢。與吳國的蓬勃朝氣相較，楚國則似有遜色。

吳楚雞父之戰

吳楚雞父之戰，發生在周敬王元年（西元前五一九年）。

吳楚兩國經過六十年的戰爭，均已疲憊不堪，楚國從此築城自守，吳國也有五年之久，沒再進攻楚國。但在周景王二十二年（西元前五二三年）冬，楚國曾反攻被吳軍奪佔的東方重鎮州來，然後在此加固城防。楚左司馬沈尹戍勸告楚平王，不要激惹吳國，楚平王未予理睬。沈尹戍嘆道：「楚國必敗。過去，吳國佔領州來，令尹鬬成然請求伐吳，大王說『未撫吾民』，而沒有允許。如今，大王未撫楚民，仍和過去一樣，卻在州來加固城防，向吳挑戰，怎能不失敗呢？」沈尹戍的憂慮，是有道理的。吳國經過五年的休整，戰力又復充沛，不甘心淮河流域仍為楚國所盤據，吳王僚乃率公子光等，再次進攻州來。

楚平王聽說吳軍進攻州來，立即遣使徵集頓（今河南省商城縣南）、胡（今安徽省阜陽縣西北）、沈（今河南省沈邱縣）、蔡（今河南省新蔡縣）、陳（今河南省淮陽縣）、許（今河南省葉縣）六國之軍，於周敬王元年（西元前五一九年）七月，與楚軍會師於雞父（今河南省固始縣東南雞備亭），準備去救州來。雞父位於大別山西北麓，亦為當時楚國的軍事重鎮，其地適扼淮河上游要衝，六、群舒諸小國環繞其東南，胡、沈、陳、頓、項、蔡、息、江道諸小國屏列其西北，楚國控制這裡對付吳國，進可戰，退可守，由此還可控制淮潁地區諸小國，保持楚在東方的勢力範圍。

然而，楚令尹陽匄此時正患病，勉強支撐著病體馳赴雞父，與諸侯之軍相會。他因途中勞頓，病情益發嚴重，便讓楚司馬薳越代為指揮，率諸侯之軍向州來前進。吳公子光見楚軍及諸侯之軍強盛，吳軍與之相較寡眾懸殊，自動撤去對州來的包圍，屯軍鍾離（今安徽省鳳陽縣東臨淮關）。不久，楚令尹陽匄病死於軍中，楚軍與諸侯之軍的士氣不振，代帥薳越資望過淺，不能指揮諸侯之軍，諸侯軍與楚軍相率退回雞父。吳公子光聽說楚軍統帥已死，薳越代攝帥職，楚軍及諸侯之軍不戰而退，料知其中必有變亂，向吳王僚建議率軍尾追。

楚軍及諸侯之軍撤至雞父後，薳越以為吳軍未必敢深入楚境窮追，遂屯軍雞父，擬等稍加休整後，再決定下一步行動。吳公子光對吳王僚說：「跟隨楚國與吳國作對的，都是些小國，而且都受楚國的脅迫才來的。胡、沈兩國的國君，年幼而又輕狂，陳國大夫夏齧，強硬而又頑固，許、蔡兩國，素來憤恨楚國對它們的壓迫。如今，楚帥陽匄已死，代行帥職的薳越資望不夠，很難統率聯軍。況且，楚軍中有不少楚王所寵信的人，這些人不會服從薳越的指揮。七國聯軍，同役而不同心，兵力雖多，也是可以打敗的。」吳王僚於是選定胡、沈、陳三國之軍，為初期攻擊目標，以散亂不整的由刑徒組成的隊伍，誘使對方出擊，先擊破胡、沈、陳三國之軍，使其狂奔，來擾亂楚軍，吳軍則緊隨其後掩擊。吳王僚並決定，在到達雞父後的次日，便發動攻擊。這天是個日月無光的「晦日」，自古為用兵作戰的大忌，一般均閉營休息，以避此不吉之日。吳軍故意選擇晦日進攻，為得就是出敵不意，達到奇襲的目的。

薳越正在雞父休兵，又值晦日，沒想到吳軍會突然發起攻擊。他於倉促之間，讓胡、沈、陳、許、蔡、頓六國之軍為前陣，掩護楚軍。吳軍的進攻，則完全依照吳公子光預定的部署，以刑徒三千人為前陣，直攻胡、沈、陳三國之軍。刑徒未受過軍事訓練，剛剛接戰，即散亂後退，胡、沈、陳三國之軍遂奮勇向前追趕，直至吳軍預伏之地。此時，吳公子光率右軍，公子掩餘率左軍，吳王僚率中軍，從三面包圍胡、沈、陳三國之軍。胡、沈二國的國君及陳國大夫夏齧，均被擒獲，吳軍將他們當場格殺，而縱其士卒各自逃命。三國之軍，親眼目睹他們的國君和大夫被吳軍殺死，又無將佐率領，便一邊狂奔，一邊叫嚷「我們的國君死了，我們的大夫死了」。許、蔡、頓三軍見狀，陣形立刻動搖。此時，吳軍已緊隨亂兵之後發動進攻，許、蔡、頓之軍驚恐萬分，未戰先潰。楚軍於胡、沈、陳之軍初勝吳軍向前奔逐時，以為吳軍脆弱無能，所以沒能注意自己的陣勢，忽見亂軍漫山遍野狂奔而來，隨之許、蔡、頓之軍也動搖潰退，後面吳國大軍又緊隨掩至，只好在慌亂錯雜之中向後敗退。吳軍終於大獲全勝。

雞父之戰，吳軍以寡勝眾，原因在於運用機智謀略，打破迷信習慣，出奇制勝。唯有先知敵人之情者，才能有效地使用自己的兵力。吳公子光對於楚方七國將領性格及其軍隊的弱點，可以說洞若觀火，並由此制定了相應的戰術。若無三千刑徒誘敵，則胡、沈、陳三國之軍不至於輕率離開陣地；若無胡、沈、陳三國之軍叫囂狂奔，則許、蔡、頓之軍不至於動搖；若非晦日發動進攻，則楚國之軍不至於列陣不整。總之，雞父之戰堪為古代依靠謀略作戰的典範。

吳破楚入郢之戰

吳破楚入郢之戰，發生在周敬王十四年（西元前五〇六年）。

吳楚雞父之戰後，楚國國勢益發弱而不振。楚平王荒淫無道，致使楚國統治集團內部互相傾軋加劇，先後逼迫伍員（伍子胥）、伯嚭奔吳。周敬王四年（西元前五一六年），楚昭王即位，政治更加腐朽，大權完全落在昏庸貪殘的令尹子常手中。周敬王十一年（西元前五〇九年）冬，蔡昭侯攜帶兩塊佩玉和兩件裘衣朝楚，將一佩一裘獻給楚昭王，留一佩一裘自用。楚令尹子常向蔡昭侯索取佩裘，蔡昭侯沒有給他，他便誣稱蔡昭侯通吳。當時，唐成公攜帶良馬朝楚，子常也求之未得，便誣稱唐成公也有通吳之罪，與蔡昭侯一併關押起來。後來，唐成公和蔡昭侯被迫向子常獻出寶物，才得獲釋。蔡昭侯歸國後，決心報仇雪恨，向晉求助未成，便以自己的兒子作人質，求助於吳。

吳公子光於周敬王五年（西元前五一五年）刺殺吳王僚，自立為吳王闔閭後，為爭奪江淮霸權，早就打算伐楚。闔閭是一個具有改革思想和雄才大略的君主，他獎勵農商，修明法制，整軍練兵，增修城池，並重用從楚國逃奔來吳的伍員、伯嚭，以及由伍員舉薦的大軍事家孫武，上下戮力同心，進行伐楚的準備。

周敬王八年（西元前五一二年），吳王闔閭欲攻楚，孫武認為「民勞，未可，待之」，伍員則向闔閭獻三分疲楚之策。所謂「三分疲楚」，乃是襲用晉國荀偃三分四軍疲楚的故伎，即把吳軍分為三軍，每次用一軍去襲擾楚國的邊境，「彼出則歸，彼歸則出」，用這種「亟肆以疲之，多方以誤之」的戰法疲憊楚軍，消耗楚國的實力。闔閭採納了這個建議，反覆襲擾楚國達六年之久，致使楚軍疲於奔命，士氣沮喪，為日後大舉伐楚，準備好有利條件。

周敬王十四年（西元前五〇六年），蔡昭侯因向晉求助不成，歸途中伐沈，招致楚軍來攻，向吳國求救。吳王闔閭對伍員、孫武說：「以前，你們認為郢都不可輕易進攻，如今行不行？」二人回答：「楚令尹子常貪婪至極，唐蔡兩國的國君都十分怨恨他。大王欲討伐楚國，必須先得到唐蔡兩國的協助。」闔閭於是一面遣使徵集唐蔡兩國之軍，一面以孫武為將，伍員、伯嚭為副將，公子山（闔閭之子）為先鋒，盡起三軍之眾，會合唐蔡軍伐楚。

吳軍此次伐楚，分為南北兩路：主力軍在南路，由潛（今安徽省霍山縣東北）越過今皖鄂交界處的青苔關、松子關，經柏子山（今湖北省麻城縣東北）、舉水（麻城南）向漢水地區前進；北路軍自淮汭（今安徽省霍邱縣附近）捨舟登陸，先去救蔡，然後會合蔡軍越過大隧（今河南省信陽市與湖北省交界處的武陽關）、直轅（今黃峴關）、冥阨（今平靖關）三隘口，再會合唐國之軍，向漢水地區前進。南北兩路吳軍，在雍澨（今湖北省京山縣北）會合，將同楚軍在漢水兩岸決戰。

楚令尹子常在圍蔡中，聽說吳國發兵救蔡，立即撤圍回國。後來，他又聽說吳軍在淮汭捨舟登陸，就疾趨三隘口，並聽取左司馬沈尹戌的建議，自己率主力在漢水兩岸暫取守勢，讓沈尹戌率部趕往淮汭，焚毀吳軍船隻後，阻塞大隧、直轅、冥阨三隘口，然後楚軍主力渡過漢水，與沈尹戌部南北夾擊吳軍。

楚軍主力在漢水兩岸，等待與沈尹戌部夾擊吳軍，忽然聽說柏舉（今湖北省孝感縣北）山區也有吳軍侵入。楚將武城黑，向子常建議：「如果等待沈尹戌部夾擊，則戰功將為沈尹戌所獨得；不如先用漢水之軍東進，擊破南路吳軍，再進而與沈尹戌部夾擊吳北路軍，這樣令尹之功，自然居於沈尹戌之上。」子常採納了這個建議，改變原定計劃，命楚軍主力渡過漢水，向東發起攻擊。楚軍在小別山和大別山與吳軍三次相遇，吳軍士氣極為高昂，三戰皆敗楚軍。子常這時想棄軍逃跑，有人勸他說：「逃跑是沒有地方可去的，不如與吳軍決一死戰，以解脫自己的罪過。」子常只好率楚軍退守柏舉地區。十一月十九日，吳軍追至，雙方列陣對峙。吳王闔閭的弟弟夫概，對闔閭說：「子常這個人不仁不義，他的部下沒有願意為他送死的。我們先發動猛攻，楚軍必然潰退，爾後展開追擊，必能予以全殲。」並請求去打頭陣。闔閭沒有同意，夫概認為作臣子的應該見機而行，不必等待命令，決心拚死一戰，破楚入郢，遂率其所屬五千人，向子常的親兵發起攻擊。子常的親兵一觸即潰，楚軍整個陣形，也因而動搖。吳王闔閭乘機以全力投入決戰，大敗楚軍，楚將薳射被俘，史皇戰死，子常畏罪逃往鄭國。薳射之子薳延，率楚軍殘部退至今湖北省溳水東岸，吳軍乘其渡河之際發動攻擊，楚軍幾乎全部溺斃或被俘。

這時，楚左司馬沈尹戌聽說楚軍主力已敗，從三隘口回軍馳救。沈尹戌在雍澨遇見追攻薳延殘部的吳軍，立即對吳軍展開猛烈攻擊，給吳軍以重大殺傷。但由於沈尹戌身先士卒，連負重傷，不能繼續指揮戰鬥，該部楚軍也終於敗亡。

吳軍連戰連捷，勢不可擋，於十一月二十九日長驅直入郢都，楚昭王乘船渡江西逃，楚國險些滅亡。

吳破楚入郢之戰，為古代一次典型的以寡擊眾的戰爭。以前，中原諸侯歷次對楚作戰，僅能擊敗楚軍，阻止其向外擴張而已，從沒有攻入其國土。吳國此次以不過三萬餘人的兵力，竟能攻破楚國國都，獲得空前輝煌的勝利，這和戰前採取疲楚戰略，戰中選擇有利的進攻方向和把握有利的決戰時機，是分不開的。而楚國方面，在戰前由於沒有積極做好戰爭準備，以致遭到吳軍的戰略奇襲，戰爭一開始就處於不利地位。但楚軍左司馬沈尹戌的建議，不失為一個良好的作戰計劃。吳軍遠途奔襲楚都，假如子常能堅持沈尹戌之策，正面相峙以牽制吳軍，同時分兵一路迂迴敵後阻其歸路，前後夾擊，則吳楚誰勝誰敗，殊難預料。

吳越之戰

吳越之戰，起於周敬王十五年（西元前五〇五年）的越侵吳之戰，中經吳伐越檇李之戰、越伐吳夫椒之戰、越伐吳姑蘇之戰，迄於周元王三年（西元前四七三年）的越滅吳之戰，前後共歷三十二年。這是春秋末期諸侯間最後的一次爭霸戰爭。

正當吳國日益強盛之際，在今浙江省北部錢塘江流域的越國，也迅速興起。吳越皆為瀕臨東海及長江下游的河川交錯之國，兩雄不並立，時爭三江五湖之利。楚國為牽制吳國，積極扶植越國，使越國的力量迅速膨脹，成為吳國的大敵。

周敬王十五年（西元前五〇五年）春天，越王允常乘吳軍破楚入郢、國內空虛之際，率軍侵入吳國，進攻吳都姑蘇（今江蘇省蘇州市）。吳王闔閭急忙派兵回救，但越已大掠而還。

周敬王二十四年（西元前四九六年）五月，越王允常死去，其子勾踐即位。吳王闔閭為報九年前越國侵吳之仇，乘機伐越。雙方戰於檇李（今浙江省嘉興縣西南七十里）。勾踐見吳軍陣容嚴整，組織敢死隊衝擊，連續發動幾次進攻，均被吳軍擊潰。勾踐又迫使犯了死罪的刑徒上陣，列為三行，一起持劍走到吳軍陣前，對吳軍說：「今日越吳兩國交兵，我等在越皆犯死罪，不敢自逃刑戮，卻敢死在你們眼前！」說罷，相繼自殺。吳軍將士感到奇怪，紛紛擁上來觀看，陣容因此大亂。越軍突然發起攻擊，吳軍大敗，吳王闔閭亦受重傷，不久便死去。闔閭臨死前，對繼承王位的兒子夫差說：「必毋忘越！」。

夫差牢記越國殺父之仇，積極練兵，準備攻越。越王勾踐聽到這消息，想乘吳國尚未準備就緒，先發制人，出兵伐吳。大夫范蠡認為時機還不成熟，主張暫緩攻吳。勾踐不聽他的勸阻，率舟師直趨太湖。吳王夫差獲知，盡發吳國舟師，迎戰越軍於夫椒（今江蘇省蘇州市西南）。夫差與伍員、伯嚭等，都親臨前線指揮作戰，吳軍奮勇衝殺，越軍損失慘重。勾踐率僅存的五千人倉皇後撤，退守會稽山（今浙江紹興、嵊縣、諸暨、東陽間，為浦陽江與曹娥江分水嶺）。吳軍乘勝追擊，佔領越國國都會稽（今浙江省紹興市），並包圍會稽山。

在越國危急存亡的關頭，勾踐才悔之不迭，對范蠡說：「我因不聽你的話，才落到今天這個地步。現在怎麼辦？」范蠡提出應當暫時蒙受屈辱，以卑辭厚禮向吳求降，如若不允，只好請勾踐親自到吳國去做人質。勾踐採納范蠡建議，一面準備拚死決戰，一面派大夫文種向吳王夫差求降。

文種來到吳軍，對夫差說：「越國願以金玉和美女賠償吳國的損失，請允許將勾踐的女兒獻給大王，將越國大夫女兒獻給吳國大夫，將越國將士的女兒獻給吳國將士，越國的寶器，則全部獻給吳國。我們的國君率領越國的民眾，從此追隨吳國，一切聽大王調遣。如果認為越國的罪過不可赦免，越國只好焚毀宗廟，將女人和金玉沉入江中，然後以五千甲士決一死戰。大王看，怎麼辦好呢？」夫差聽後，準備接受越國的求降。伍員則堅決反對，認為「吳之與越，仇敵相戰之國」，「有吳則無越，有越則無吳」，「今不滅越，後必悔之」。夫差於是拒絕了越國的求降，將文種趕走。

勾踐見求降不成，便想殺死妻子，焚毀寶器，自戕身死。文種制止了他，並說：「吳國太宰伯嚭貪婪，可誘之以利。」勾踐只好懷著最後一線希望，命文種偷偷地去見伯嚭。伯嚭知道夫差的主要打算是在爭霸中原，並未把越國放在眼裡，又貪圖文種送來的美女和財物，便領著文種去見夫差，慫恿夫差接受越國的求降。夫差權衡再三，認為接受越國的求降，只是越王勾踐入吳來做人質，越國便已名存實亡，加之吳軍很快要北上同齊國爭霸，不能在此久留，於是便允許越國求降。伍員聽到這個決定，再想勸阻，為時已晚，悲憤地說：「越國若經十年生聚，十年教訓，二十年之後，吳國將被越國破壞成沼澤之地了！」。

吳軍撤走後，勾踐從會稽山下來，對其國民說：「寡人不知道自己的力量不足，與吳國結仇，使百姓的屍骨遍野，這是寡人的罪過。寡人一定改過自新。」並下令：「葬死者，問傷者，養生者，弔有憂，賀有喜，送往者，迎來者，去民之所惡，補民之不足。」然後，勾踐把國內事務委託給文種治理，親自帶著范蠡等人，去吳國給夫差當奴僕。勾踐在吳國忍辱三年，終於取得夫差的信任，於周敬王二十九年（西元前四九一年）正月，被釋放回國。

勾踐回國後，決心復興越國。他堅持「臥薪嚐膽」，與百姓同甘苦，以激勵自己不忘當年會稽山被圍和入吳當差之辱。根據當時越國經濟受到很大破壞、生產力嚴重下降的狀況，他還進行了一系列改革，如獎勵生育、鼓勵種田織布、救濟受災有難的人等，以爭取民心。在用人上，他讓文種治政，范蠡治軍，建立招賢納士的館驛，廣泛羅致各方人才。在國防建設上，修築被戰爭破壞的會稽城，編設閭里（地方行政組織），以便徵調兵員，擴充軍隊，嚴格加以訓練。在對外政策上，則奉行「結齊、親楚、附晉、厚吳」的方針。勾踐不斷送給夫差優厚的禮物，表示臣服，以麻痺夫差，消除他對越國的戒備，並送美女西施、鄭旦給他，使他沉溺女色，分散精力。越國還用賄賂伯嚭的辦法，離間吳國內部，使伯嚭專與伍員作對，而為越國在夫差面前說好話。以上各項措施，一一取得成效。

在此期間，越國的百姓，曾幾次請求伐吳雪恥，勾踐都沒有答應。後來，連勾踐自己也覺得準備得差不多了，打算攻吳。范蠡和大夫逢同，卻認為時機仍然未到，建議繼續壯大自己，削弱敵人，爭取盟國，待時機完全成熟後，再一舉滅吳。

在越國勵精圖治的時候，吳國卻日趨腐敗。夫差因勝而驕，根本不再以越為患，動用大量人力物力建造姑蘇臺，日夜與西施等在上面飲酒作樂。同時，夫差早有圖霸中原之志，連年派兵北上。周敬王三十一年（西元前四八九年），吳軍進攻陳國，以開闢北出中原之路。次年攻魯，懾服了周圍許多小國。這時，伍員提醒夫差：「去年吳國遭受旱災，要越加輸稻米入吳，越遲遲不給，還有些幸災樂禍。我聽說勾踐食不重味，與百姓同苦樂，又遣使聯結齊晉，親近於楚，勾踐不死，必為吳患，請起兵伐越。」夫差也聽說越國在勾結齊、晉、楚三國，不禁仇越心理復萌，決定立即起兵伐越。

勾踐見吳國起兵來伐，亦欲起兵迎之。范蠡、文種則認為吳軍強大，與之作戰很難取勝，必須導其北進中原，消耗國力，方可乘其衰敗而取之，勸勾踐姑且韜諱，遣使入吳，向夫差賠禮。夫差見越國的使節對自己十分恭順，消除了對越國的疑慮，表示不再伐越。夫差並對臣子們說：「我對齊將有大的軍事行動，所以暫不伐越，但並不是對越就完全放心了。如果越國改掉它的過失，豈不是很好。如果不改，我再振旅討伐也不晚。」這說明，夫差仍以為越國不堪一擊。伍員勸道：「越國已將我國玩於股掌之間。他們知道君王好勝喜功，便婉約其辭，逢迎奉承，使我國放心地北上用兵，然後待我甲兵鈍敝、國勢憔悴之際，再坐收漁人之利。」夫差則認為，伍員把越國的力量估計得太高了，根本聽不進去。

周敬王三十四年（西元前四八六年）夏，吳國開鑿邗溝，使之與江淮二水相通，以便北上伐齊服魯。伍員又勸道：「吳國與齊魯兩國習俗不同，言語不通，我們得到他們的土地不能居住，得到他們的人民不能役使。吳國與越國則接土鄰境，習俗相同，言語相通，我們得到他們的土地能夠居住，得到他們的人民能夠役使。吳越素來勢不兩立，越國對於吳國，猶如腹心之疾，即使暫不發作，其傷深而在內。齊魯之於吳國，則如疥癬之疾。如今，我們放下越國去進攻齊魯，即使打勝了，後患也是無窮的。況且，越王的心中始終未忘記會稽之恥，勵精圖治。大王不以越國為敵，而圖齊魯，是忘記內憂而去醫治疥癬之疾。」夫差聽後，無言以答。伯嚭於是代他辯解：「越國已經屈服了，還去討伐，怎麼向各國解釋？大王的命令，之所以不能行於中原上國，就是因為齊魯未服。大王如果伐齊伐魯獲得勝利，然後移兵臨晉，晉國也必然聽命於吳。中原上國都服從吳國了，又何必懼怕小小的越國呢！」這番似是而非的言論，夫差聽了很開心，遂不聽伍員之諫。這時，勾踐為造成乘虛襲吳的機會，向夫差大獻殷勤，讓文種率萬名民伕，協助吳國開鑿邗溝，以推動夫差北上中原。

周敬王三十六年（西元前四八四年），夫差聽說齊景公已死，決定出兵北上攻齊。這次，勾踐不但象徵性地出兵助吳，還親自去吳國致賀，並帶著許多寶物，對吳國君臣進行賄賂。吳國君臣個個喜氣洋洋，唯有伍員看破勾踐的用心，深以為憂，提醒夫差警惕勾踐「豢吳」。夫差不聽，反讓伍員往齊約戰。及夫差伐齊獲勝歸來，受到勾踐重賄的伯嚭，乘機欲置伍員於死地，在夫差面前極力詆毀誣蔑伍員。夫差一怒之下，竟賜伍員自刎。

周敬王三十八年（西元前四八二年）春，夫差與晉定公約定在黃池（今河南省封丘縣西南）會盟。夫差將吳國的精兵全部帶上，只留下一些老弱病殘，交給太子友守國。太子友說：「父王調動全部人力財力北上，越王勾踐一旦入侵，吳國將岌岌可危！」夫差連伍員的話，都聽不進去，更不會聽太子友的，仍決定空國遠征。

勾踐聞訊，認為伐吳的時機終於到了，立刻想出兵攻吳。范蠡認為，吳軍出境未遠，要是知道越國乘虛來攻，回師不難，勸勾踐暫緩出兵。數月後，吳軍已經遠在黃池，范蠡才同意勾踐出兵。勾踐於是調集習流（經過訓練的流放罪人）二千人、教士（正規軍）四萬人、君子（越王的親兵）六千人、諸御（各級將佐）一千人，共四萬九千人，兵分兩路向吳國進發。一路由范蠡、後庸率領，由海路入淮河，切斷吳軍自黃池的歸路；一路由大夫疇無餘、謳陽為先鋒，勾踐親率主力繼後，從陸路北上直襲姑蘇。

當越軍先鋒抵達吳都近郊時，吳太子友率五千人到泓上（今蘇州市西南）抵抗。他感到實力不足，主張堅守待援，派人請夫差回兵。吳將王孫彌庸輕視越軍，不聽太子友的指揮，擅自領兵出戰，一舉擊敗越軍先鋒，俘虜疇無餘和謳陽。王孫彌庸益發輕視越軍的戰鬥力，認為「戰而勝，敵必退走，戰而不勝，守猶未晚」，力促太子友出戰。太子友惑於初戰勝利，動搖了固守待援的決心，也率軍向越軍發動攻擊。六月二十二日，越軍主力抵達泓上，和吳軍展開激戰，將吳軍包圍聚殲，太子友被俘。二十三日，越軍乘勝進入姑蘇。這時，范蠡、後庸所率的越軍，在盡收吳國許多城邑的軍械糧秣之後，也由邗溝抵達姑蘇。越軍在吳都搶修工事，準備等夫差到來時，與之決戰。

夫差在黃池會上，正與晉定公爭當霸主，聽說越軍襲破姑蘇，太子友被俘，唯恐影響軍心和爭霸，就一連殺掉七個來報告情況的人，封鎖這一不利的消息。接著，夫差採用強硬手段，命吳軍壓至晉營前列陣，逼迫晉定公讓步，由他來歃血主盟。他終於勉強做了霸主，然後便急忙回軍。但是，吳軍許多將士，已經知道姑蘇淪陷，皆無鬥志。夫差也感到反擊越軍沒有把握，便在途中，派伯嚭向越求和。范蠡認為吳國大軍猶存，很難將其殲滅，建議勾踐答應求和。這年冬天，越與吳談和後，班師回國。

姑蘇戰後，越國不但擺脫了對吳國的臣屬地位，而且破壞吳國的經濟，殲滅了吳國的若干兵力，並利用繳獲的吳國資財充實自己，提高戰勝吳國的信心。而吳王夫差自越軍退後，亦效法勾踐當年所為，表面上息民罷兵，暗地裡卻密謀備戰，準備報仇。

周敬王四十二年（西元前四七八年），吳國大旱。文種見吳國倉廩空虛，提議乘機滅吳。勾踐採納這個建議，並在做了充分的戰前準備後，於這年三月興兵伐吳。勾踐此行嚴申紀律，以振軍威。第一日行軍，即斬不服從命令者；第二日行軍，斬畏縮不欲向前者；第三日行軍，又斬淫逸不可禁止者。行軍至御兒（今浙江省崇德縣），又下令「有父母耆老而無昆弟者，歸侍父母，有兄弟四五人皆從軍者，遣其欲歸者一人，有眩瞀之疾者遣歸，筋力不足以勝甲兵，志行不足以聽令者遣歸」。於是，越軍全軍士氣高昂，皆有誓死之心。

越軍五萬人進入吳境，夫差親率六萬吳軍趕往笠澤江（今江蘇省吳江縣南），雙方夾江對陣。

這天夜裡，勾踐派出兩支各約一萬人的部隊，分別溯江和順江，鳴鼓渡江。夫差以為越軍將夾擊吳軍，將全部吳軍分為兩部抵禦。勾踐於是乘吳軍移動之際，率主力偃旗息鼓，潛行渡江，出其不意地向吳軍中央薄弱部分進攻，吳軍頓時大亂。等吳軍兩翼回救時，越軍先行渡江的兩支部隊，又襲追過來，致使吳軍全線崩潰。越軍乘勝猛追，在沒溪（今江蘇省吳縣附近）和姑蘇城郊，再次重創吳軍，迫使吳軍入城據守。

笠澤江之戰，吳軍主力遭到殲滅性打擊，退守姑蘇。越軍便採取圍困消耗之策，以期困斃吳軍，最後奪取姑蘇。越軍包圍姑蘇五年後，吳國其他土地，已經盡為越國所有。吳姑蘇守軍力竭糧絕，被迫乘夜突圍，西上姑蘇山（今江蘇省吳縣西三十里），又被越軍包圍。夫差再三派人，以卑辭厚禮向勾踐求和。勾踐有些心生惻隱，準備答應求和。范蠡堅決阻止，對勾踐說：「誰使我們早晨起來就顧不得吃飯，不是吳國嗎？與我們爭奪三江五湖的，不也是吳國嗎？我們為報仇雪恨苦苦準備了二十年，現在要放棄即將得到的勝利，怎麼可以呢？」勾踐不願由自己出面表示拒絕，讓范蠡去回答吳國使者。范蠡遂對吳使說：「以前上天降禍於越，讓越受制於吳，而吳不接受。今日又以吳賜越，我們的大王可不敢不聽從天命！」吳使大哭而返。

後來，勾踐又故意派人去羞辱夫差：「我可以把你安置在甬東（今浙江省舟山群島），派男女各三百人侍奉你。你和我，都還當君王，一直到死，怎麼樣？」夫差辭謝道：「你既然已經摧毀了我的社稷，毀滅了我的宗廟，我還是先死罷。我年紀老了，不能侍奉君王了。」范蠡不願再聽夫差囉嗦，命散卒三千人進入姑蘇山，抓到了夫差。夫差無限悔恨地說：「如果人死後什麼也不知道了，那就算了；如果人死後有知，我沒臉去見伍員呀！」遂拔劍自刎。

越滅吳後，一躍而成為跨江淮流域和錢塘江流域的東方大國。勾踐乘滅吳的餘威，渡淮北上，與齊、晉、魯、宋等國諸侯會盟於銅山（今江蘇省銅山縣）。會上，各國都表示聽從越國的號令，連周元王也派人來向他致賀，勾踐成為聲震一時的赫赫霸主。

吳越兩國之間的戰爭，充滿著曲折複雜的戲劇過程，是最耐人尋味的歷史事件。勾踐能從失敗的教訓中清醒過來，發憤圖強，復越滅吳，自然傳為千秋佳話。夫差因勝而驕，處安忘危，最終滅國亡身，亦足供後人引為鑑戒。

第三章

戰國時代

齊魏桂陵之戰

齊魏桂陵之戰，發生在周顯王十六年（西元前三五三年）。

從周元王元年（西元前四七五年）到秦始皇二十六年（西元前二二一年），為中國歷史上的戰國時代。戰國時代，是接續春秋時代而來的。戰國初年，各諸侯國中，以魏、趙、韓、齊、燕、楚、秦七個國家較強盛，此外尚有宋、魯、鄭、衛、越、蔡等二十幾個小國，和一些少數民族政權。各大國為了奪取土地和人口，相互之間，進行著更加頻繁與更加激烈的兼併戰爭。

周貞定王十六年（西元前四五三年），韓、趙、魏三家分晉後，由於魏國分得今山西省西南部的河東地區，那裡是晉國原來最基本的地區，地理位置優越，生產發達，再加上魏文侯英明有才略，內修政治，外連與國，魏國首先成為戰國初年最強盛的國家，稱霸中原達五十年之久。然而，魏文侯死後，新君武侯和惠王淺見寡識，多所更改文侯的既定國策，使魏國的霸業逐漸衰落。

齊國在春秋時代，就是東方的一個大國，自齊桓公歿後，雖屢遭變亂，但仍舉足輕重於中原。在三家分晉後六十七年，即周安王十六年（西元前三八六年），齊國田氏貴族奪取了政權，對內整飭吏治肅立紀綱，對外則向四面擴張。至齊威王時，齊國的勢力已經相當強盛，足以同魏國爭霸中原。

周顯王十五年（西元前三五四年），趙國為了擴張勢力，向衛國進攻，迫使衛國屈服。衛國原是依附於魏國的，現在入貢於趙，當然為魏國所不能容忍。因而，魏國便出兵伐趙，包圍了趙都邯鄲（今河北省邯鄲市）。趙國支持不住，派出使臣去齊國求援，並答應以割讓中山（今河北省定縣）為酬齊的條件。

齊威王召集大臣，商議此事。齊相鄒忌主張不去救趙，齊大夫段干朋則認為，不救趙將落個不義的罵名，而且對齊國不利。齊威王問，如何對齊不利。段干朋說：「事情很明顯，魏國佔領了邯鄲，這對齊國有什麼好處呢？」他並從齊國的利益出發，提出了救趙的具體方略，即暫不出兵去救邯鄲，而等魏趙俱傷之後，再去攻魏，先用部分兵力聯合宋衛南攻襄陵（今河南省睢縣西），牽制魏國，以堅定趙國抗魏的決心。齊威王採納了這個建議。

魏國勢力的擴展，使楚國和秦國，也受到威脅。因此，楚秦兩國乘魏國出兵攻趙，後方空虛之際，配合齊、宋、衛之軍，向魏國的南部和西部發動進攻。但是，魏將龐涓決心破趙，不為上述諸國的行為所動搖，圍困邯鄲一年有餘，仍未撤兵。

這時，齊威王見時機已經成熟，派田忌為將，孫臏為軍師，率軍救趙。田忌想引兵直趨邯鄲，孫臏說：「要解開雜亂的繩索，不能使用拳頭，排解爭鬥，不能也動手去參加爭鬥，避實就虛，因勢利導，問題就可以解決。現在，魏國和趙國打仗，精兵銳卒必然全在國外，留在國內的都是些老弱病殘，不如帶兵向大梁猛撲，佔領魏國的交通要道，打擊其薄弱部位，魏軍必然放下趙國回師自救。這樣，我們不但可為趙國解圍，而且可將魏國挫敗。」孫臏的作戰方略，與段干朋的見解大致相同，不同的是，孫臏不以襄陵為目標，而以直搗魏國重鎮大梁為目標。田忌採用了這一計策，立即率軍疾趨大梁（今河南省開封市）。

這時，趙國邯鄲守將，因為久等齊軍不至，被迫向魏軍投降。龐涓聽說齊軍進襲大梁，唯恐國內有失，只留下少數兵力把守邯鄲，自率大軍返回大梁。

田忌、孫臏得到龐涓回師的消息，立即將已進入魏境的齊軍後撤，屯於桂陵（今山東省菏澤縣東北）。龐涓知道齊軍後撤，乘勝趙之威，兵分三路，向齊軍進攻。魏中路軍迅速突破齊軍中央防線，但卻被兩側的齊軍夾擊，陷入重圍，兩翼魏軍，亦被齊軍牽制住，不能去援救中路軍。龐涓率中路軍奮戰突圍後，除少數親兵外，其餘死傷殆盡，收容左右二軍，也都損失慘重。

齊魏桂陵之戰，是齊國在戰國以來所取得的第一次重大勝利，歷史從此又進入齊霸中原時期。齊軍之所以能打敗實力強大的魏軍，是因為齊軍利用魏國精兵外調、國內空虛的機會，避實就虛，選擇了襲攻大梁這一正確的作戰策略，同時迫使魏軍回救。「圍魏救趙」這一戰法，充滿軍事智慧，是中國古代寶貴的軍事思想遺產。

齊魏馬陵之戰

齊魏馬陵之戰，發生在周顯王二十八年（西元前三四一年）。

齊魏桂陵之戰，魏國雖然失利，但並未因此而一蹶不振，仍然有著相當的實力。這時，魏國與韓國的利害衝突加劇。早在桂陵之戰前四年，韓國就曾與魏爭奪宋國的黃池（今河南省封邱縣西南）。桂陵之戰期間，韓國又乘魏失利，襲取魏地陵觀、廩丘（今河南省鞏縣附近）。兩年後，韓昭侯任用申不害為相，勵精圖治，對魏國的威脅愈來愈大。當時的魏國，秦國壓迫其西面，齊國威逼其東面，趙國雄踞其北面，韓國興起於南面，形勢頗為危險。魏惠王乃採取西守東攻、和趙抑韓的策略，將邯鄲歸還於趙，與秦孝公會盟於彤（今陝西省長安縣附近），一心準備打擊韓國。

周顯王二十八年（西元前三四一年），魏惠王終於命龐涓伐韓，直指韓都（今河南省新鄭縣）。韓國抵擋不住魏軍強大的攻勢，被迫向齊國求援。齊威王又召集大臣徵求意見，商議要不要出兵救韓。齊相鄒忌認為，魏韓兩國火併，不管是誰獲勝，國力都會受到損傷，對齊國都是有利的，主張「不如勿救」。齊將田忌認為，如果不救，韓國可能向魏國投降，這對齊國可是不利的，主張「早救之」。孫臏既不同意不救，也不同意早救，他認為韓魏兩國正在交兵，誰勝誰敗還說不定，如果現在就出兵援救韓國，實際上是代替韓國去承受魏國的打擊，不但會使齊國蒙受損失，而且不見得有把握打敗魏軍，魏國此次出兵，意在滅韓，齊國應當因勢利導，首先向韓表示必定出兵相救，促使韓竭力抗魏，但又必須等韓國處於危亡之際再發兵，這樣韓國必然感激齊國，齊國又可在魏國受到嚴重消耗時，才和魏軍作戰。齊威王很賞識孫臏的這個計策，認為這是既可「深結韓之親」、又可「晚承魏之敝」的「受重利而得尊名」的兩全之策。

韓國得到齊國答應救援的允諾，人心振奮，竭盡全力抵抗魏軍，但結果仍然五戰皆敗，只好向齊再次告急。齊威王抓住韓魏俱疲的時機，命田忌為主將，田嬰為副將，孫臏為軍師，統率大軍救韓。齊軍此次出兵，根據孫臏建議，仍沿襲「圍魏救趙」的故伎，不直接去韓都解圍，而是把進攻的矛頭直指大梁。

此時，魏惠王鑒於前次桂陵之敗，命龐涓火速回師大梁。魏惠王憤恨齊國一再干預魏、趙、韓三國之事，動員全國之兵伐齊，要與齊決一死戰。

龐涓從韓國撤兵回國，齊軍已進入魏境很遠。孫臏對田忌說：「魏軍一向驕傲輕敵，急於求戰，會輕兵冒進。我們可利用這一弱點，誘其深入，予以致命的打擊。兵法上說：如果走一百里去爭利，就有使大將軍受挫的危險；如果走五十里去爭利，也只有一半軍隊能夠趕到。我們可以第一天造鍋竈十萬個，第二天減少為五萬個，第三天減少為三萬個，讓魏軍以為我們的軍隊天天在減少。」田忌採用了這個計策。按照預定計劃，齊軍與魏軍剛一接觸，便立即後撤，讓魏軍連追了三天。龐涓果然以為齊軍逃亡嚴重，驕傲地說：「我一向知道齊軍怯懦，不敢戰鬥。我們追他們才三天，逃跑的士兵，已經超過了半數。」於是丟下步軍，只率領一部分輕裝精銳的騎兵，兼程追趕。

孫臏根據魏軍的行動，判知魏軍將於當天日落後進抵馬陵（今河南范縣西南），而馬陵附近道路狹窄，地勢險要，可以埋伏軍隊。孫臏便命令萬名射箭手埋伏在道路兩旁，規定到夜裡看到火光一閃，立刻一齊放箭。孫臏並叫人把路旁一棵大樹的皮剝掉，寫「龐涓死於此樹之下」。龐涓的追兵，果然在預定時間進入設伏地區。龐涓見剝皮的樹幹上寫著字，但看不清楚，就叫人點起火把來照明，字還沒讀完，齊軍萬箭齊發。魏軍不及防備，亂成一團，頓時潰散。龐涓自知敗局已定，憤愧自殺。齊軍乘勝追擊，又連續大敗魏軍，前後共殲滅魏軍十萬餘人，並俘獲魏太子申。

馬陵之戰，是戰國初期齊魏爭霸具有決定意義的一次伏擊殲滅戰。魏國因此役國力嚴重虧損，秦趙等國又乘機侵略，遂一蹶不振。齊國則聲威大振，在中原一時沒有敵手。

秦襲魏之戰

秦襲魏之戰，發生在周顯王二十九年（西元前三四〇年）。

馬陵之戰，雖為魏國與齊國作戰，但同時也是秦國東出中原的轉折點。秦國自秦獻公於周安王十九年（西元前三八三年）將國都由雍（今陝西省鳳翔縣）東遷至櫟陽（今陝西省臨潼縣）後，便加緊與魏國爭奪黃河以西的土地。周顯王七年（西元前三六二年），秦軍破魏軍於少梁（今陝西省韓城縣）。這年，秦獻公死去，秦孝公即位。秦孝公為使秦國更迅速地富強起來，即位的第二年，便下令求賢，聲稱「賓客群臣有能出奇計強秦者，吾且尊官與之分土」。這篇抱負不凡的求賢令，主要目的，就是為了收回「三晉攻奪我先君河西地」。而當時佔有河西的，正是三晉之一的魏國。

衛人商鞅聽說秦孝公求賢，入秦去見秦孝公，說以富國強兵之策。秦孝公大喜，立即任命他為左庶長，主持變法。商鞅從其法治思想出發，提出重農、重戰、重刑的基本國策，使秦國逐漸富強起來。秦孝公乘機擴張土地，鞏固關中地區。周顯王十一年（西元前三五八年），秦軍伐韓，敗韓軍於西山（今陝西省商南縣以北）。四年後，秦軍伐魏，敗魏軍於元里（今陝西省澄城縣南），並攻佔少梁。又過了三年，商鞅親自率軍，進攻魏國西北邊境上的戰略據點固陽（今陝西省米脂縣），將其拔下。同年，又在今陝西省商南縣加修武關，以防備楚國來犯。然後，秦國便遷都咸陽，東取函谷關。這時的秦國，東北國境已擴展至黃河西岸，與魏以千里長河為界。

齊在馬陵打敗魏國後的次年，商鞅便向秦孝公建議：「秦國和魏國，譬如人腹中有惡疾一樣，不是魏併秦，就是秦併魏。魏地山勢險要，建都安邑（今山西省夏縣西北），與秦以黃河為界，卻獨占了崤山以東的好處。它在形勢於它有利時，可以向西侵掠秦國，不利時，則可向東擴張疆土。如今秦國日益強盛，而魏國因敗於齊國而國力大虧，應乘此機會伐魏，將魏國的勢力往東驅趕。如秦據黃河、崤山之險，東向以制諸侯，便可以成就帝王的偉業了。」秦孝公認為商鞅說得很對，遂派他去攻打魏國。

魏國派公子卬率軍迎戰，商鞅寫封信給公子卬，說自己一向與公子卬相好，現在兩人分別當了兩國的將軍，不忍心相互殘殺，擬與公子卬面商，訂立盟約，使秦魏和平相處。公子卬相信了商鞅的話，答應與其舉行會談。雙方會談完了，正在歡飲之際，商鞅預先埋伏的甲士，突然活捉公子卬，並立即向魏軍發起進攻。魏軍失去統帥，全部投降。魏惠王因魏屢次為齊秦所敗，國家財政空虛，兵員緊缺，不敢再戰，派人與秦國簽訂停戰協定，割河西之地給秦，然後將國都由安邑遷往大梁。

商鞅採取和平欺騙和軍事打擊的手段，襲魏成功。從此，秦國不僅囊括河西、關中全域，造成高屋建瓴之勢，而且控制了太行山與崤山之間重要的戰略走廊，打開了通向中原的門戶，為以後統一中國奠定了基礎。

六國合縱抗秦

六國合縱抗秦，起於周顯王三十六年（西元前三三三年）的洹水之盟，為東周雒邑人蘇秦發起。

秦國經商鞅變法，國勢蒸蒸日上，一躍而為戰國七雄中實力最強的國家。中原各國，已無力單獨抵抗秦國的入侵，於是出現了蘇秦遊說六國諸侯，使成合縱之盟，聯合抗秦。蘇秦從小鑽研縱橫遊說之學，是一個既有戰略眼光、而又能言善辯的政治家和策略家。他先到秦國，對秦惠文王兜售兼併天下之術，秦惠文王沒有採納，便又根據六國畏秦的形勢，跑到六國去，做合縱抗秦的遊說。

周顯王三十六年（西元前三三三年），蘇秦來到燕國，對燕文公說：「燕國之所以很少遭受戰禍，是因為有趙國在其南面作為屏障。秦國攻燕，來自千里之外，趙國攻燕，來自百里之內，不憂百里之患，而防千里之外，這對燕國該是多麼有利啊。，願大王與趙國聯合，則燕國就根本沒有憂患了。」燕文公認為他講得很有道理，不但接受了他的意見，還資助車馬，送他去趙國。

蘇秦到趙國，對趙肅侯說：「當今崤山以東所有的國家，沒有比趙更強大的。秦國所害怕的國家，也莫過於趙國，然而秦國不敢舉兵伐趙，是唯恐韓魏襲其後方，秦若先進攻韓魏，沒有名山大川限制，稍加用兵，即可抵達二國國都，韓魏抵抗不住，必向秦屈服，秦得韓魏之後，趙國的災禍就要到了。我曾仔細觀察地圖，六國之地五倍於秦，我曾揣度六國之兵，大概十倍於秦，六國若能結為一體，同心協力向西攻秦，必能滅亡秦國。因此，希望大王邀請韓、魏、齊、燕、楚等國的國君盟會，共同約定，秦攻一國，五國各出銳師，或襲秦，或救援，有不遵守約定的，五國共伐之。六國聯合抗秦，秦軍就不敢再東出函谷關了。」趙肅侯聽後大喜，說：「寡人年少，立國日淺，從未聽到如何安定社稷的宏論。今日，先生有意保存天下，安定諸侯，寡人願以整個國家，聽從先生的安排。」趙肅侯還以極優厚的禮物賞賜蘇秦，並派他作為趙國的使節，去遊說各國。

蘇秦從此，以趙國特使身份活動。他先到韓國，對韓宣惠王說：「韓國有地九百餘里，甲士數十萬，天下的強弓勁弩利劍，都出自韓國。韓軍身披堅甲，手持勁弩利劍，一個人可以抵擋一百個敵人。大王若向秦國屈服，秦國必然索取宜陽（今河南省宜陽縣）、成皋（今河南省滎陽縣）。今年給了他們，明年還會要求割地。大王的土地是有限的，而秦國的要求是無窮盡的。這樣，用不著打仗，韓國的土地就減少了。俗話說寧為雞首，勿為牛後，以大王之賢，挾強韓之兵，而有牛後之名，我真為大王感到羞恥。」韓宣惠王聽後，勃然變色，瞪起眼睛，按著寶劍說：「寡人雖不肖，必不能事秦，敬奉社稷以從。」

蘇秦由韓到魏，對魏惠王說：「大王之國，地方千里，人口眾多，依我看，絲毫不亞於楚國。魏國有武士七十萬，戰車六百乘，戰馬五千匹，在軍事上也是強國。如今，卻聽從群臣的意見，想向秦國稱臣。向秦國稱臣，必然得割地，仗還未打，國力已虧。我奉趙國國君的命令，前來貴國商談合縱之策。」魏惠王說：「寡人不肖，從沒有聽說過更好的辦法。今日，先生既以趙王的意見相告，魏國完全同意。」

蘇秦又到齊國，對齊威王說：「齊國乃四塞之國，地方二千餘里，甲士數十萬人，糧食多得堆成山，齊國軍隊進如鋒矢，戰如雷霆，退如風雨。韓魏之所以害怕秦國，是因為他們的國土與秦接壤，即使打敗了秦國，國力也已枯竭，若打不敗秦國，則亡國的危險隨後到來，所以韓魏不願單獨與秦作戰，寧肯向秦稱臣。而秦國若進攻齊國，就不那麼容易了，秦軍勞師遠征，又必經亢父（今山東省濟寧市南）之險，齊軍在這裡部署一百人防守，一千名秦軍也不敢通過。況且，秦軍如果深入齊境，還要提防韓魏襲其後方，秦國不能危害齊國，是明擺著的，看不到這一點，而欲向秦表示屈服，是大王的臣子們糊塗的結果，請大王重新予以考慮。」齊威王說：「寡人不敏，遠處海邊，聽不到這樣高明的方略。今日，先生來傳達趙王的看法，我們沒甚麼不同意見。」

蘇秦最後來到楚國，對楚威王說：「楚國乃是天下的強國，有地六千餘里，甲士百萬，戰車千乘，戰馬萬匹，並有可供十年用的糧食，這真是成就霸王之業的資本。秦國最害怕的，就是楚國，楚強則秦弱，秦強則楚弱，兩國勢不兩立。所以，為大王著想，莫如聯合趙、韓、魏、齊、燕等國，孤立秦國。我可以去勸說其他國家，一切聽從大王的調遣。若能這樣，則各國都會割地與楚結盟，否則，楚將割地向秦稱臣。兩種結局，相去甚遠，大王看哪種好呢？」楚威王說：「寡人之國，西面與秦接境，秦國素有控制巴蜀、吞併漢中之心，乃是虎狼之國，當然不可親近，但寡人又考慮到以楚國一國的力量抗秦，不一定能取勝，所以一直臥不安蓆，食不甘味。今日，先生想統一天下各國對秦國的態度，楚國自當全力以赴。」

蘇秦遊說六國，分別曉以利害，終於使六國願意聯合起來抗秦，並於周顯王三十六年（西元前三三三年），各派使節在洹水（今河南省安陽河）開會，結成合縱（「合眾弱以攻一強」之盟）。蘇秦也由此佩上六國相印，擔任「縱約長」。六國約定：秦若攻楚，齊魏各出精兵援救，韓截斷秦軍的糧道，燕守常山以北，趙涉漳河向西：秦若攻韓魏，楚絕秦軍後路，齊助楚作戰，燕為齊楚後援，趙渡漳河支援韓魏；秦若攻趙，韓出宜陽，楚出武關，魏出河外，齊涉清河，燕亦出精兵助趙；秦若攻齊，楚絕秦軍後路，韓守成皋，魏阻秦軍前進，燕出兵救齊，趙封鎖漳河；秦若攻燕，趙守常山，楚出武關，齊渡海支援，韓魏亦出兵援救。

蘇秦首創的六國合縱抗秦，第二年便被秦相公孫衍破壞。秦惠文王唯恐中原諸侯合縱抗秦，將使秦軍不能東出，於是派相國公孫衍前往魏國和齊國，以威逼利誘的雙重手段，使魏齊兩國答應與秦國共同伐趙，剛剛達成的合縱盟約，隨之瓦解。但是，從此卻喚起六國對強秦的警惕，合縱已成為保全六國的必然趨勢。後來，齊國的孟嘗君、趙國的平原君、魏國的信陵君、楚國的春申君，均繼續推進合縱抗秦的事業，使六國因此苟延殘喘，達百年之久。

秦遠交近攻擴張連橫

六國在蘇秦的提議和推動下，雖然形成了合縱的局面，但由於各國利害關係不同，對合縱的熱心程度也不同。秦惠文王繼承秦孝公變法圖強的盛業後，任用縱橫家張儀為相，以遠交近攻之策，拆散六國合縱，同時憑藉強大的武力，不斷對外擴張，迫使六國相繼屈服。

張儀首創的遠交近攻之策，最初是遠交齊楚，打擊韓魏。周顯王四十一年（西元前三二八年），張儀用欲取姑予的欺騙手段，得到魏國的上郡（今陝西省米脂縣、膚施縣一帶）之後，為了孤立韓魏，便去結好齊楚。張儀曾與齊楚兩國的相國會於齧桑（今江蘇省沛縣西南），向他們曉以利害，並進行賄賂，致使齊楚均脫離「縱約」，與秦和好。張儀然後來到魏國，想讓魏國首先向秦屈服，其他國家好起而仿效，被魏惠王拒絕。張儀便密令秦軍攻魏，奪取了魏國的曲沃（今山西省曲沃縣）和平周（今山西省介休縣西）。

周慎靚王三年（西元前三一八年），魏、韓、趙、燕四國因愈來愈嚴重地感受到來自秦國的威脅，聯合楚齊兩國，組織合縱聯軍伐秦。當時實際參戰的，只有燕、韓、趙、魏四國的軍隊，卻公推楚懷王為合縱聯軍的「縱約長」。齊國因信守與張儀的齧桑之盟，未派兵參加。合縱聯軍，一直攻到秦國的東方戰略要隘函谷關，在此遭到秦軍反擊，大敗而退。

次年，秦乘合縱聯軍之敗，興兵伐韓，大敗韓軍於脩魚（今河南省原武縣東），斬首八萬級，各國為之震恐。張儀乘機又去勸魏襄王向秦屈服，說：「魏國的土地不足千里，地勢平坦，無名山大川可以依恃。魏軍不過三十萬，而且分戍於與楚、韓、齊、趙接壤的國境，用來對抗秦國兵力的不過十萬。六國雖在洹水達成合縱之盟，結為兄弟，互相依靠，但親兄弟同父母之間，尚且因爭奪錢財而互相殺傷，想用蘇秦的幾句話就聯合起來，不能成功，是顯而易見的。大王如果不向秦國靠攏，秦國一旦出兵黃河以外，則大王的國家就危險了。」魏襄王乃一幼弱無能的君主，在聯軍慘敗、韓軍覆沒之後，經不起這種威嚇之言，遂背棄縱約，請和於秦。張儀歸秦後，建議秦惠文王再次伐韓，在岸門（今河南省許昌市北）大破韓軍，迫使韓宣惠王以太子倉為質，入秦請和。

張儀既以縱橫捭闔之術削弱韓魏，便轉而對楚，千方百計地破壞齊楚聯盟。周赧王二年（西元前三一三年），張儀去拜見楚懷王，對楚懷王說：「大王如果肯聽我的話，斷絕與齊國的聯盟，我將向秦王請求把商於之地（今河南省淅川縣西北）六百里讓給楚國，秦楚兩國從此結為兄弟國家。」楚懷王聽後很高興，立即答應。當時，群臣都向楚懷王祝賀，唯獨大夫陳軫前來弔喪。楚懷王大怒：「寡人不興師而得六百里之地，你怎麼來弔喪？」陳軫說：「大王不要高興得太早了，依臣看來，商於之地不可能得到，而楚齊聯盟卻可能因此轉變為秦齊聯盟。秦國之所以看得起楚國，是因為楚國和齊國聯合，今楚國與齊國斷絕盟交，等於自我孤立，秦國哪裡還怕已經孤立了的楚國，張儀回秦後，必定毀棄諾言。楚國北絕齊交，西恨於秦，弄不好，齊秦兩國之兵都會打進來。」楚懷王這時，已經完全上了張儀的圈套，決心絕約於齊，並派人隨張儀入秦，去接受商於之地。

張儀回秦後，裝作從車上墜下來受傷，三個月沒有露面。楚懷王見派去的人沒有得到土地，以為秦國認為楚國絕齊絕得還不夠，派人到齊國邊境去痛罵齊湣王。齊湣王十分氣憤，當即表示與楚絕交。張儀這才對楚國來索地的使者說：「你怎麼還不去接受土地？從某至某，有地六里。」楚使回報楚懷王，楚懷王大怒，立即發兵攻秦。陳軫又勸道：「大王已絕齊，而見欺於秦，再與秦國交戰，國必大傷！」楚懷王不聽，派屈匄率軍伐秦。次年春天，秦楚兩軍戰於丹陽（武關外丹水之南），秦軍斬殺楚軍八萬，俘虜屈匄等楚將七十餘人，並乘勝奪取了楚國的漢中郡（今陝西省漢中縣以東）。楚懷王不肯認輸，發動全國之兵，再與秦戰於藍田，楚軍又告慘敗。韓魏聽到楚軍連遭失敗的消息，乘機發兵襲楚。楚懷王只好引兵回國，割漢中郡，向秦求和。

秦國在伐韓、伐魏、欺騙楚國成功的同時，又北滅義渠，南併巴蜀，奪取了黃河以西的北地和隴西二郡，以及漢水和長江上游地區。這時，張儀開始遊說六國，兜售連橫之術（「事一強以攻眾弱」），即秦國迫使各國自動幫助它進行兼併。

周赧王四年（西元前三一一年），秦為併吞與其接界的楚要地黔中郡（今湖南省沅陵縣），派人告訴楚懷王，願以武關之外的土地，換取楚國的黔中郡。楚懷王說：「不願易地，願得張儀，而獻黔中地。」張儀向秦惠文王請求赴楚，秦惠文王怕楚懷王不會饒他。張儀則認為，在秦強楚弱的形勢下，楚國不敢把他怎麼樣，況且自己與楚懷王的寵臣靳尚相好，靳尚又與楚懷王的寵姬鄭袖關係密切，一定能完成赴楚的使命。

張儀至楚後，立即被楚懷王囚禁起來，準備殺掉。靳尚聞訊，對鄭袖說：「秦王素愛張儀，將以上庸六縣及美女贖之。大王得到秦國土地後，必然與秦和好，秦國所獻的美女，也會得到他的寵愛，夫人就要失寵了。」鄭袖於是終日在楚懷王面前哭哭啼啼，並說：「作臣子的各為其主。今日殺掉張儀，秦王必然大怒。請先讓我們母子都遷到江南去，免得被秦軍殺害。」楚懷王冷靜下來後，也覺得張儀不可殺，將其釋放。張儀遂對楚懷王說：「六國合縱，無異於驅群羊而攻猛虎，實在不明智。大王若不對秦友好，秦驅使韓魏之兵攻楚，楚國將很危險。秦已西有巴蜀，從岷江順流而下，一日可行五百餘里，用不了十天，就能抵達扞關（今四川省奉節縣東）。扞關失守，則楚國由此以東的全部土地都會喪失。秦只要決定攻楚，三個月就能兵臨郢都，而楚國等待其他國家來援，至少也得半年以上，等待弱國來救，忘記強秦可能帶來的禍害，這是不能不替大王感到憂慮的。大王只要肯聽我的話，我一定使秦楚兩國真正成為兄弟之國，再也不要互相攻伐。」楚懷王在這番威嚇利誘之下，態度馬上軟化，決定割黔中郡，與秦和好。

張儀從楚國又跑到韓國，對韓襄王說：「韓國的土地全是山地，糧食短缺，兵力不過二十萬。秦國卻有甲士百餘萬，用來進攻不服從它的弱國，無異於垂千鈞之重於鳥卵之上。大王若不靠攏秦國，秦國出兵進攻宜陽，阻塞成皋，韓國就不存在了。為大王著想，莫如依靠秦國，與楚國作對，從而轉禍為福。」韓襄王聽後，覺得的確惹不起秦國，不得已而接受連橫。

張儀又到齊國，對齊湣王說：「那些勸說大王合縱的，必然說齊國有韓、魏、趙三國作為遮罩，地廣民眾，兵強士勇，即使有一百個秦國，對齊國也無可奈何。大王聽後高興，卻沒有想想是否合乎實際。如今，秦楚兩國互相嫁女娶婦，結為兄弟，韓獻宜陽給秦，魏在黃河以外為秦效命，趙王親自去朝見秦王，並割河間的土地給秦。大王若執意與秦對抗，秦將驅韓魏之兵，從南面進攻齊國，命趙軍渡過清河（今山東省博平縣境）攻齊，則臨淄和即墨，就不屬於大王所有了。齊國一旦被攻，再想向秦屈服，就為時已晚了。」齊湣王沒有辦法，也只好答應連橫。

張儀然後西去趙國，對趙武靈王說：「趙國當年派蘇秦合縱六國，使秦軍有十五年不敢東出函谷關，這筆賬秦國沒有忘記。如今，楚國與秦國結為兄弟之國，韓魏則在東面向秦稱臣，齊國向秦獻漁鹽之地，這就等於切斷了趙國的右肩，右肩斷了，還與人搏鬥，豈不是很危險嗎？秦國要是發出三軍，一軍阻塞午道，讓齊軍進佔邯鄲以東，一軍屯駐成皋，驅韓魏之軍從河外用兵，一軍扼守澠池，會合上述各國軍隊發起總攻，必然瓜分趙國的土地。我為大王考慮，莫如與秦結好，也成為兄弟之國。」趙武靈王雖然極不願意連橫，但迫於當時的形勢，也不得不暫時應允。

張儀最後到燕國，對燕昭王說：「如今，趙王已去朝見秦王，割河間的土地討好於秦。大王不服從秦國，秦一旦出兵雲中、九原，並驅趙攻燕，則易水和長城就不是大王的了。齊趙那樣的大國，對於秦國來說，都不過如同郡縣，不敢輕舉妄動。大王若肯向秦表示友好，可以不至於像齊趙那樣屈辱。」燕昭王遂將恆山之尾的五座城池給秦，以求與秦結好。

張儀遊說六國成功，返回秦國，準備向秦惠文王報告。但他還未到咸陽，秦惠文王已死去，秦武王即位。秦武王當太子時，就不喜歡張儀，即位以後，群臣又多詆毀張儀，故而張儀很快在秦失勢。六國知道這一情況後，相繼背棄與張儀談定的連橫條款，又復合縱。

張儀以遠交近攻之策，縱橫捭闔之術，離間六國合縱，威逼六國爭相割地賄秦，曾使秦國往往兵不血刃，便取六國之地。張儀連橫戰略的成就，對推動中國由長期分裂走向統一的進程，無疑有相當的影響力。繼張儀之後，秦相魏冉、范睢、呂不韋、李斯等，均師法張儀的遺策，而且手段日高，終於使秦兼併六國，統一了中國。

趙武靈王教民胡服騎射

趙武靈王教民胡服騎射，起於周赧王八年（西元前三〇七年）。這是戰國時期最著名的軍事改革。

趙武靈王鑒於趙國屢次參加合縱抗秦而屢遭失敗的教訓，深知不能依賴盟國聯合作戰，必須自圖富強，才能對抗秦國。當時，秦國據有關中地區河山之險，中原內地已被齊楚等國佔據淨盡，趙國要進攻秦國，只有西出榆中（今陝西省榆林縣），襲擊咸陽的後背，而要取得榆中地區，必須驅逐居住在那裡的胡人。胡人身穿短衣，騎在馬上，一邊馳騁，一邊射箭，機動性很高，戰鬥力很強。趙國的軍隊，則都身著寬袍長袖，以步戰和車戰為主，很不適應與胡人作戰的需要。趙武靈王經過反覆考慮，決心變法易服，教民騎射。

周赧王八年（西元前三〇七年）春天，趙武靈王將這個想法告訴大臣肥義，並徵求他的意見。肥義堅決支持這一改革，認為胡服騎射是強盛趙國軍事力量的唯一途徑，勸趙武靈王不必顧忌舊勢力的反對和議論，堅持實行。趙武靈王於是率領群臣出發，由今河北省井陘縣西的娘子關進入山西，登上呂梁山的西脈。他俯覽河山形勢，對群臣說：「如今，中山國（胡人所建之國）深入我國腹心，我想讓我國的百姓也改穿胡服，練習騎射，以便奪取這裡。」群臣聽後，莫不擁護。趙武靈王見群臣已無異議，仍顧忌他的叔父公子成反對，派人先趕回趙國，徵詢公子成的意見。

公子成對胡服騎射，果然持反對態度。理由是：趙國位於中原，是文明人居住的地方，萬物齊備，又有聖賢的遺教，施行的是仁義，應用的是詩書禮樂，各種技能也很發達，本是蠻夷學習的榜樣，現在要丟棄這些，而改胡服騎射，這是背棄聖賢的教導，改變古代的禮法，逆人心而動，萬萬行不得。趙武靈王便親自到他家去解釋，說明衣服應該便於穿著，禮制應該便於做事，如果情勢不同了，就應該採取相應的辦法，而不能死守中原固有的已經不適宜的習俗和制度。同時，向他詳細講述了改穿胡服和練習騎射的好處。公子成終於被說服，帶頭穿上胡服。趙武靈王又說服了反對胡服騎射的其他王族人物。這樣，趙國全國上下個個穿起胡服，並興起練習騎射的熱潮。

經過一年的變革，趙國尚武之風盛行，百姓大多成為善於馬上作戰的勇士。趙武靈王憑此武力，向北向西擴張，不僅將趙國的勢力範圍迅速擴展到榆中附近，而且奪取了北至燕代、西至雲中和九原的廣大地區。周赧王十六年（西元前二九九年），趙武靈將王位傳給太子何，自號「主父」，親自偽裝成趙國的使者入秦，藉以觀察秦國的山川地形，及其兵力虛實，準備日後由雲中、九原方向南下襲秦。秦昭襄王不知道他就是趙武靈王，但見此人相貌魁梧，不像是作臣子的氣度，在他離開後派人去追趕，趙使一行已疾出函谷關。秦國捉到一個趙國人審問，才知道那人正是趙武靈王，不禁為之大驚。趙武靈王既然已探知秦國的山河形勢，趙國又擴地至燕、代、雲中、九原等地，本可對咸陽發起掩襲，但由於趙國不久發生內亂，趙武靈王被其長子公子章率亂兵，困死在沙丘宮（今河北省平鄉縣東北），攻秦計劃遂成泡影。

趙武靈王雖然未能實現掩襲秦國的宏願，但趙國此後一直是中原的砥柱、秦國的勁敵，直至秦趙長平會戰，趙軍主力被殲。趙武靈王教民胡服騎射的軍事改革，在中國軍事史上也有著重要意義。輕裝的騎兵，機動靈活，戰鬥力強，適宜於北方平原地區作戰，因而成為後來歷代的一個重要兵種。

燕伐齊濟西之戰

燕伐齊濟西之戰，發生在周赧王三十一年（西元前二八四年）。

戰國中期，正當秦國以遠交近攻之策，縱橫捭闔之術，侵淩六國之際，六國之間爭霸稱雄的戰爭，亦在持續中。其中，以齊國的力量最為強盛，先後滅宋攻楚侵魏。齊湣王狂妄不可一世，甚至想幹掉周王室，自為天子。秦昭襄王見齊國勢力雖然日益擴張，但其對秦國仍保持親近政策，對秦國的東向暫無妨礙，便與齊湣王互贈帝號，分稱東西二帝。齊湣王從此，愈發驕縱恣肆。

這時，與齊國近鄰的燕國，伐齊的準備工作業已完成。燕國為甚麼要攻打齊國呢？燕齊之仇，由來已久。早在燕王噲時代，因為燕王噲將王位禪讓給燕相子之，燕太子平與子之爭奪王位，致使燕國發生內亂。齊宣王乘機攻燕，僅用了五十天，就攻下燕的國都薊城（今北京市西南部），殺死燕王噲與子之，企圖滅亡燕國。此舉引起燕國人民的強烈反抗，也招致中原各國干涉，齊軍被迫從燕國撤兵。後來，燕太子平在趙武靈王的護送下，回燕即位，是為燕昭王。燕昭王憤於覆國之痛，決心報仇伐齊，他對內廣招賢士，革新政治，發展生產，對外聯合趙國，爭取秦國，麻痹齊國君臣，並慫恿齊國滅宋，以削弱齊國的實力。經過二十八年的勵精圖治，燕國國勢復興，而齊國因興兵滅宋，又南侵楚國，西侵韓、趙、魏三國，四鄰結怨，燕昭王遂乘齊國內外交困之際，起兵伐齊。

燕昭王在起兵前，曾與樂毅商議伐齊的方略。樂毅認為，齊國畢竟繼承著齊桓公圖霸所遺留下來的餘業，地廣人眾，單憑燕國一國的力量，很難將其擊敗，故提出「與天下共圖之」的辦法。燕昭王同意這個意見，派樂毅往趙國勸說趙惠文王出兵，另派使者赴楚魏兩國，遊說聯合伐齊之事。當樂毅到趙國後，適逢秦國的使者也在趙國，樂毅便請趙惠文王勸秦國也參加伐齊。秦國因齊國幾年前撕毀齊秦兩國東西稱帝的盟約，並率領各國聯軍合縱攻秦，迫使秦國「廢帝請服」，早就伺機報復齊國，亦欣然答應。

周赧王三十一年（西元前二八四年），燕昭王以樂毅為上將軍，統率燕、趙、韓、魏、楚、秦六國的軍隊攻齊。齊湣王沒有料到，燕國竟能聯合各國共同攻齊，悉起齊國之兵，渡濟水西進阻擊。雙方戰於濟水以西（今山東省高唐縣、聊城縣一帶），齊軍大敗，殘部狼狽逃竄，退保國都臨淄（今山東省淄博市北）。

樂毅於濟西之戰殲滅齊軍主力後，厚賞秦韓兩國之軍，遣其歸國，然後命趙軍進攻河間，命魏軍轉向東南，收取昔日宋國之地，自率燕軍進圍臨淄，企圖一舉滅齊。這時，謀士劇辛提出，不如先攻取齊的周邊城邑，理由是：齊國是大國，燕是小國。這次是依賴各國出兵協助，才打敗了齊軍。因此，應當及時攻取齊國的邊城，為燕國所有，這關係到燕國將來長久的利益，如果只是經過這些地方而不收取，再深入齊地，也無損於齊，無益於燕，而且會結深怨於齊，後必悔之。樂毅則認為，齊湣王暴虐無道，在齊國已失去民心，今齊軍主力被殲，若乘勝直搗臨淄，齊國必然發生內亂，那就一定可以滅亡它，若失掉這個機會，齊湣王以後一旦痛改前非，重新收拾齊國民心，就很難再奈何齊國。樂毅於是拒絕了劇辛的建議，堅持向齊都臨淄進軍。

燕軍長驅直入，一路繼續消滅敗退的齊軍，兵不血刃便佔領了臨淄。齊湣王被迫出逃，輾轉至莒（今山東省莒縣），幻想借楚軍的力量抵抗燕軍，委任楚將淖齒為相。淖齒為和燕國瓜分齊國，殺死齊湣王，乘機奪回以前被齊國佔去的淮北之地。

樂毅志在滅齊，故在佔領臨淄後，採取了一連串鞏固和擴大攻齊戰果的措施。在政治上，申明軍紀，禁止擄掠，用官職封地，拉攏齊國有勢力的人物，減輕齊民的賦稅，廢除齊湣王先前頒布的殘暴法令，在臨淄郊外隆重祭祀齊桓公和管仲（因姜齊的宗廟，早已為田齊所滅），竭力爭取齊國人心。在軍事上，兵分五路攻取齊國各地：左軍向膠東（今山東省平度縣、萊陽縣與膠縣一帶）、東萊（今山東省黃縣、牟平縣至榮成縣一帶）進軍；右軍沿黃河、濟水，進屯阿、鄄（今魯西南地區），以接應魏軍；前軍沿泰山東麓直至黃海，攻佔瑯琊（今山東省沂南縣至日照縣一帶）；後軍沿北海（今山東省淄博市東北沿海地區）出擊，攻佔千乘（今山東省高苑縣北）一線；中軍控制臨淄。於是，燕軍僅用了半年的時間，就接連攻奪齊國七十餘城，均辟為郡縣，隸屬於燕，只有莒和即墨（今山東省平度縣東南）未被攻下。

燕以北方小國，一舉重創東方強齊，取得空前輝煌的勝利，原因是多方面的。燕昭王志在復仇，發憤圖強，使燕國國力得以興盛。但燕國即使元氣恢復，其土地、人口和經濟條件與齊相比，仍然懸殊。因此，單憑燕國一國的力量，無論如何是打不敗齊國的。樂毅針對當時齊秦東西兩強對峙，趙、韓、魏、楚均受齊國威脅的形勢，提出「與天下共圖之」的方略，聯合各國共同攻齊，使齊國多面臨敵，戰略上處於絕對劣勢地位，這是燕勝齊敗的決定性因素。當濟西決戰之後，樂毅又抓住齊軍主力被殲的有利時機，乘勝直搗齊都，其用兵之策，超過反對長驅直入的劇辛甚遠，充分顯示出大軍事家的胸懷和氣魄。樂毅還意識到人心向背的作用，在佔領臨淄後，採取了一連串籠絡齊國人心的措施，這也是分化瓦解齊國的抵抗力量，連佔齊國七十餘城的主因。

齊破燕即墨之戰

齊破燕即墨之戰，發生在周赧王三十六年（西元前二七九年）。

齊國於濟西之戰慘敗後，僅剩下莒和即墨兩座孤城，形勢岌岌可危。周赧王三十二年（西元前二八三年），齊臣王孫賈等，在莒擁立齊湣王之子法章為齊襄王，與即墨成犄角之勢，抗擊燕軍，並號召齊國各地，也起來抗燕。燕軍主將樂毅，因久攻兩城未下，重新調整部署，集中右軍和前軍圍攻莒，左軍和後軍圍攻即墨。齊即墨守將陣亡，即墨人民公推齊宗室田單為將，指揮抗燕。

樂毅見圍城無效，改用攻心戰術，瓦解齊人的戰鬥意志，命燕軍撤到距兩城九里之外的地方紮營，並宣告：城中居民出城者不加拘捕，生活困難者予以救濟。然而，三年過去，兩城仍未攻下。這時，燕國統治集團內部有人向燕昭王誹謗樂毅，說：「樂毅智謀過人，伐齊轉眼之間，克齊七十餘城，尚未攻下的僅餘兩城，非其力不能拔，所以三年未曾攻下，不過是想久仗兵威懾服齊人，南面稱王罷了。今齊人大多已服，所以仍未敢稱王，因其妻子在燕，齊多美女，又將忘其妻子，願大王圖之。」燕昭王痛斥進讒的人，將他斬首，同時表示：「齊王無道，乘燕國之亂殺我先王。寡人即位，痛之入骨，故廣延群臣，外招賓客，以求報仇。若有伐齊成功者，尚欲與之共同治理燕國，今樂毅親為寡人破齊，夷其宗廟，齊國自然應屬樂毅所有，非燕所應得。樂毅若能有齊，與燕併為列國，結歡同好，共抗諸侯進犯，實乃燕國之福，寡人之願。」燕昭王為了示信於樂毅，特將王后穿的衣服賞賜給樂毅的妻子，將太子穿的衣服賞賜給樂毅的兒子，並派相國帶著大批禮物赴齊，立樂毅為齊王。樂毅誠惶誠恐，不敢接受，回書向燕昭王誓死效忠。

周赧王三十六年（西元前二七九年），燕昭王死去，燕惠王即位。燕惠王為太子時，對樂毅就不滿。齊即墨守將田單，乘機派間諜入燕，散佈流言說：「齊王已死，如今未攻下的城池只有兩座，樂毅與燕國的新王素有舊怨，害怕被殺而不敢歸國，故以攻齊為名，想控制軍隊在齊國稱王。齊人尚未全部歸順，所以他姑且緩攻即墨，以待時機。齊國現在最懼怕的，就是燕國另派將領來，那即墨可就完了。」燕惠王果然中了田單離間之計，派騎劫去齊主持軍事，並召樂毅回國。樂毅知道燕惠王居心不良，怕回燕後被殺，向騎劫交出兵權後，便投奔趙國。燕軍將士因此憤慨不平，軍心渙散。

樂毅的去職，使田單少了個難以對付的勁敵，田單於是又進行了一連串的反攻策劃。他首先借助於迷信的形式，在軍隊中挑選了一個機靈的士兵，叫他假裝「神師」，每逢下令，田單總是非常恭敬地請這位「神師」出來，說是出自天神的教導，齊軍士兵聽說有天神下凡幫助，都非常高興。燕軍聽到這個消息，也以為齊軍得到天神的幫助，非常害怕。接著，田單又將這樣的話傳揚出去：「我最怕燕軍割去被俘齊軍的鼻子，然後把他們放到第一線，與我們作戰，那即墨就要不攻自破了。」騎劫聽說後，立即這樣做了。即墨城中的軍民，看到被俘齊軍被割去鼻子的慘狀，異常憤怒，決心死守不屈，都怕被燕軍抓去。田單又放風：「我最怕燕人挖掘城外的墳墓，侮辱我們的先人，令人為之寒心。」騎劫再次中計，在城外大挖墳墓，焚燒骸骨。齊國軍民在城上看到，無不痛哭流涕，要求與殘暴的燕軍決一死戰。田單覺得，高昂的士氣到發揮作用的時候了，將自己的妻妾也編入隊伍中，把所有吃的東西，全都拿出來分給士兵，並命令穿著盔甲的士兵埋伏起來，然後讓老弱婦孺登城，向燕軍表示投降。燕軍皆歡呼勝利。田單又從民間募集黃金千鎰，派即墨的富豪送給燕軍將領，約期正式投降，並哀求不要擄掠自己的家族。騎劫聽後十分高興，立即懈怠了對即墨城的包圍和監視。

這時，田單在城內收集了一千多頭牛，在牛身上披上五彩龍紋的外衣，在牛角上紮上鋒利的尖刀，在牛尾上綁好浸透油脂的葦草，在城腳挖了幾十個洞，使牛可以通行。反攻之夜，田單下令點燃牛尾上的葦草，牛感燒疼，發瘋似地奔向燕軍，五千名精壯士卒緊隨其後，奮力衝殺。燕軍看見如龍的狂牛飛馳而來，大驚失色，被撞者無不死傷。城裡的齊人吶喊助威，殺聲震天動地，燕軍潰敗，騎劫亦在亂中被殺。田單下令追擊敗逃的敵人，所經城邑，紛紛叛燕歸齊。田單的兵力日益增多，乘勢大舉反攻，直到把燕軍全部趕出齊境，將齊國七十餘城相繼收復。

田單在齊國即將滅亡的嚴峻時刻，以彈丸之地即墨，完成破燕復國的大業，在我國戰史上寫下光輝的一頁。

秦伐楚重丘、襄城、武關之戰

秦伐楚重丘、襄城、武關之戰，發生在周赧王十四年（西元前三〇一年）至周赧王十六年（西元前二九九年）。

秦國自秦昭襄王即位後，其疆土已包括關中與隴蜀全域，而且擁有黃河、崤函、武關、瞿塘關等重險，東方與趙、魏、韓、楚四國接境，侵吞中原之勢已成。此時，韓魏兩國為韓襄王、魏襄王時代，兩國既無險可守，兩國的君主亦十分軟弱，苦於秦軍進逼，只好常以割地求和自保。楚國這時為楚懷王時代，楚懷王貪黷而又昏庸，曾受張儀之欺絕交於齊，後因向秦索地未遂，憤而興兵伐秦，大敗於藍田。但是，三國的國君，雖然闇懦昏庸，三國的軍隊，尚堅強善戰。秦昭襄王，視韓、魏、楚的堅甲強兵，為秦國東出中原的障礙，必欲加以擊滅。至於東方的齊燕兩國，均與秦國有些交誼（齊與秦有齧桑之盟，秦昭襄王為太子時，曾作為人質入燕），又正當齊國伐燕之後，燕昭王勵精圖治，以謀報復之時，故兩國不至於參與中原的戰事。趙國為武靈王時代，正在教民胡服騎射，北滅代狄，東攘中山，做向北向東的擴張，暫時尚無與秦衝突的意圖。因此，秦國東出中原，計有北攻趙、中攻韓魏與南攻楚三條路線。但由北路攻趙，則有黃河和晉北山地的阻礙，用兵比較困難，而且易被韓、魏、楚襲秦後方。所以，秦昭襄王決定先出中路與南路，削弱韓魏和楚國。

如上所述，韓、魏、楚均有強兵，秦不能同時進攻。秦昭襄王乃採取和楚先攻擊韓魏的策略。周赧王十一年（西元前三〇四年），秦昭襄王與楚懷王會盟於黃棘（今河南省新野縣東北），將楚國在藍田戰敗後割讓給秦國的上庸（今湖北省竹山縣東南）歸還楚國，秦楚之間的關係得到緩和。秦遂於次年發兵攻擊韓魏，奪取魏國的重險封陵、蒲阪（今山西省永濟縣西黃河渡口）和韓國的武遂（今山西省臨汾市境）。同年，魏、韓、齊三國，因楚國背棄合縱之盟與秦結好，聯合起來伐楚。楚懷王派太子橫為人質，赴秦請救，秦出兵救楚，三國之軍遂退。

周赧王十三年（西元前三〇二年），秦國因楚國已與魏、韓、齊三國結怨，形成孤立，轉而又採取和好魏韓攻楚的策略。這年，秦昭襄王與魏襄王和韓太子嬰在臨晉（今陝西大荔縣）會盟，將蒲阪歸還魏國，秦與魏韓的關係趨向緩和。與此同時，在秦國作人質的楚太子橫，與秦國大夫發生爭鬥，楚太子橫殺死這位大夫，逃回楚國。秦國以此為藉口，於次年會合韓、魏、齊聯軍伐楚，夜渡泚水襲擊楚軍，殺死楚將唐昧，奪取楚地重丘（今河南省泌陽縣北）。周赧王十五年（西元前三〇〇年），秦派華陽君芈戎再次伐楚，大敗楚軍，斬首三萬級，殺死楚將景缺，奪取楚地襄城（今河南省襄城縣東南）。楚懷王因兩年中連續損兵折將，決心調整外交格局，乃遣太子橫為質，與齊國復交。

秦國為了給楚國以徹底打擊，於周赧王十六年（西元前二九九年）再次興兵伐楚，取其八座城邑。這時，秦昭襄王遣使送信給楚懷王，信上說：「昔日寡人與大王在黃棘約為兄弟，大王派太子入質於秦，兩國的關係甚為融洽。後因太子殺死寡人的重臣，也不道歉，便逃回楚國，寡人一怒之下，才興兵侵入楚國的邊邑。現在，聽說大王又讓太子入質於齊，以求與齊結好。秦國與楚接境，婚姻相親，秦楚關係不合，則無法號令諸侯。寡人願與大王在武關相會，再次結盟。」楚懷王閱信後，頗為躊躇，欲往，恐再次被欺，欲不往，又恐給秦以攻楚的藉口。楚左徒屈原認為：「秦虎狼之國，不可相信，不如勿往。」楚懷王的小兒子子蘭，則力勸其父赴會。楚懷王只好硬著頭皮，趕往武關。

秦昭襄王此一舉措，果然是個陰謀。他讓一個將軍詐作秦王，伏兵武關，等楚懷王一來到，立即將其劫持，並押往咸陽。秦昭襄王在章臺宮接見楚懷王，待以藩臣之禮，並要楚割讓巫郡（今四川省巫山縣一帶）和黔中郡（今湖南省常德地區）給秦。楚懷王答應與秦結盟，秦昭襄王則堅持要求先割地。楚懷王忍無可忍，表示：「秦國欺騙了我，而又強行要我割地，這是根本做不到的！」秦昭襄王便扣留了楚懷王，不許他歸國。後來，楚懷王乘隙逃跑，因歸楚之路被秦軍截斷，便跑到趙國。趙國不敢收留他，又想去魏國，被秦軍追擒，終於客死在秦國。楚國既失懷王，從齊國迎回太子，立為楚頃襄王。秦昭襄王聽說大怒，立即發兵出武關攻楚，斬殺楚軍五萬人，奪取楚城十六座，均為秦楚邊界上的要地。

秦昭襄王的擴張方略，由於做到了審時度勢，分別輕重緩急，故其成就卓越。而楚國因受秦國一連串的進攻，楚懷王又被誘執入秦，造成楚國政治上的極大混亂，國力也日益削弱，二十年後，竟至國破都遷。

秦伐韓魏伊闕之戰

秦伐韓魏伊闕之戰，發生在周赧王二十二年（西元前二九三年）。

楚懷王客死於秦後，中原各國的君主兔死狐悲，都憤恨秦昭襄王的欺詐殘暴，再次合縱抗秦。周赧王十九年（西元前二九六年），齊、魏、韓、趙、宋五國聯軍伐秦，兵臨鹽氏（今山西省安邑縣）。秦國被迫將奪佔的封陵歸還魏國，將奪佔的武遂歸還韓國，五國聯軍才撤兵。

這時，秦國認為楚國已經殘破，而韓魏復起，扼守殺函東部及伊洛山地，阻止秦軍東出，必須予以打擊。秦國雖將封陵、武遂歸還魏韓，但黃河南岸的宜陽地區，仍為秦軍所據。宜陽西為崤函諸山，南有伊闕山，東有嵩山山脈的轘轅諸山，北有黃河，地形十分險要。因此，秦軍便以宜陽西部山地為屏障，準備與韓魏聯軍在伊闕和轘轅地區決戰。

周赧王二十年（西元前二九五年），魏襄王與韓襄王均死去，趙國也發生內亂，趙武靈王被困死在沙丘。秦昭襄王乘此時機，派司馬錯出武關，威脅韓魏的兩翼。兩年後，秦軍又攻佔解邑（今山西省運城縣），威脅魏國的安邑。韓魏兩國面臨秦軍日甚一日的進逼，各起傾國之兵攻秦，希望能奪回宜陽地區。秦國也在此集中兵力，準備迎擊，並派向壽以一部兵力進攻武始（今河南省洛陽縣西），派白起進攻新城（伊闕以北）。周赧王二十二年（西元前二九三年），韓僖王命公孫喜，率韓魏聯軍二十四萬人援救新城。這時，白起已為秦軍主將，此人知兵善戰，避開韓魏聯軍的攻勢，率秦軍主力繞其後方，將其壓迫至伊闕山狹隘地區，予以殲滅。伊闕之戰，秦軍斬殺韓魏聯軍二十四萬人，俘虜主將公孫喜，佔領伊洛地區韓城五座。韓魏從此一蹶不起，其他國家，亦為之震驚。

戰後，秦國利用此次大捷的聲威，進一步侵凌各國。楚國被迫與秦和親，與齊疏遠，韓魏競相割地，向秦求和。秦國拓地廣闊，不僅加強了日後制楚制韓制魏的基礎，而且為日後進攻趙國，打開了通路。

秦伐楚拔郢之戰

秦伐楚拔郢之戰，起於周赧王三十五年（西元前二八〇年），迄於周赧王三十七年（西元前二七八年），前後共歷三年。

正當秦國向中原猛烈擴張之際，東方的燕國長驅直入攻破齊國，齊國七十餘城降燕，齊國的聲威已不復存在。此時，韓魏自伊闕戰後國力尚未恢復，趙國也因受白起的攻襲，小心翼翼地只圖自保。秦昭襄王乃乘此前所未有的良機，決定首先攻滅已孤立的楚國，或逼其東徙。

楚國原為南方第一大國，土地廣闊，軍民眾多，雖然多年來一直內政不修，致使國力嚴重衰退，但若欲將其一舉擊滅，仍是不可能的。所以，秦昭襄王採取蠶食策略伐楚，先將其逐出襄漢上游地區，使在巴蜀方面的秦軍，得以東出長江，然後再逐步推進。秦伐楚拔郢之戰，即為此種戰略構想下的一次戰役。

秦國以郢都作為進攻目標，也出於深謀遠慮。楚國的國都郢都，西有巫巴之險，北有桐柏之固，南控湘黔，東制吳越，據江漢咽喉之地，實為強國雄都之所在。故欲蠶食楚國，必須先攻破郢都，逼楚將國都東遷，使其失去憑恃。但郢都北、西、南三面，均有山川作為屏障，若僅攻其一面或兩面，楚仍可作頑強的抵抗。因此，秦軍進攻郢都，必須由北、西、南三面作大規模的包圍攻擊，才有希望一舉將其攻克。而當時處於關中地區的秦國，欲踰越太白山脈、大巴山脈、巫夔諸山以及武陵山脈，對郢都作北、西、南三面包圍攻擊，實為一件極其艱難的事情。如果趙武靈王還健在，韓魏之精銳尚未擊滅，燕齊兩國亦無相互攻伐之事，則秦國空國遠征於千里之外，將很難獲勝。無奈此時六國諸侯，都不是秦昭襄王的對手，種種因素又恰集於同一時期，因此給秦國擊楚以千載難逢的機會。

周赧王三十五年（西元前二八〇年），秦昭襄王下令對楚分路進攻。秦將司馬錯先率隴西之兵入蜀，由蜀進拔楚國的黔中郡。然後，司馬錯分兵一部，由巴郡東下，抵達夔巫，準備出巫峽進攻楚國西部。另一路秦軍由武關東下，攻取楚國的漢北、上庸等地，進入桐柏山區。這時，秦將白起正在北方攻打趙國的代邑，得手後也率大軍南下，攻取楚國的鄢（今湖北省宜城縣）、鄧（今湖北省襄陽縣）、西陵（今湖北省宜昌市西南津關）。周赧王三十七年（西元前二七八年），秦軍三路均已越過險惡的山地，進入楚西平原，郢都已成甕中之鱉。白起下令進圍郢都，迅速將其攻克，楚軍大部被殲，少數潰散，楚頃襄王倉皇東逃，遷都於陳（今河南省淮陽縣）。秦昭襄王改郢都為南郡，將其收入秦國版圖。

秦軍拔郢之後，楚國遭到沉重打擊，西部江漢湘黔地區，均為秦國所取。秦國不但獲得軍事上的重大勝利，在經濟上和心理上，也收穫豐碩。

秦伐魏大梁、華陽之戰

秦伐魏大梁、華陽之戰，起於周赧王三十九年（西元前二七六年），迄於周赧王四十二年（西元前二七三年），前後共歷三年。

秦伐楚拔郢之後，其勢力進入中原心臟地區，遂乘戰勝之威，轉其兵鋒，再次進攻韓魏。韓國此時已屈服於秦，故打擊重點，主要便落在魏國身上。

魏國的國都大梁（今河南省開封市），地形上無險可扼，向為中原四戰之地。秦攻魏的進攻方略，與幾年前伐楚拔郢大致相同，也是以魏都大梁為目標，採取三路包圍的態勢。南路軍由白起率領，從楚國方城（今河南省方城縣）和魏國的安城北進，攻擊大梁的南面；秦相魏冉，率中路軍出虎牢（今河南省滎陽縣）、滎陽，攻擊大梁的西面；北路軍由胡陽率領，從魏國的河內（今河南省濟源縣）越過濟陽（今河南省開封市北）、外黃（今河南省蘭考縣），攻擊大梁的北面和東面。如此三路進攻，對大梁形成四面包圍。

周赧王三十九年（西元前二七六年），白起率南路軍首先攻魏，佔領魏國的邊邑二城（其地約在今河南省襄城縣、舞陽縣附近）。這年十二月，趙惠文王見河內之地，幾乎被秦國掠奪殆盡，為自保趙國，命廉頗趁火打劫，攻取趙魏邊界上的魏城數座。

次年，秦相魏冉親率中路軍進攻大梁。韓僖王見秦大舉攻魏，深恐魏亡韓亦不免，派大將暴鳶率軍救魏。魏冉擊破韓軍，斬首四萬，暴鳶逃往大梁。秦軍乘勢，又攻取魏城三座。魏安釐王命芒卯率軍抵禦，立即被秦軍擊破，秦軍直抵大梁城下。

周赧王四十一年（西元前二七四年），大梁被圍，已達一年之久。齊襄王見魏國有行將滅亡的危險，為避免禍及於齊，起兵救魏。魏冉軍又擊敗齊魏聯軍於大梁以北，斬首四萬。於是，魏國自溫邑以東至原邑一帶，盡被秦軍佔領。

這時，魏國為擺脫困境，遣使前往趙國，表示願將鄴城（今河北省臨漳縣西）奉送給趙。趙惠文王與群臣商議，認為趙國若與秦國合作攻魏，即使獲勝，也很難從秦國手中，分得像鄴城這樣大的城邑，現在不用兵就能得到鄴城，應當接受魏國的奉獻。魏使乘機提出趙國「何以報魏」，趙惠文王答應與秦「閉關絕約」，並出兵援魏。

周赧王四十二年（西元前二七三年），趙魏聯軍進攻秦軍扼守下的韓地華陽（今河南省新鄭縣東南）。魏冉命南路軍白起與北路軍胡陽實施南北夾擊，大敗趙魏聯軍於華陽城下，斬殺十三萬人。魏軍統帥芒卯收容殘部，撤出戰場，向大梁方向退卻。趙軍見自己處境孤危，奪路向黃河南岸潰逃，打算渡河返國，被秦軍白起部追上，又殲其二萬餘人。白起乘勝向大梁急進，企圖一舉滅亡魏國，從而把秦國本土和原先佔領的齊國的定陶等城邑相連接，以斬斷楚、韓、燕、趙之間的戰略聯繫。魏國一旦滅亡，便不啻「絕縱親之腰」，「斷山東之脊」，各國均感到嚴重威脅，決心「首尾皆救中身」。魏國也積極開展外交活動，派須賈對秦相魏冉說：「楚趙有聯合援魏的趨向，魏國為挽回大局，若徵三十萬大軍守衛大梁，就是湯武在世，也攻不下大梁。這樣，秦國不但消耗巨大，說不定還會前功盡棄。」魏冉感到，須賈的話是有根據的，秦國的確應適可而止，於是命令秦軍暫停圍攻，但要求魏國割地才停止戰爭。魏國許多大臣反對割地，認為「以地事秦，譬猶抱薪救火，薪不盡，火不滅」。魏安釐王權衡形勢，還是決定把南陽（今河南省修武縣北）割讓給秦國，作為秦國退兵的條件。

秦伐魏大梁、華陽之戰，是戰國時期秦魏之間關鍵性的一戰。戰後，秦國在中原的聲勢益發壯大，魏國則由於其河西、河東和河內的廣大地區相繼落入秦國手中，從此由強國的地位跌落下來，不再是秦國向東擴張的主要敵手。

秦伐趙閼與之戰

秦伐趙閼與之戰，發生在周赧王四十五年（西元前二七〇年）。

韓、魏、楚相繼削弱之後，趙國成為唯一能與秦國相抗衡的國家。趙惠文王雖然是一個平庸之君，但卻頗能信任賢能，手下有平原君趙勝、藺相如、趙奢、廉頗等，皆為棟樑之臣。趙惠文王在他們的輔佐下，繼承趙武靈王的遺業，使趙國一時成為秦國東進中原的勁敵。

秦國自然不能坐視趙國與其抗衡。周赧王四十五年（西元前二七〇年），秦昭襄王決定伐趙，派兵越過韓國，進攻趙國的險要地區閼與（今山西省和順縣西），企圖得手後東出武安，直襲趙都邯鄲。

趙惠文王聞訊，召見廉頗問道：「可不可以去救閼與？」廉頗認為閼與離邯鄲很遠，而且道路艱險難走，實在不容易救援。趙惠文王又召見樂乘，樂乘的回答和廉頗一樣。趙惠文王又召見趙奢。趙奢說：「去閼與雖然道遠路險，但就好像兩隻老鼠在洞裡打架，哪個勇猛些，哪個就取得勝利。」趙惠文王於是派趙奢為將，前去援救閼與。

趙奢率軍剛離開邯鄲三十里，即下令停止前進，曉諭全軍：「有誰敢對軍事行動提出意見，處以死刑。」這時，秦軍一部已駐紮在武安以西，擊鼓吶喊，操練演習，致使「武安屋瓦盡振」。趙軍有一將佐建議急救武安，趙奢當即將他處死。趙奢在此構築營地，滯留二十八天未動，並添築營牆，以示堅守。秦軍派一個間諜混進營地，來探聽虛實，趙奢用好吃的東西招待他，然後放他回去。間諜將所見到的情況，報告秦將胡陽。胡陽十分高興，說：「趙軍剛離開國都三十里，就不再繼續前進了，築壘自守，可見閼與已不是趙國的領土了！」孰料，趙奢將秦國的間諜放回去之後，立即率軍偃旗息鼓，往閼與方向疾進。經過兩天一夜，趙軍抵達閼與附近。趙奢命善射的甲士，在離閼與以東五十里的地方構築工事，待機迎敵。這時，秦將胡陽才得到趙軍馳援閼與的消息，率全軍來戰。趙奢派一萬人佔據北山，奪取了制高點，秦軍也來爭奪，趙奢命趙軍發動猛攻，大敗秦軍，閼與之圍遂解。

閼與之戰，趙奢成功地運用了出奇制勝的戰法，透過製造假象，嚴格隱蔽其作戰企圖，有效地迷惑了秦軍，趙軍突然出現於戰場，使秦國遭到了多年來未曾有過的軍事挫折。秦昭襄王不甘心閼與之戰的失敗，於次年派胡陽率軍再次進攻閼與。由於趙國有充分準備，胡陽攻城未克，被迫撤軍回國。秦軍兩次進攻閼與均無成就，只好改變戰略，決定先奪取韓國的上黨，以此作為進擊趙國的基地。

秦伐趙長平之戰

秦伐趙長平之戰，發生在周赧王五十五年（西元前二六〇年）。

秦國兩次進攻趙國的閼與未成，便改變戰略，仍襲用過去張儀所制定的遠交近攻之策，先向離秦國最近的韓國發動進攻。周赧王五十年（西元前二六五年），秦國攻取韓國的少曲（今河南省濟源縣東）、高平（今河南省孟縣西北）。兩年後，又佔領了太行山南端南陽（今河南省沁陽縣），把韓國攔腰斬成兩段，使韓國的上黨郡（今山西省長治市一帶）完全和本土隔絕。韓桓惠王大為恐慌，打算把上黨郡獻給秦國，向秦國求和。然而，上黨郡守馮亭不願降秦，轉而投靠了趙國。趙國的平陽君趙豹認為，在上黨問題上，「秦服其勞而趙受其利」，容易招致大禍，不贊成接收上黨。平原君趙勝，則持相反的意見，認為出動百萬大軍也未必能奪得一城，如今坐受韓國上黨郡的十七座城邑，乃是極大的利益，不可失此良機。趙孝成王採納了趙勝的意見，並派他去接收上黨。

上黨位於太行山西側，是韓、趙、魏三國的交界地區，戰略形勢異常重要。此時，秦國已佔有魏國的安邑、新垣、曲陽以及南陽與軹邑等地，欲由上述地區進攻趙國，必須先攻取韓國的上黨，以便由上黨經閼與進攻邯鄲的北面和西面，同由南陽渡淇水、漳水進攻邯鄲南面的秦軍相呼應，構成三面夾擊之勢。而且，上黨居高臨下，一直威脅著秦國的南陽，早就是秦國的大患，必欲拔之才安心。因此，秦昭襄王眼見將要到手的上黨被趙國得到，當然不甘心，就乘趙軍對上黨守禦未固之時，派大將王齕率軍，由太行進襲上黨。上黨的趙軍打不過秦軍，退守長平（今山西省高平縣西北）。趙孝成王聞訊，急派廉頗率大軍馳援。王齕攻佔上黨後，繼續向趙軍發動攻擊，趙軍頗有損失。廉頗於是命主力在長平嚴守險阨，與秦軍形成對峙之局。

太行山為趙都邯鄲西面的屏障，趙孝成王害怕秦國的強兵緊逼國境，想與秦國媾和。大夫虞卿反對媾和，說：「如今，決定是戰是和的權利，掌握在秦國手中，秦集重兵於上黨，目的就是要擊破趙國，故而不會允許與我們媾和。不如派人攜重寶，去賄賂楚魏二國，楚魏若肯接受，則秦國懷疑諸侯又復合縱，才可能與我們媾和。」趙孝成王不以為然，還是派鄭朱赴秦議和。秦國為了麻痹趙國，防止各國聯合抗秦，並爭取時間加強軍事準備，以便給趙以沉重打擊，利用趙國來求和的機會，有意向各國宣傳秦趙已經和解，而事實上並未允和。楚、魏、齊等國，本來就懼怕秦國，現在又為秦國的外交手腕所迷惑，紛紛疏遠趙國。

秦趙兩軍在長平對峙了四個多月，秦軍幾次挑戰，廉頗都以逸待之，消耗敵人，固守營壘，堅不出戰。趙孝成王見趙軍亡失者甚多，認為廉頗是因膽怯而不敢出戰，屢加責備。這時，秦相范睢又派間諜，帶大量黃金到趙國進行離間，聲稱：「秦國最怕派趙奢的兒子趙括為將，廉頗倒容易對付，而且快投降了。」趙孝成王既惱怒廉頗軍多亡失，堅守不敢出戰，又聽到秦國離間之言，決定派趙括去代替廉頗指揮。這個決定，立即遭到趙相藺相如和趙括母親的反對。他們認為趙括只知紙上談兵，必然會誤大事。趙孝成王不聽，仍派趙括代替廉頗為將，以實現他速戰速決、奪回上黨的意圖。

趙括自命不凡，一到長平，就更換部隊將領，改變軍中制度，弄得趙軍人心渙散，鬥志消沉。周赧王五十五年（西元前二六〇年），秦昭襄王聞知趙軍易將，密令上將軍白起馳赴長平，並嚴申洩露此祕密者斬首。白起針對趙括高傲輕敵的弱點，先用誘敵戰術，故意打了幾個敗仗，不斷後退。趙括自以為得志，出兵追擊。這時，白起卻派兩支精兵，迂迴抄襲趙軍的後路，把趙軍切成兩截，首尾不能呼應，五千秦軍騎兵乘勢直搗趙軍營壘，使趙軍失去立足之地。此後，秦軍又派精銳的騎兵，不斷突襲趙軍，迫使趙軍由進攻轉入防禦。

秦軍連創趙軍的捷報傳到咸陽，秦昭襄王十分高興，親自到河內（今河南省沁陽縣），把當地十五歲以上的男丁全部編入軍隊，調到長平東北面的高地佈防，切斷趙國的援兵和糧道。趙軍被圍困斷糧，饑餓的士兵，竟至於互相殺食，情況極為嚴重。趙括曾組織四支突圍部隊，輪番突圍，企圖衝開一條出路，均被銅牆鐵壁般的秦軍擊退。最後，趙括只得親率精兵，披上厚甲，強行突圍。然而，當趙括剛出現在陣前，就被秦軍射死。趙軍失去主將，益發潰不成軍。秦軍乘勢發動猛烈進攻，趙軍全體投降。白起怕已降的趙軍尋機反叛，僅把其中二百四十個年幼者放回趙國，其餘四十多萬降卒，全部就地活埋。

秦趙長平之戰，創造了中國古代戰爭史上大規模殲滅戰的先例。秦軍之所以大獲全勝，除了它在政治上、經濟上的優勢地位之外，還在於它成功地運用了遠交近攻的策略，在決戰前夕破壞了各國合縱的企圖。秦用離間之計，誘使趙國換掉久經沙場、威震三軍的老將廉頗，也是能夠獲勝的重要因素。總之，長平之戰重創了秦國在中原最後一個強大的對手，進一步鼓舞了秦國統一六國的決心，使秦國加緊兼併戰爭的步伐。

秦伐趙邯鄲之戰

秦伐趙邯鄲之戰，發生在周赧王五十六年（西元前二五九年）至周赧王五十八年（西元前二五七年），歷時二年零三個月。

秦軍在長平之戰勝利後，乘勢攻取了趙國的太原郡和韓國的上黨郡，其聲威已達到巔峰狀態。這時，白起主張一舉滅趙，開始秦統一六國的戰略行動。秦相范雎，深恐白起滅趙後功勞高於自己，利用趙孝成王派使者前來獻城乞和之際，對秦昭襄王說：「秦兵已很疲勞，請允許趙韓割地求和，以休整士卒。」秦昭襄王採納其議，於周赧王五十六年（西元前二五九年）正月，休兵罷戰。

秦軍撤兵後，趙國得到喘息的機會，立即悔棄割六城予秦的諾言，與齊、魏、楚三國加強聯繫、商討合縱攻秦的計劃，對內則積極整頓軍備，以防秦軍再次來攻。

秦昭襄王見趙國不但沒有如約割地，反與東方諸國重新合縱，於這年九月命王陵率軍，再攻邯鄲。由於秦軍在長平之戰曾坑殺趙國降卒，趙國軍民無不同仇敵愾，對秦軍的進攻進行了英勇的抵抗。王陵屢戰失利，傷亡甚眾。秦昭襄王想再用白起為將，白起認為此時的形勢，與長平戰後已大不相同，又恐范雎再掣其肘，對秦昭襄王說：「邯鄲實在不容易進攻，且恐諸侯之救將至。秦雖勝於長平，士卒死者過半，國內空虛，今遠絕河山而爭人國都，趙應其內，諸侯攻其外，必破秦軍！」秦昭襄王見白起堅辭不肯為將，便命王齕代替王陵，繼續對邯鄲發動進攻。

王齕率秦軍兵分三路，一路出井陘關攻邯鄲之北，一路出黃澤關（今山西省和順縣）攻邯鄲之西，一路出壺關攻邯鄲之南。趙國對秦軍的進攻，採取了堅守邯鄲、避免決戰、以待外援的作戰方針，給秦軍以重大消耗。趙孝成王為爭取外援，派平原君趙勝親自赴楚求救。趙勝以秦軍曾攻破郢都、焚燒夷陵、迫楚遷都至陳的舊怨，來激怒楚考烈王。楚考烈王遂派春申君黃歇，率軍北上救趙。魏國也派將軍晉鄙，率軍十萬救趙。秦昭襄王聞訊大驚，派人威脅魏桓惠王說：「秦軍攻趙，很快就能攻下。諸侯中有誰敢去救趙，我將於拔趙後，先移兵擊之。」魏桓惠王被這番話嚇倒，命令晉鄙屯兵於鄴（今河北省磁縣南），名為救趙，實則觀望。魏信陵君無忌決心救趙。他聽從謀士侯生的建議，請魏桓惠王寵幸的如姬，盜得調動軍隊的信物虎符，趕至鄴地椎殺晉鄙，奪得兵權，然後挑選精兵八萬，向邯鄲進發。

秦昭襄王因邯鄲久攻不下，再次敦促白起為將。白起稱病，仍不從命，並且說：「大王不聽我的勸告，今日如何？」秦昭襄王大怒，要他帶病也得出征。白起嚴肅地對秦昭襄王說：「我知道，即使我率軍攻趙一定失敗，也不會獲罪，而如果我拒絕率軍攻趙，將被大王處死。但是，現在的確不是攻趙的時機，應當休兵養民，以觀諸侯之變。因此，我寧伏重誅而死，不忍為辱軍之將。」秦昭襄王見白起屢次抗命，免去白起武安君的官爵，把他降為士伍，勒令離開咸陽，後又賜劍逼他自殺。

周赧王五十八年（西元前二五七年）十二月，楚春申君黃歇率領的楚軍與魏信陵君無忌率領的魏軍，在邯鄲城外會合，向秦軍展開猛烈進攻。這時，趙國的平原君趙勝，也親率三千敢死之士衝出城來。秦軍突遭內外夾擊，力不能支，被殺得落花流水。王齕率領殘部西退，逃回汾城，鄭安平部二萬餘人，被楚魏聯軍包圍，衝不出去，只好投降，邯鄲之圍遂解。楚、魏、趙三國軍乘勝進至河東（今山西省西南部），又敗秦軍，逼使秦軍退往黃河以西，放棄了以前所侵佔的魏地河東、趙地太原和韓地上黨。

邯鄲之戰，表明秦昭襄王在戰略上是失敗的。他拒不聽從白起的勸阻，在趙、魏、楚已經形成合縱聯盟的形勢下，仍然堅持發動滅趙的戰爭，自然使自己陷入孤立，並終於在邯鄲城下遭到挫折。但是，秦國的實力並未因此受到多大損傷，也沒有從根本上改變秦國與東方六國之間的力量對比。一年之後，秦國便滅亡周王室，繼而揭開統一六國的序幕。

第四章 秦代

秦王政統一中國之戰

秦王政統一中國之戰，起於秦王政十七年（西元前二三〇年）滅韓之戰，迄於秦王政二十六年（西元前二二一年）滅齊之戰，前後共歷十年。

秦國自孝公變法圖強至秦王政即位，其間共歷六世，為時一百一十三年（西元前三五九年至西元前二四六年）。在此一百一十三年間，秦以蠶食漸進之策，愈戰愈強，一共消滅了六國一百五十多萬軍隊，其領土範圍已擴展到今陝西省大部、甘肅省東北部、四川省東北部、山西省中南部、河南省西部、湖北省西部、湖南省西北部。這些地區，不但土地肥沃，物產豐富，而且「南有巫山黔中之限，東有崤函之固」，使秦國居於可攻可守的戰略地位。因此，當秦王政登上王位的時候，他從他的先輩手中繼承下來的，已經是一份相當大的遺產。秦王政又是位氣魄甚為弘大的君主，他在先消滅內部的分裂勢力、鞏固了王權之後，便根據天下形勢的變化，以及秦國已擁有「戰車萬乘，奮擊百萬，沃野千里，蓄積饒多」的物質基礎，一改過去蠶食漸進之策為急進鯨吞之舉，不失時機地發動了併滅六國的統一戰爭。

此時的六國，各懷私心，再也不可能合力同心抗擊秦國，各自苟延殘喘以待滅亡，僅是時間問題。

趙國自趙武靈王教民胡服騎射以來，曾成為戰國後期僅次於秦的強國，有「地方二千里，帶甲數十萬」。但自孝成王之後，統御無方，致使晉中太原之地、晉南上黨之地相繼淪於秦國，特別是長平一戰，趙國實力大受損失。儘管後來，趙軍聯合魏楚之軍，擊退秦軍對邯鄲的進攻，但趙國作為秦國勁敵的歷史，畢竟一去不復返了。

燕國自昭王開拓以來，其地北起遼東，西至上谷（今河北省懷來縣），南鄰趙齊，與中原遠隔。燕國正是因為遠處中原的東北部，故經常與秦交好，而與齊趙攻戰。燕國的所作所為，不但對秦國毫無威脅，而且削弱了其他國家抗秦的實力，燕國也在與齊趙的構釁中損兵折地，日形削弱。

齊國本為六國中較強的一個國家，但自齊王建以後，只顧獨立保境，從不援助其他國家抗秦，加上齊國數代已無良將，遂使國勢日就陵夷。

魏國自惠王、襄王以來，歷年受秦進攻，國土逐漸縮小。至魏安釐王時代，信陵君曾在河外大破秦軍，並恢復了部分國土。無奈魏安釐王昏闇不明，輕信秦國的反間，罷免信陵君，而另以他人為將，遂使河外之地得而復失。至秦王政初年，魏國所轄地區，不過大梁南北數十邑，僅相當於秦國的一個郡。

韓國在六國中，一向最弱，其地又與秦國鄰接，故受兵最多，而且割地頻仍。至秦王政初年，韓地只剩下都城陽翟（今河南省禹縣）及其附近十餘座城邑，僅相當於秦國的一個小郡。

楚國原有地方五千里，帶甲之士百萬，在六國中最為強大。但自郢都被秦軍攻拔、頃襄王被迫遷都於陳之後，國力損失極為嚴重。至考烈王時代，又因秦國的侵逼，再次將國都東徙至壽春。這時，楚考烈王君臣上下，均無匡復圖強之志，唯求苟且偷安，聊以自存。

秦王政十一年（西元前二三六年），秦王政採納李斯等人的建議，決定先由太原、上黨、河內地區攻滅趙國，乘勢滅韓滅魏，然後轉其兵鋒南下滅楚，最後消滅燕齊。

秦滅趙之戰，由大將王翦主持。當時，適值燕趙之間又發生戰爭，王翦以救燕為名，親率主力由上黨地區越過太行山，進攻趙都邯鄲的西方及北方，而派桓齮部由南陽（今河南省沁陽縣）沿太行山東南麓，進攻邯鄲的南方。趙軍亦分兩路迎敵：西路以李牧為將阻擊王翦，南路以扈輒為將阻擊桓齮。雙方在太行山高地和漳河兩岸，進行激戰，形成對峙之勢。秦王政十三年（西元前二三四年），桓齮由漳河下游渡河，迂迴到扈輒軍的左側，大敗扈輒軍，斬首十萬人，給趙軍以重創。趙王遷速調李牧軍移師南方，實施反攻，才將桓齮軍擊回安陽，秦趙雙方暫時出現僵局。王翦遂改變作戰方略，主力軍改由太原出井陘關，攻擊邯鄲之北，桓齮部仍由安陽攻擊邯鄲之南。秦王政見兩次伐趙，均為李牧所破，祕密派人攜重金赴邯鄲，賄賂趙王遷的寵臣郭開，要他散佈李牧要造反的謠言。趙王遷果然輕信謠言，殺死李牧，改由趙蔥指揮趙軍。

正當秦軍大舉攻趙之際，韓王安震懾於秦國的兵威，於秦王政十四年（西元前二三三年）派人至秦請降，願為藩臣。秦王政十六年（西元前二三一年），秦派內史騰前去接收韓國的土地。次年，秦便藉口韓與魏趙仍在合縱，一舉攻破韓都陽翟，俘虜韓王安，將韓國土地置為穎川郡，韓國遂告滅亡。

秦王政十八年（西元前二二九年），秦王政乘趙國發生大地震和嚴重旱災，命王翦再次領兵攻趙。秦軍迅速突破井陘關，直逼邯鄲，俘虜了趙王遷，趙國亦告滅亡。秦王政聞訊大喜，親至邯鄲勞軍，並巡行太原、上郡等地。

王翦軍滅趙後，屯兵中山（今河北省定縣），已臨近燕國邊境，決定乘勢先攻滅燕國。燕國在軍事上無力阻止秦國的進攻，燕太子丹便派遣刺客荊軻入秦，企圖用刺殺秦王政的手段，來挽救燕國的滅亡。荊軻來到咸陽宮，借呈獻燕國戰略要地督亢地圖的機會，接近秦王政，遂拔出匕首，向秦王政刺去，不料竟刺在銅柱上，自己倒被秦王政及其左右的人剁成肉泥。秦王政大怒，發精兵增援王翦軍，命令他立即攻燕。

王翦攻燕，以直攻燕都薊城為作戰目標，但他判斷燕軍必然憑藉燕趙大道上的各河川進行抵抗，特別是在易水，必然有重兵守禦。於是，他便以主力軍迂迴易水上游，在易水之西包圍燕軍右翼，大破燕軍。這年十月，王翦軍繼續北進，攻克燕都薊城，燕王喜及太子丹逃往遼東。秦將李信乘勝追擊，在衍水（今遼寧省渾河）擊敗燕軍殘部。此時，燕國殘餘勢力雖仍然存在，但已不足為秦軍南下中原的後患，秦軍便調轉兵力滅魏。

秦王政二十二年（西元前二二五年），秦將王賁率軍從關中出發，進攻孤立無援的魏國。王賁因魏都大梁城垣堅固，不易攻克，下令決開黃河之水，灌進大梁。圍城三個月後，大梁城崩壞，魏王假出降，被王賁殺死，魏國滅亡。秦在此置東郡。

秦軍既滅三晉之國韓魏趙，又北破燕都，中原北部局勢已定，於是再接再厲南攻楚國。秦王政因李信在追擊燕軍時表現極為勇敢，問李信滅楚需要多少兵力，李信回答不過二十萬人。秦王政又問王翦，王翦則說非用六十萬人不可。秦王政認為，王翦年老膽怯，便委任李信為主將，蒙恬為副將，率領二十萬秦軍伐楚。王翦推託自己有病，告老還鄉。

秦王政二十二年（西元前二二五年）春，李信集中兵力於潁川郡，然後分軍為二，命蒙恬率部沿汝水兩岸，向陳邑（今河南省淮陽縣）前進，自己率主力向汝水以南地區，作迂迴運動。此時，楚將項燕見秦軍孤軍深入，兵力正陷於前後分離狀態，遂將集中於淮河北岸的楚軍主力投入反攻。秦軍倉皇不能成陣，傷亡慘重。李信與蒙恬在城父（今安徽省太和縣）會合後，退出楚境。

李信敗歸秦國，秦王政大怒，深悔當初不聽王翦之言，親自到頻陽（今陝西省富平縣）王翦的居宅，向王翦承認錯誤，說：「寡人不用將軍之言，李信果辱秦軍。將軍雖病，難道忍心拋棄寡人嗎？」王翦說：「若用臣，非六十萬人不可。」秦王政答應他的要求，「空國中之甲士」，徵集起六十萬大軍，交由王翦伐楚。

王翦鑒於李信輕率進軍的錯誤，在進入楚境後，採取養精蓄銳、以逸待勞的作戰方針，於陳邑、商水、上蔡、平輿一線，構築堅壘固守。楚將項燕，仍集其主力於壽春以北淮河北岸地區，等待秦軍來攻。雙方對峙數月，楚王負芻以為項燕膽怯，不敢與秦軍交鋒，幾次遣使催促他出戰。項燕無奈，只得改變原定計劃，從西面進攻秦軍。秦軍壁壘堅固，無法攻破，項燕又引軍向東。這時，王翦乘楚軍兵疲，下令全軍追擊，與楚軍戰於渦河之南。楚軍為渦河所阻，秩序大亂，向東潰散。王翦命蒙武攻掠淮北楚地，自率主力直逼楚都壽春，俘虜楚王負芻，楚國滅亡。次年，王翦陸續平定楚屬江南各地，分置九江、彰及會稽三郡。

六國中，五國已被併滅，剩下的齊國，自然也難逃劫數。秦王政二十六年（西元前二二一年），秦將王賁北攻遼東及代國，俘虜燕王喜和代王嘉，然後集軍燕南，猝然進攻齊都臨淄。齊國軍民久未與外敵作戰，驟見秦兵，倉皇驚懼，根本無力抵抗。秦軍又以詐封土地五百里為條件，引誘齊王建出降。在秦的軍事壓力和政治引誘下，齊王建投降，七十餘城皆不戰而下，齊國亦告滅亡。

從秦王政十七年（西元前二三〇年）滅韓開始，到秦王政二十六年（西元前二二一年）滅齊為止，前後經過十年的艱苦奮戰，秦王政終於完成了統一六國的歷史任務，結束了春秋戰國以來諸侯割據的混戰局面，在中國歷史上建立了第一個統一的中央集權國家。

蒙恬北逐匈奴之戰

蒙恬北逐匈奴之戰，起於秦始皇三十二年（西元前二一五年），迄於秦始皇三十三年（西元二一四年）。

秦王政統一中國後，自稱始皇。他為了鞏固已經建立的帝國，並繼續開疆拓土，首先對西北邊地用兵。

戰國後期，居住在中國西北部的東胡、匈奴與月氏各部族，已經由零星散居的遊牧部落，逐漸形成三個強大的統一民族。其中，尤以匈奴的勢力，最為強悍。其君主頭曼單于，東破東胡，西逐月氏，佔有今河北、內蒙、寧夏一帶廣大草原及沙漠地區，時為燕、趙、秦三國的邊患。燕國原築有從遼陽至造陽（今河北省懷來縣西）的長城，趙國原築有從代郡（今河北省蔚縣）至高闕（今內蒙古自治區五原縣）的長城，秦國原築有從榆林至臨洮的長城，作為防範匈奴與東胡的屏障。當秦進行統一戰爭時，秦、趙、燕三國，均竭其國力交戰，無暇顧及邊境守備。匈奴遂乘機越過陰山，突破趙國長城，侵佔河套及其以東地區，西邊則突破秦國長城，劫掠隴西、北地、上郡等地，其勢力範圍距秦都咸陽，已不過數百里，騎兵旬日可達，對秦構成極大威脅。

秦始皇對此自然深感不安，在統一六國後，立刻傾其全力策劃邊防。秦始皇三十二年（西元前二一五年），他曾親自巡邊，考察邊地形勢和匈奴入侵情形，決心將入侵的匈奴驅逐，恢復秦趙原有國土。

經過一段時間的準備，秦始皇命文武兼備的青年將軍蒙恬，率領大軍三十萬人，北征匈奴。此次作戰的目的，在於將侵入隴西、河套及原趙國邊境的匈奴擊破，將其驅逐至賀蘭山脈與狼山山脈以西，以及趙築長城以北地區。蒙恬根據匈奴分佈情況，決定以主力由上郡進入河套北部，而以一部軍由北地郡（今甘肅省慶陽縣）出蕭關，進入河套南部，以掃蕩河套地區的匈奴，而等河套地區肅清後，再分軍為二，主力由河套西北部渡過黃河，攻取高闕與狼山山脈，以一部軍由河套西南渡過黃河，攻取賀蘭山脈高地，在狼山與主力會合。秦始皇三十二年（西元前二一五年）夏秋之季，蒙恬按照既定方略，率其主力，由上郡（今陝西省綏德縣）經榆林進入河套北部，一部軍由義渠、蕭關之道，進入河套南部。兩軍所至之處，攻取散佈的匈奴部落，未遭遇重大抵抗。到這年初冬，秦軍已將河套地區的匈奴部落全部肅清，其殘部向西北方向渡河而逃。蒙恬乃將兩軍推進至黃河南岸，準備來年春天再戰。

秦始皇三十三年（西元前二一四年）初春，蒙恬主力軍由九原（今內蒙古自治區五原縣）渡過黃河，攻佔高闕及狼山，一部軍西渡黃河攻佔賀蘭山，匈奴勢力向北方遠遁。至此，被匈奴侵佔的西北邊地，全部收復。

戰事結束後，為防範匈奴再來侵擾，秦始皇命蒙恬修葺由高闕沿陰山山脈至雲中的趙國原築長城，新建由高闕向西南沿狼山、賀蘭山至榆中的長城，作為北方及西北方的屏障。同時，又命雲中郡、代郡、上谷郡、漁陽郡、右北平郡以及遼西、遼東各郡郡守，修葺燕趙兩國原築長城，使之與西北長城聯結起來，成為一道完整的防線。蒙恬率重兵沿線防守，駐節上郡。匈奴懾於蒙恬之威，有五年未敢再來犯邊。

秦征百越之戰

秦征百越之戰，發生在秦始皇三十三年（西元前二一四年）。

秦始皇北逐匈奴的目的既達，便把注意力轉向南方。這是因為，中國南部氣候溫暖，土地肥沃，物產富饒，地域遼闊，足供中原民族生息。而且，秦在未統一中國之前，已經有征服巴蜀蠻荒的經驗，而秦的興盛，也與對巴蜀富源的開發很有關係。

當時，散居在中國南境的百越諸族，仍處於原始部落氏族階段，人口稀少，文化低野，尚未形成一個統一民族。其居住地區，主要在今閩江流域、武夷山脈北麓、廣東內陸及海濱、西江流域、廣西南部山地、越南紅河流域。秦始皇既決定南拓疆土，對於散佈於上述廣大地域的百越蠻族，採取分途進軍、略定各地的軍事方針，遇到抵抗，則各路軍予以合擊。秦軍此次進軍，共分五路：第一路由鄱陽湖東側，經餘干進入閩中，略定閩地；第二路由鄱陽湖西側，經豫章、南康進入粵北，與第三路協同，略定番禺之地；第三路由長沙、宜章進入粵北，與第二路、第四路協同，略定番禺之地；第四路集結於零陵、蘭山，以策應第三路與第五路作戰；第五路由黔中鐔城（今湖南省黔陽縣）進入桂林，略定桂林之地。

秦始皇三十三年（西元前二一四年），秦始皇按預定方略發兵南征，每路兵約五六萬人。第一路軍由餘干進入閩中，略定閩中之地，置為閩中郡。第二路軍由任囂率領，從豫章、南康之道南進，與由屠睢率領的第三路軍呼應，相繼進入粵北之地。屠睢初期進攻甚為順利，後在今廣東樂昌、曲江等地遭遇番禺越族夜襲，屠睢戰死，部隊散亂。這時，任囂所率的第二路軍，已由大庾越過南嶺，繞出越族之後，擊破越族。任囂遂收拾屠睢殘部合為一路，繼續南進，略定番禺各地，達於南海海濱，置為南海郡。第五路軍，經由鐔城，與由零陵進入桂北的第四路軍會合，略定桂林各地，並追擊逃入今越南境內的越族殘餘勢力，略定今越南紅河流域，分置桂林、象郡二郡。

秦始皇南平閩越，為秦國開闢東西萬餘里疆土，使日後中華民族的生存地域大為擴展，其歷史功蹟值得銘記。

陳勝吳廣起義

陳勝吳廣起義，發生在秦二世元年（西元前二〇九年）七月，迄於同年十二月，歷時六個月。這是中國歷史上第一次大規模的農民革命。

秦始皇結束戰國時代分裂割據的局面，建立起統一的中央集權國家，這對中國歷史的發展，無疑是有進步意義的。但他在統一中國之後，不顧廣大人民在長期戰爭中所遭受的創傷，為鞏固「萬世一系」的統治，橫徵暴斂，實行高壓鉗制政策，結果弄得民不聊生，危機四伏。秦始皇三十七年（西元前二一〇年）十月，秦始皇於出巡途中，病死在沙丘（今河北省廣宗縣西北太平臺）。宦官趙高矯詔，逼太子扶蘇自殺，擁少子胡亥嗣位，是為秦二世。秦二世一味驕奢逸樂，不理政事，大權完全集於趙高手中，使得秦王朝岌岌可危。

秦二世元年（西元前二〇九年）七月，秦王朝徵調九百名壯丁去漁陽（今北京市密雲縣）戍守邊防。陽城（今河南省登封縣）人陳勝和陽夏（今河南省太康縣）人吳廣，也在被徵之列，並被指定為屯長（相當今班長或分隊長）。這支隊伍，因途中遇雨，難以行進，滯留於大澤鄉（今安徽省宿縣西南），已無法如期趕到漁陽，而秦朝的法律嚴苛，誤期便要處死。陳勝和吳廣於是在一起商議，認為與其等死，不如拚死幹一番事業。陳勝又根據當時「天下苦秦久矣」的形勢，提議以扶蘇和項燕的名義號召起義。因為，扶蘇是秦始皇的長子，本應繼承帝位，卻被趙高殺害，百姓多聞其賢，未知其死，項燕是楚國名將，屢立戰功，愛惜士卒，在秦滅楚後下落不明，楚人無不懷念他，用這兩個人的名義倡導起義，一定能夠得到天下的響應。陳勝和吳廣商議完畢，立即將起義決心付諸行動。他們先是借助迷信的形式，大造陳勝應當為王的輿論，然後尋機殺死押送他們的秦尉。陳勝這時，召集眾人說：「大家因為遇雨，已無法如期趕到漁陽，誤期要被處死。即使不被處死，去戍邊死亡者，也十有六七。壯士不死則已，死就死得轟轟烈烈，王侯將相，難道是天生的嗎？」陳勝的這番慷慨陳詞的鼓動，立即博得眾人擁護，大家紛紛表示「敬受命」。陳勝和吳廣設壇盟誓，陳勝自立為將軍，以吳廣為都尉，號稱「大楚」，宣佈「伐無道，誅暴秦」。

起義軍首先攻佔大澤鄉，隨即又攻佔蘄邑（今安徽省宿縣南），接著兵分兩路，一路向蘄邑以東發展，一路自蘄邑西行，連拔銍（今安徽省宿縣）、酇（今河南省永城縣西）、譙（今安徽省亳縣）、苦（今河南省鹿邑縣東）、柘（今河南省柘城縣北）等縣，控制了今安徽、河南兩省交界處的大片土地。起義軍每經過一地，百姓踴躍投軍，當抵達陳邑（今河南省淮陽縣）時，已擁有戰車六七百乘、戰馬千餘匹、步兵數萬人，發展成一支浩浩蕩蕩的大軍。

陳邑是溝通黃河和淮河與鴻溝的流經地，起義軍佔領陳邑，便切斷了秦王朝南北漕運的樞紐。陳勝受當地父老和廣大將士的擁戴，自稱陳王，以吳廣為「假王」（副王），定國號為「張楚」（張大楚國之意）。

陳勝在陳邑建立政權後，為了進一步擴大起義軍的力量，給秦王朝更沉重的打擊，決定以主力西向咸陽，並分兵略取沿途郡縣。當時，秦朝三四十萬大軍，正扼守長城一帶，防備匈奴，守衛咸陽的兵力，只有五萬人，各郡縣懾於起義軍的聲勢，無不各自為守，這都是起義軍西征略地的有利條件。陳勝於是命吳廣西攻中原重鎮滎陽（今河南省滎陽縣東北），周文繞道出函谷關，直搗咸陽，宋留由武關迂迴咸陽，同時命武臣、鄧宗、召平、周市等，向四方略地。

滎陽城堅糧足，又有秦朝宰相李斯之子李由率重兵駐守，吳廣屢攻不下，雙方形成僵持局面。周文則乘吳廣包圍滎陽秦軍的機會，攻入函谷關，佔領了戲下（今陝西省臨潼縣東北），距秦都咸陽已不到百里。宋留部攻下南陽後，未能按原定計劃進入武關。此時，起義軍的西征，雖然受到些挫折，整體態勢還算順利。但派往其他方向略地的將領，卻乘機擴展個人勢力，以實現各自割據稱王的企圖。武臣在攻下邯鄲後，自立為趙王，他的部將韓廣攻佔燕地後，自立為燕王，周市攻佔魏地後，擁立魏國舊貴族公子咎為魏王，均脫離陳勝而獨立，並採取坐觀其成敗的態度。

秦二世元年（西元前二〇九年）九月，周文部突然兵臨咸陽，才引起秦二世的極大恐慌，趕緊召集群臣商議對策。秦少府章邯見形勢危迫，建議：「盜賊已迫近京畿，而且為數甚眾，如今欲徵調附近郡縣的兵力，恐怕來不及了。驪山上有許多正在營造宮室的刑徒，請立即赦免他們，授以兵器，去抵禦盜賊，也許能夠濟事。」秦二世採納其議。章邯於是奉旨，將幾十萬驪山刑徒倉促編成軍隊，進擊周文部。鴻門（今陝西省臨潼縣東北）一戰，周文部大敗，不得不退出關中，暫屯函谷關東面的曹陽（今河南省靈寶縣東北），後又退往澠池。陳勝聞訊，急調援軍西進，但吳廣部在滎陽城下不得脫身，武臣、韓廣、周市等都不願出兵。就在這時候，秦朝北防匈奴的大軍已經南下，歸於章邯指揮，使章邯軍在原有的基礎上，實力大為增強。十一月，章邯率軍出關追擊周文部，周文部全軍潰敗，周文自刎。

章邯在殲滅周文部後，立即乘勢東進，進擊仍在滎陽城下的吳廣部。久攻滎陽的吳廣部起義軍，處於腹背受敵的困境。將軍田臧主張立即撤離滎陽，集中兵力迎擊章邯，吳廣沒有採納他的意見。田臧便和李歸等私下計議，假傳陳勝的命令，殺死吳廣。陳勝知此情況，無可奈何，只好承認田臧為上將軍。田臧命李歸繼續圍攻滎陽，監視城內的秦軍，自率精兵還擊章邯於敖倉（今河南省滎陽縣西北）。結果，田臧戰死，起義軍主力被殲，章邯進而追襲，擊敗李歸於滎陽城下。

章邯解除滎陽之圍後，又相繼擊破起義軍鄧說、伍逢部，然後猛撲陳勝所在的陳邑。秦二世增派司馬欣、董翳兩路勁旅，率軍助戰。陳勝在四方無援的危機情況下，派張賀迎戰，並親自出城督戰。張賀戰死，陳勝倉皇離陣，向東南方向退卻，想重新回到原起義地區。十二月，當陳勝走到下城父（今安徽省渦陽縣東）時，被車夫莊賈殺害。張楚遂告滅亡。

陳勝吳廣在短短六個月的時間裡，振臂一呼，使關東萬里山河頓成鼎沸之勢，從根本上動搖了秦朝的統治。這次起義雖然失敗，卻為劉邦、項羽推翻秦王朝開啟了先聲，並為後代千百次農民革命樹立榜樣。對於這次起義失敗的原因，後人看法不一。就軍事方面而言，比較一致的看法是：在於過多地分兵略地，導致起義軍兵力分散。陳勝在陳邑建立政權後，分遣各軍，意在廣據地域，但各軍因此各自為戰，彼此不相統屬，而且不相呼應救助，遂為章邯各個擊破。起義開始，自然應當分遣部屬，廣為煽動，造成星火燎原之勢，但同時必須集中主力，俟隙而動，才能立於不敗之地。陳勝如能將起義軍捏成一個拳頭，總兵力將不下數十萬人，以此機動於中原廣大地域，絕非章邯一軍所能擊滅。即使形勢於起義軍不利，亦可憑此實力，退據齊魯淮泗形勢險要之地，觀時待變，以圖再舉。可惜陳勝未作此長遠打算，急於據地建都，立國稱王，並貿然攻取秦朝的堅城要地，終於一經挫折，很快便告覆滅。

章邯滅魏及破齊、楚軍之戰

章邯滅魏及破齊、楚軍之戰，發生在秦二世二年（西元前二〇八年）六月，即章邯擊滅陳勝後六個月。

秦二世元年（西元前二〇九年）九月，楚將項燕的後裔項梁和其侄項羽起兵吳中（今江蘇省蘇州市），得精兵八千人。次年初，原奉陳勝的命令南略廣陵（今江蘇省揚州市）的起義軍將領召平，聽說陳勝已死，秦軍將至，便渡江至吳中，假傳陳勝的命令，封項梁為張楚政權的上柱國，請其立即引兵渡江，西擊秦軍。項梁乃於這年三月，率部渡江。途中，在東陽（今安徽省天長縣）得陳嬰部二萬餘人，渡過淮河後，又得呂臣、英布、蒲將軍兵數萬人，遂進至下邳（今江蘇省邳縣西南）。這時，駐在東海（今山東省郯城縣）的陳勝部將秦嘉，也聽到陳勝兵敗的消息，立楚國舊貴族景駒為楚王，進屯彭城（今江蘇省銅山縣）之東，企圖阻撓項梁北上。項梁擊敗秦嘉，收編了他的軍隊。然後，項梁引兵至薛（今山東省薛城縣北），又收編了劉邦率領的軍隊，使起義軍人數發展到十餘萬人。

項梁在薛確知陳勝敗死的消息，便召集項羽、陳嬰、呂臣、英布、劉邦、張良、范增等會商大計。范增勸項梁說：「你起兵江東，楚國舊將之所以紛紛爭相歸附於你，是因為你家世代為楚將，能夠復立楚王的後裔，以實現他們恢復故國的願望。」項梁採納范增的意見，擁立客死於秦的楚懷王的孫子熊心為王，仍稱楚懷王，以從民望，項梁自稱武信君，主持軍政大權。從此，秦末農民革命戰爭，進入了一個新的階段。

章邯在擊滅陳勝，並略定南陽之後，於秦二世二年（西元前二〇八年）五月回師陳邑，決定先進擊北方的魏王咎。六月初，章邯引兵自陳邑北進，擊敗魏軍於臨濟（今河南省長垣縣西南）。魏王咎退守臨濟城，命丞相周市，向齊、楚求救。十幾天後，齊王田儋偕其弟田榮率兵來救，項梁亦派項佗前來救魏。章邯知道齊楚援軍將至，乘其立足未穩之際，發動夜襲，大破齊楚軍於臨濟城外，殺死齊王田儋及魏相周市。魏王咎被迫向秦軍投降，然後自焚身死。齊王弟田榮，收攏齊軍殘部東逃，被章邯引兵追上，又遭重創。

這年七月，正在進攻亢父（今山東省濟寧市南）的項梁，為援救田榮，北上迎擊章邯，在東阿（今山東省陽穀縣東北）擊敗秦軍，章邯兵敗西走。項梁命項羽和劉邦追擊章邯，在城陽（今山東省荷澤市東北）再創秦軍。章邯退入濮陽城（今河南省濮陽縣東），整頓軍隊，引水環城防守。項羽和劉邦乃南攻定陶（今山東省定陶縣西北），因城堅未能攻下，又向西略地，與秦軍戰於雍邱（今河南省杞縣），大敗秦軍，並隔斷秦軍與洛陽的聯繫。然後，起義軍轉其兵鋒，攻取外黃（今河南省蘭考縣東南）和陳留（今河南省開封市東南）等地。

這時，項梁產生輕敵情緒，放鬆了對秦軍的進攻。九月，章邯在得到軍力補充後，指揮秦軍大破起義軍於定陶一帶，項梁戰死。項羽和劉邦為了避免被秦軍各個擊破，從陳留主動東撤到彭城一帶，互為犄角聲援，將楚懷王也迎到彭城。

章邯在擊破項梁之後，對形勢的估計，也發生錯覺，以為起義軍主力已被殲滅，「楚地兵不足憂」，引兵北渡黃河擊趙。起義軍因而獲得喘息休整的機會。

項羽救趙鉅鹿之戰

項羽救趙鉅鹿之戰，發生在秦二世二年（西元前二〇八年）十二月。

秦二世二年（西元前二〇八年）閏九月，章邯在擊破項梁軍後，乘秦將李良與趙將陳餘戰於信都、邯鄲之間，命全軍渡河擊趙，攻佔邯鄲。邯鄲為當時黃河以北的名都，章邯恐日後再次為敵所據，夷其城廓，將當地人民統統遷往河內。趙王歇與趙相張耳，倉皇北遁，退守鉅鹿（今河北省平鄉縣西南）。趙將陳餘，則收集恆山之兵，得數萬人，紮營鉅鹿以北，與城內相呼應。章邯命王離、涉間包圍鉅鹿，自率主力駐在鉅鹿南面的棘原，修築甬道，供給王離部糧秣。王離部兵多糧足，急攻鉅鹿。鉅鹿城中的趙軍難以抵禦，張耳多次派人，催促陳餘前來救援，陳餘覺得自己兵力不足，打不過秦軍，遲遲不敢往援，張耳大怒，又派張黶、陳澤去責備陳餘，陳餘仍不肯出兵。張黶、陳澤決心與秦軍決一死戰，向陳餘要了五千人馬，向秦軍衝擊。結果，該部與秦軍一經接戰，即告覆沒。趙王歇無奈，只好遣使往楚懷王那裡告急，並向齊燕等國求救。

楚懷王考慮到，秦軍如果滅趙成功，必然掉轉兵鋒再攻彭城，而如果北上救趙，則可望與趙內外夾攻，擊破秦軍主力，並乘關中空虛之際，揮師西進，進攻秦都咸陽，加速亡秦的步伐。於是，楚懷王將全部主力撥出，任命宋義為上將軍，項羽為次將軍，前去救趙，同時分遣劉邦向西略地，以襲擾秦軍，並與諸將約定「先入關（函谷關）者王之」。

秦二世二年（西元前二〇八年）十月，宋義率軍抵達安陽（今山東曹縣東北）後，為秦軍的優勢所嚇倒，停軍不進，在安陽屯駐達四十六日之久。項羽勸宋義說：「秦軍圍趙之勢緊急，應當立即引兵渡河，與趙國內應外合打擊秦軍。」宋義拒絕了項羽的建議，聲稱：「如今秦軍攻趙，即使獲勝，也已感到疲勞，我可乘其戰力衰退之際發動攻擊；如果秦軍失敗，則可乘秦朝後方空虛之際引兵向西，必能滅亡秦朝。所以，不如先讓秦趙相鬥。要說披堅執銳，我不如你；要說運籌權謀，你不如我。」宋義並透過這件事，感到項羽驕橫難制，下令「有猛如虎、狠如羊、貪如狼、強不可使者，皆斬之」，來威脅項羽。當時，天氣寒冷多雨，將士忍饑受凍，苦不堪言。宋義卻到無鹽（今山東省東平縣東南）大擺宴席，送他的兒子去齊國為相，以擴展個人勢力。項羽忍無可忍，乘宋義離軍去無鹽之際，對將士們說：「我們本是奉命來攻打秦軍的，現在卻久留此地不能前進。這裡，由於遭受荒年，將士們只能填飽半個肚子，軍中已經沒有多少糧食，上將軍仍飲酒作樂，不引兵渡河去趙國尋找糧食，並與趙國共同擊秦，反而美其名曰等待秦軍作戰疲勞。強大的秦軍，攻打剛復國不久的趙國，必然能把趙國滅掉，趙國滅亡後，秦軍會強大，哪裡有什麼機會可乘？況且，我軍剛在定陶遭受慘敗，大王（楚懷王）坐不安席，將全部軍隊交給上將軍指揮，國家安危，在此一舉。不料，上將軍如此不愛惜將士，只顧徇私，實在不是個社稷之臣。」項羽的這番話，立刻在軍中引起共鳴。十一月初，宋義返回安陽，項羽利用見面的機會將其殺掉，然後號令全軍：「宋義與齊密謀反楚，楚王命我將其誅殺。」諸將莫不服從項羽，共推項羽為假（代理）上將軍。楚懷王見事態已經如此，便正式任命項羽為上將軍，由他率軍救趙。

十二月，項羽遣英布與蒲將軍率兩萬人先渡黃河，破壞秦軍修築的甬通，使王離軍的補給發生困難。項羽隨即率主力北進，在渡過漳水之後破釜沉舟，每人只帶三天的口糧，以示與秦軍死戰的決心。項羽的大軍很快就和秦軍遭遇，九戰九捷，殺死秦將蘇角，俘虜王離，迫使涉間自殺，迅速解除了鉅鹿之圍。當時，燕將臧荼、齊相田都和張耳的兒子張敖，也先後率軍救趙，但因畏懼秦軍，誰也不敢出擊，及秦軍敗退，方敢縱兵投入戰鬥。鉅鹿之戰，楚軍將士勇不可擋的氣概，使諸侯軍無不震恐，一致擁戴項羽為諸侯上將軍，統一指揮所有的軍隊。

章邯在鉅鹿戰敗後，退至棘原防守。這時，秦軍兵力尚有二十餘萬，但卻士氣低落，無心再戰。項羽乘勢追至漳水南岸。兩軍對陣，章邯屢次敗退。秦二世聞訊，責備章邯不肯效命。章邯恐秦二世不再信任他，派長史司馬欣去咸陽探聽消息。司馬欣回來告訴章邯：「趙高朝中擅權，下面的人，誰也別想有所作為。我們作戰勝利，趙高必然妒嫉我們的功勞；作戰失敗，難免死在他的手中。希望將軍慎重考慮。」趙將陳餘，也寫信對章邯說：「白起為秦將，南征鄢郢，北阬馬服（長平之戰），攻城掠地，不可勝數，而竟賜死。蒙恬為秦將，北逐戎狄，開榆中地數千里，竟死陽周（與扶蘇同被賜自盡）。甚麼原因？這兩個人的功勞甚多，秦朝很難給他們合適的封賞，只好找藉口殺掉。如今，將軍也作為秦將已近三載，在你手下損失的秦軍不下十餘萬人，而諸侯並起者，反倒愈來愈多。趙高一向諂諛秦二世，如今形勢告急，他恐被秦二世殺掉，必然設法先殺掉將軍，或使人代替將軍，來推卸自己的罪責。將軍領兵在外日久，朝內多敵對之人，有功也會被殺掉，無功也會被殺掉。天下豪傑欲滅亡秦朝，這是無論誰都知道的。將軍對內不能直接向秦二世表達自己的意見，在外為亡國破軍之將，孤立無援，而欲長存，豈不是很荒謬的嗎？將軍為何不與諸侯聯合攻秦，也割地稱王？」章邯此時外受強敵壓迫，內受趙高猜忌，深感「不免於死」，便祕密派人向項羽求和。

項羽未允，章邯率軍後撤。項羽派蒲將軍尾隨追擊，渡三戶津（今河北省臨漳縣西），又擊破秦軍一部，並阻遏秦軍南退之路。項羽遂親率大軍，追擊章邯至洹水之上，重創秦軍。章邯屢遭失敗，派人再次乞降。項羽因軍糧不足，終於允其所請。於是，秦二世三年（西元前二〇七年）七月，章邯率二十餘萬秦軍，在洹水南岸的殷墟（今河南省安陽市西）向項羽投降。項羽封章邯為雍王，留在自己身邊聽用，而命司馬欣率領投降的秦軍為前鋒，向咸陽挺進。

鉅鹿之戰，項羽決心攻秦救趙，一舉殲滅秦軍主力，使秦朝的統治瀕於崩潰。

劉邦西向入秦之戰

劉邦西向入秦之戰，自秦二世二年（西元前二〇八年）閏九月開始，至秦二世三年（西元前二〇七年）十月結束。

秦二世二年（西元前二〇八年）閏九月，劉邦奉楚懷王之命西進，由碭郡出發，首先攻克成武（今山東省成武縣）。劉邦的部隊，除了他在碭山起義的基礎外，又收集了陳勝、項梁的一些散卒，總兵力不滿一萬人。十二月，劉邦引兵至栗邑（今河南省夏邑縣），在這裡奪編了剛武侯的反秦力量四千餘人，並與魏將皇甫欣、武滿共同打擊秦軍，連獲小勝。當時，章邯率秦軍主力北上擊趙，秦軍在黃河以南沒有多少機動部隊，連滎陽、洛陽、開封、南陽、函谷關、武關這樣的重鎮險塞，都沒有增兵防守。這就為劉邦西進，提供了可乘之機。

秦二世三年（西元前二〇七年）二月，劉邦北攻昌邑（今山東省金鄉縣西北），遇到彭越率領的農民軍隊，兩軍協力攻城未克，劉邦乃引兵折西，而留彭越於此地。當劉邦經過高陽（今河南省杞縣西南）時，採納當地謀士酈食其的建議，襲佔秦朝的儲糧地陳留，並得到酈食其的弟弟酈商所率的四千人馬。三月，劉邦西攻開封未克，又與秦將楊熊戰於白馬（今河南省滑縣東）和曲遇（今河南省中牟縣），大破之，楊熊被迫敗走滎陽。四月，劉邦攻佔潁川（今河南省禹縣），然後北攻平陰（今河南省孟津縣東），封鎖黃河渡口，由此南下與秦軍戰於洛陽東。洛陽東一戰，劉邦失利，南出轘轅（今河南省偃師縣東南）險道，退往陽城（今河南省禹縣）。這時，張良率韓國之兵投靠劉邦。

劉邦先後進攻昌邑、開封、洛陽，均未能攻下，足見其實力還不很強，特別是缺乏攻堅的能力。但自從張良率兵來後，情況便有了很大的改變。六月，劉邦和張良南下，與秦南陽郡守呂齮戰於犨邑（今河南省平頂山市西南），擊敗秦軍，呂齮退守宛邑（今河南省南陽縣）。劉邦急欲由武關進入關中，想繞過宛邑西進。張良說：「你只急欲入關，卻不知秦軍兵力尚多，據險自守。如今不攻下宛邑，宛邑守軍從背後襲擊我們，強大的秦軍在前面阻擊我們，太危險了。」於是，劉邦連夜將宛邑重重包圍。呂齮無力抵抗，被迫投降。七月，劉邦由宛邑繼續西進，連拔胡陽（今河南省唐河縣南）、酈析（今河南省內鄉縣）等地，直逼關中東南門戶武關。

秦二世三年（西元前二〇七年）八月，劉邦率數萬大軍兵臨武關。這時，在河北戰場上，項羽早已擊滅王離軍，章邯也已投降。秦朝在行將滅亡之前，內部矛盾加劇，趙高逼殺秦二世，立孺子嬰為秦王，去掉了帝號，然後遣使與劉邦談判，企圖和劉邦瓜分關中。劉邦將計就計，以此威逼利誘駐守武關的秦將，不戰而入武關。九月，趙高為孺子嬰所殺。孺子嬰遣將扼守嶢關（今陝西省藍田縣東南），阻止起義軍進一步西進。嶢關前據嶢嶺，後靠蕢山，地形險要，是由武關北入咸陽的最後一關。張良認為不宜強攻，建議一面佈置疑兵，一面利誘嶢關守將。秦嶢關守將果然叛秦，並表示願和劉邦一起進攻咸陽。張良又說：「只是守將欲叛降我們，恐怕其士卒未必隨從，不從必危。不如乘其鬆懈發動攻擊。」劉邦接受這一建議，乘嶢關守備疏忽之際，繞過嶢關，翻越蕢山，大敗秦軍於藍田。十月，劉邦率軍進至灞上（今西安市東南）。秦王孺子嬰無力再抵抗，於是手捧皇帝玉璽，「素車白馬」出城，向劉邦投降。秦朝從此滅亡。

劉邦最初以不足萬人西進，在一年多的時間裡，便攻佔咸陽，摧毀了秦朝的統治中心，原因是多方面的。秦朝愈到後來，政治上愈混亂，人心愈離散，封疆守吏已多不堪用。項羽在黃河以北力戰章邯，牽制並擊滅秦軍主力，也使劉邦得以乘虛蹈隙，向西發展。從主觀因素上講，劉邦善於用人，能納張良之諫，聽酈食其之說，不自逞其智，從而使上下戮力同心，贏得勝利。

第五章

楚漢時代

劉邦進襲三秦與項羽伐齊之戰

劉邦進襲三秦與項羽伐齊之戰，發生在楚漢元年（西元前二〇六年）八月至楚漢二年（西元前二〇五年）正月。

劉邦在咸陽接受秦王孺子嬰投降後，根據楚懷王當年與諸將「先入關者王之」的約言，積極收攬民心，屯軍灞上，並派兵扼守函谷關，準備在關中稱王。項羽於鉅鹿戰後，取得諸侯上將軍的地位，聲威大振，隨即率諸侯軍向關中挺進。項羽來到函谷關時，被劉邦的部下拒之於關外，又聽說劉邦欲在關中稱王，不禁大怒，立即破關而入，屯軍鴻門（今陝西省臨潼縣東北），與屯軍灞上的劉邦，相去僅四十里。

當時，劉邦的兵力不足十萬，項羽的兵力則有四十萬，項羽憑藉其軍事上的優勢，企圖一舉消滅劉邦集團。此項打算，被項羽的叔父項伯，透露給了友人張良。劉邦聞訊大驚，自料力量不敵，為了避免衝突，親往項羽軍中解釋。鴻門宴上，范增屢次慫恿項羽殺死劉邦，並找來刺客，項羽均未應允，致使劉邦逃回灞上。項羽在處置劉邦的問題上，之所以如此猶豫，是考慮到劉邦畢竟有入關之功，缺乏將其翦除的藉口，而且劉邦這時的實力，也還不足以引起項羽的憂慮。

項羽從此置劉邦於不論，引兵進入咸陽，殺死已經投降的孺子嬰，焚燒秦朝宮室，縱兵搶掠財物和婦女，然後回師彭城，準備在彭城建都。有位叫韓生的人，勸他在關中建都，認為「關中阻山帶河，四塞險固，土地肥饒，可建都稱霸」。項羽卻堅持要回故鄉去耀祖光宗，不但拒絕了韓生的建議，還殺死了韓生。楚懷王因與諸將有約言在先，不滿意項羽的所作所為。項羽得知後大怒，對諸將說：「楚懷王純粹是我家扶立起來的，一點功勞也沒有，憑什麼還讓他號令天下？」遂廢置懷王，將其遷往江南郴邑（今湖南省郴縣），虛稱「義帝」。項羽則自立為西楚霸王，把全國分封成十八個諸侯國。劉邦被封為漢王，劃給巴（今四川省東部）、蜀（今四川省西部）、漢中（今陝西省秦嶺以南及湖北省西部）三個郡的地方，都城設在南鄭（今陝西省南鄭縣）。項羽為制約劉邦勢力的發展，還特意將關中地區劃為三個諸侯國，分別封給秦朝降將章邯、司馬欣、董翳，讓他們監視劉邦，阻遏劉邦東出。

劉邦因失去具有戰略意義的關中，而被封於放逐罪犯的巴蜀之地，自然鬱鬱不樂，但無奈自己力量尚弱，只好暫時容忍，前往巴蜀、漢中培養實力，然後再找機會，同項羽爭奪天下。楚漢元年（西元前二〇六年）四月，劉邦率部從杜南（今陝西省長安縣西南）進入漢中，沿途燒毀了所過的棧道，表示沒有再進關中的打算，以麻痺項羽和防止外敵來攻。

項羽自稱西楚霸王，凌駕於諸侯之上，在分封問題上，又厚待親信，排擠異己，不但使劉邦感到忿惱，其他割據勢力也心懷不滿，如田榮、陳餘、彭越等人，都擁有一定的實力，只因不是項羽的親信，都未能封王。於是，田榮首先在東方發難，殺掉項羽所封的齊王田都，自立為齊王。彭越也附齊反楚。陳餘則驅逐項羽所封的常山王張耳，使趙王歇復回趙地。項羽聞訊，急忙發兵，首先進攻為患最甚的田榮。

這時，劉邦已拜韓信為將。他採納韓信「決策東向，爭權天下」的建議，乘東方楚齊之戰已啟，三秦王（章邯、司馬欣、董翳）立足未定，漢軍將士又急切期望東歸，於楚漢元年（西元前二〇六年）八月潛兵北進。先鋒樊噲部，經漢中故道兼程急進，出大散關，渡渭水，直趨陳倉。雍王章邯，未料到漢軍會突然北上，倉皇出兵迎擊，在汧水北岸遭到樊噲重創。章邯放棄雍城東走，退守好畤（今陝西省乾縣）至渭水北岸地區，想在這裡與司馬欣、董翳之軍會合，共同抗擊漢軍。正當樊噲圍攻好畤之際，塞王司馬欣自櫟陽（今陝西省臨潼縣東北七十里）派趙賁率步騎兵增援章邯，翟王董翳亦自高奴（今陝西省膚施縣東）前來增援。章邯在得到增援後，立即沿渭水北岸西進，迎擊漢軍主力於壤東（今陝西省武功縣東南）及高櫟（壤東附近）。此役，三秦軍受挫，章邯仍退回好畤，趙賁退守咸陽柳中（今陝西省咸陽市西南）。漢軍再圍好畤，章邯棄城逃走。接著，漢軍又進擊趙賁軍，攻佔咸陽。劉邦和韓信進入咸陽後，分兵攻取隴西（郡治在今甘肅省臨洮縣）、北地（郡治在今甘肅省鎮原縣東北）、上郡（郡治在今陝西省榆林市南），迫使司馬欣、董翳投降。然後，劉邦除以一部兵力繼續圍殲章邯殘餘勢力外，大軍迅速東出武關，向彭城方向挺進。

正在攻齊的項羽，聽說劉邦已經併吞了關中，而且正引兵向東攻楚，一時拿不定是繼續攻齊，還是回師擊漢的主意。這時，在韓國任相的張良，致函項羽說：「劉邦只不過想得他本來應該被封的關中，若蒙應允，他就不會再往東用兵了。」張良還給項羽送上田榮、彭越「欲與趙併滅楚」的書信。項羽於是決定繼續攻齊，但為了防備劉邦來犯，殺死韓王成，封自己的同鄉鄭昌為韓王，讓其阻止漢軍東出。

楚漢元年（西元前二〇六年）十月，項羽命九江王英布、臨江王共敖追殺義帝於長江。次年正月，項羽再次大舉伐齊，親率主力向城陽（今山東省菏澤地區東北）進擊。田榮、彭越迎戰項羽，遭到慘敗，被迫向北撤退，田榮於撤退途中為人所殺。項羽在齊國縱兵燒殺搶掠，並將齊軍降卒全部活埋，因而激起齊國人民的強烈反抗，使項羽陷入齊人抗戰的泥淖之中，無法迅速結束戰爭。劉邦則乘機攻佔彭城，迫使項羽回師。

劉邦抓住田榮反楚的機會，採取突然行動，迅速奪取關中，為其日後的帝業奠立基礎。項羽對劉邦當時的實力，不大在意，對關中三王不足以阻止劉邦東出這一點，似乎也估計得不足。特別是當劉邦平定三秦後繼續東進的企圖已經很明顯時，項羽仍用主要的兵力攻齊，則其對劉邦何等輕視，不難想見。而項羽的這種心理，正是決定日後楚漢雙方成敗的重要因素。

楚漢彭城之戰

楚漢彭城之戰，發生在楚漢二年（西元前二〇五年）四月。

劉邦成功進襲三秦，本想立即東出武關，與項羽交戰，後來改變了戰略，決定乘項羽陷於對齊作戰不能自拔之際，一面鞏固關中，一面向其他方向擴張。

楚漢元年（西元前二〇六年）十一月，劉邦定都櫟陽，立即部署關中各地的守備，並略取隴西六縣。然後，劉邦親自率軍，由函谷關出陝縣（今河南省三門峽市西）東進，招撫河南王申陽投降。繼而，又派韓王信（戰國韓襄王之孫）在陽城（今河南省登封縣東南）迫降鄭昌，控制了洛陽地區，逼近楚境。次年（楚漢二年，西元前二〇五年）三月，劉邦利用項羽進軍北海深入齊境的機會，又率軍由臨晉（今陝西省大荔縣東）東渡黃河，接受魏王豹的投降，接著又接受殷王卬的投降。於是，漢軍在短時間內，佔領了今河南、山西中南部廣大地區，造成繼續東進的有利態勢。

這時，項羽派英布、共敖逼殺義帝於長江，終於使劉邦找到了討伐項羽的藉口。劉邦急忙趕赴洛陽新城，為義帝發喪，並派人向各地諸侯宣稱：「天下諸侯擁立義帝，都願接受他的領導。現在，項羽放逐殺害義帝於江南，大逆無道。寡人將盡發關中之兵，與諸侯共討項羽。」這一名正言順的號召，立即得到許多諸侯的擁護，紛紛發兵，與漢軍共同擊楚。

楚漢二年（西元前二〇五年）四月，劉邦以曹參、樊噲、周勃、灌嬰及趙王陳餘之兵為北路軍，劉邦自率夏侯嬰、盧綰、靳歙、司馬欣、董翳及殷王卬、常山王張耳、河南王申陽、韓王信、魏王豹等諸侯軍為中路軍，以將軍薛歐、王汲、王陵等部為南路軍，向彭城進擊。大軍抵達外黃（今河南省杞縣東）時，彭越率三萬人馬來會，使諸侯聯軍共達五十六萬人。聯軍沿途進展順利，除了在陽夏（今河南省太康縣）、曲遇（今河南省中牟縣）、定陶、碭蕭地區略經戰鬥外，基本上沒有遇到抵抗，很快就乘虛佔領了彭城。

項羽聽說彭城失陷，命諸將繼續攻齊，自率三萬精銳騎兵疾馳南下，回救彭城。項羽首先在瑕丘擊破樊噲守軍，繼而出胡陵（今山東省魚臺縣東南）至蕭（今江蘇省蕭縣西北），採取包圍閃擊戰術，猛攻聯軍側背。聯軍敗退，楚軍追至彭城，將聯軍壓縮在穀水、泗水之間（今江蘇省徐州市西），殲滅十餘萬人。劉邦被迫撤離彭城，向西南方向潰逃。楚軍追至靈壁（今安徽省靈璧縣西）以東的睢水，又殲滅聯軍十餘萬人。劉邦的父親和妻子被俘，劉邦自己也險些被俘，只率數十名騎兵突出重圍，逃到下邑（今安徽省碭山）。劉邦一行在這裡稍事喘息後，收集殘兵，前往滎陽。

彭城之戰，劉邦之所以慘敗，原因有二：一是劉邦襲取彭城後，以為項羽的根據地已破，項羽已失去憑藉，卻不知項羽力量的重心，在於其所率的軍隊，而不在彭城，若不能擊滅項羽的軍隊，就不能解決戰爭。二是劉邦入彭城後，產生心理上的鬆懈與戰備上的鬆弛，遂使本來絕對優勢的兵力，未能繼續發揮作用。項羽之所以獲勝，主要因其所率的三萬精兵均係騎兵，機動性大，能以迅雷不及掩耳之勢，對敵實行突襲，頃刻間造成敵軍的驚惶混亂，然後於亂中取勝。

彭城戰後，楚漢形勢發生重大變化，原來響應劉邦討伐項羽的諸侯，紛紛叛漢降楚，劉邦進入自碭山起兵以來，最困難的時期。

楚漢成皋之戰

楚漢成皋之戰，起於楚漢二年（西元前二〇五年）五月，迄於楚漢四年（西元前二〇三年）八月，前後歷時二年零三個月。

劉邦自彭城慘敗以後，深感兵強將勇的楚軍，不是輕而易舉就能戰勝的，為了改變楚強漢弱的不利形勢，他採納張良等人的意見，退據地勢險要又有充足儲糧的滎陽、成皋（滎陽西北）一線，在政治上，爭取同項羽有矛盾的英布和彭越，重用韓信，在軍事上，制定了正面對峙、敵後襲擾和南北兩翼牽制楚軍的作戰方針。

項羽這時，已認識到劉邦是他的主要敵人，所以決定不給劉邦喘息的時間，又親率大軍追至滎陽。劉邦得到留守關中的蕭何發來的援兵，韓信也率部前來會合，於是挑選了一些精銳騎兵阻擊楚軍，暫時擋住了項羽的攻勢。項羽根據敵我形勢變化，也決定改變戰略，與齊趙約和，派人拉攏英布，準備與英布合力西進關中，搗毀劉邦的戰略基地。

劉邦在滎陽站穩腳步後，為了鞏固後方，於六月回到關中，徹底剿滅章邯的殘餘勢力，並派兵加強臨晉關、函谷關、嶢關、武關等地的守備，轉運關中地區的糧食和兵員，不斷支援前線。八月，劉邦見後方部署已定，又返回滎陽、成皋，指揮作戰。這時，劉邦派往九江的隨何，已勸說英布背楚附漢，但在彭城戰後背漢附楚的魏王豹，卻拒絕再回到劉邦陣營。劉邦於是派韓信北征魏王豹，以解除其對滎陽、成皋前線和關中的威脅。

楚漢二年（西元前二〇五年）十二月，項羽開始大舉攻擊滎陽，迅速切斷漢軍運糧的甬道，使防守滎陽、成皋的漢軍在補給上發生困難。劉邦為了緩兵，請求議和，提出「割滎陽以西者為漢，以東者為楚」。項羽聽從范增的意見，拒絕議和，愈發加緊對滎陽進攻。劉邦見議和不成，於是採用陳平的計謀，讓人帶上大量黃金，赴楚施行離間，散佈謠言說，楚將鍾離昧、龍且、周殷等人，因未能分封為王，都想與漢勾結，背叛項羽，范增對項羽也有二心。項羽果然中計，懷疑部屬。周殷因懼怕被殺，索性叛楚附漢。范增被削奪權力後，含憤離去，病死在途中。

劉邦採取上述措施，雖然有一定的破壞作用，但所受壓力仍然很大。楚漢三年（西元前二〇四年）五月，項羽進攻滎陽益急，滎陽危在旦夕。劉邦留御史大夫周苛守衛滎陽，讓將軍紀信偽裝成自己，夜間溜出滎陽東門，揚言城中糧盡，漢王出降。楚軍紛紛跑來觀看，皆呼萬歲。劉邦則乘機率數十名騎兵，從西門出城，逃至成皋。等項羽知道受騙，追至成皋，劉邦已逃回關中。項羽遂下令燒死冒充劉邦的紀信，攻下成皋。此時，雖然滎陽孤城仍由周苛等困守，漢滎陽、成皋核心防線，實際上已為項羽所突破。

劉邦回到關中後，收集關中之兵，想再次東出收復成皋。有位叫轅生的獻計：「漢軍與楚軍在滎陽相拒數載，漢軍常遭危困，願大王東出武關，項羽必然引兵南走，大王避開項羽的攻勢，不要與其作戰，同時可使滎陽、成皋間且得休息，等韓信平定趙地和連結燕齊之後，大王復走滎陽。這樣，楚軍所要防備之處增多，力量必然分散，漢軍卻得到休息，再與之交戰，一定能打敗他們。」

劉邦採納了這一意見，改取機動作戰，率兵出武關，流動於宛（今河南省南陽市）、葉（今河南省葉縣）之間，又使英布率九江兵，在楚軍南翼擺開攻擊的陣勢。這樣，項羽果然僅留少量兵力扼守成皋，而自率主力向南，企圖在宛葉一帶殲滅漢軍。劉邦一面苦守抵禦，一面命彭越突襲彭城附近，大破楚軍項聲、薛公部，殺死薛公。楚軍後方遭此嚴重威脅，使項羽不得不掉過頭來，反擊彭越。劉邦乘機率大軍會合英布的九江兵，猛撲楚軍控制下的成皋，一舉將其收復。

項羽東進擊退彭越後，又於六月回師西線，攻破滎陽，進圍成皋。劉邦與夏侯嬰從成皋北門逃出，北渡黃河，到修武（今河南省獲嘉縣東）韓信、張耳所率的趙軍營中。劉邦在此調兵遣將，增援漢軍控制下的鞏縣（今河南省鞏縣西南），以阻止項羽繼續向西突破。

八月，劉邦為挽救滎陽、成皋核心防線的危局，在修武高壘深塹以謀固守的同時，加強敵後活動，使彭越襲擊楚軍後方，派將軍劉賈、盧綰率二萬人渡白馬津（今河南省滑縣北）深入楚地，協助彭越破壞楚軍補給線。彭越連拔睢陽（今河南省商丘縣南）、外黃等十七城，劉賈、盧綰則極力搜求楚軍倉庫，予以焚燒，僅一個月後，已造成楚軍後方的嚴重混亂。九月，項羽不得不停止攻勢，再次率楚軍東攻彭城。項羽留大司馬曹咎與塞王司馬欣共守成皋，臨行前指示他們：「漢王來挑戰，慎勿與戰，不要讓他們往東即可。我十五日內，必能平定彭越，還回到這裡。」這回，項羽又一次擊退彭越，將十七城收復，卻未能消滅彭越的遊軍。這支遊軍，仍在梁楚之間積極活動，威脅楚軍的後方。

楚漢三年（西元前二〇四年）十月，劉邦見項羽主力又去東擊彭越，想乘機重整滎陽、成皋間的防線，但由於曹咎、司馬欣據守成皋，難以攻拔，所以又想放棄成皋，退守鞏縣、洛陽。謀士酈食其，深知成皋戰略地位的重要，對劉邦說：「做帝王的以人民為天，而民以食為天，敖倉是天下糧食的轉輸中心，那裡藏粟甚多。項羽攻克滎陽後，不堅守敖倉，便引兵向東，只派部分兵力扼守成皋，這真是上天在資助我們。現在，留在這裡的楚軍很容易擊破，大王卻想放棄進攻的機會，實在是不明智。況且，兩雄不俱立，楚漢長期對峙不決，百姓騷動，海內搖盪，農夫不種田了，農婦不織布了，就是因為天下歸誰所有，尚未確定。願大王立即進兵，收取滎陽，控制住敖倉的糧食，阻塞住成皋的險要，然後奪佔飛狐口，扼守自馬津，向各地諸侯，顯示我們所據的戰略形勢，知道天下應該歸誰。」劉邦認為他講得很有道理，立即引軍渡河，向成皋楚軍挑戰。曹咎最初還遵照項羽的告誡，堅守不出，但終於經不起漢軍連日辱罵，一怒之下率軍出擊。當楚軍正在渡汜水時，漢軍乘其半渡發動攻擊，大破楚軍，曹咎與司馬欣均自刎於汜水之上。漢軍奪取成皋，扼守廣武山，並在滎陽以東包圍了楚將鍾離昧。

項羽聽說成皋失守，急忙由睢陽率部回來救援。漢軍依據險要地形，堅守不戰，楚軍幾次東奔西馳，極為疲勞。這時，由於韓信已攻佔齊都臨淄，從東北兩面形成了對楚軍夾擊的態勢，項羽不得不也屯軍廣武山上，隔著一條廣武澗，與漢軍形成對峙。雙方對峙到楚漢四年（西元前二〇三年）八月，楚軍糧食匱乏，彭越的遊軍又不斷襲擾楚軍後方，項羽感到形勢危急，被迫與劉邦訂立和約，「中分天下」，把鴻溝以西的地方劃歸漢，鴻溝以東的地方劃歸楚。

楚漢成皋之戰，為以弱勝強的典型戰例。劉邦自彭城戰敗後吸取教訓，轉攻為守，退保滎陽和成皋這一戰略要地，這就護衛了戰略後方關中和巴蜀，使漢軍在人力、物力上得到源源不斷的補充，能夠堅持長期的戰爭。在戰爭全局上，劉邦能及時採納張良、韓信、酈食其等人的建議，制訂出正面堅持、敵後襲擾、南北兩翼牽制楚軍的作戰方針。這一方針，使強大的楚軍陷於多面作戰的困境，使漢軍實力得到保存和發展，逐漸由劣勢轉為優勢，由被動轉為主動，最後取得有決定性意義的勝利。項羽方面，則既不善於爭取同盟勢力，又不能團結內部，而且不注意戰略基地的建立。在作戰指導上，他也缺乏戰略頭腦，沒有通盤的考慮和打算，沒有主要的打擊方向，東奔西跑，一味應付。故而，雖然打了許多勝仗，在戰略上卻是失策的，終於導致敵我態勢發生重大變化。

韓信破魏之戰

韓信破魏之戰，發生在楚漢二年（西元前二〇五年）八月。

劉邦在彭城遭到慘敗後，魏王豹藉口回去探望父病，叛漢降楚。他一渡過黃河，立即截斷黃河西岸臨晉關（今山西省永濟縣西）的交通，宣佈與楚約和，反對劉邦。魏王豹所控制的地區，在今山西省南部，西進可以威脅關中，南下可以截斷漢軍糧道，造成與楚軍夾擊滎陽之勢。劉邦為瞭解除這一重大威脅，穩定與鞏固滎陽前線，先是派酈食其前去勸說魏王豹歸降，在遭到拒絕後，便以韓信、灌嬰、曹參為將，舉兵攻魏。

韓信深知魏王豹北聯趙代，西憑黃河天塹，扼守臨晉、茅津、龍門（今山西省河津縣西）等津渡要點，而以河東重鎮安邑為指揮中樞，將完全採取守勢，做持久作戰，故制定了速戰速決的戰略，決心以奇襲姿態，一舉擊破魏軍。

楚漢二年（西元前二〇五年）八月，魏王豹得到漢軍即將進攻的消息，除加強各地的守備之外，派大將柏直率主力集中在蒲阪（今山西省永濟縣西蒲州鎮），封鎖黃河渡口臨晉關，企圖阻止漢軍渡河。韓信偵知魏軍部署後，採用聲東擊西、避實就虛的作戰方針，集結船隻，佯作由臨晉渡河，暗中卻派曹參率部向北進發。曹參在夏陽（今陝西省韓城縣南）選擇渡口，製作大批木桶作為簡易的渡河工具，偷渡成功。漢軍過河後，以疾風迅雷之勢，南下攻擊臨晉魏軍的側背，在東張（今山西省虞鄉縣西北）擊潰魏將孫遬所率的魏軍，致使臨晉關的魏軍軍心大亂。韓信、灌嬰乘機揮師渡河，猛撲楚軍後方的安邑。魏王豹倉皇回師，遭到重創，被迫率殘兵向東退卻。漢軍急追至曲陽（今山西省安邑、垣曲縣之間），又敗魏軍。九月，魏王豹在東垣（今山西省垣曲縣西）被俘，韓信兵不血刃進入魏都平陽（今山西省臨汾市）。然後，韓信又分兵略定河東五十二縣，置為河東郡，並將所俘的魏軍精銳送往滎陽，增援守備。

韓信破魏之戰，以「因敵」（因魏軍集中兵力於臨晉渡口）、「誤敵」（佯作由臨晉渡河，使魏軍忽略對夏陽方面的守備）的策略，在中國古代戰爭史上，創造了虛張聲勢、出奇制勝的範例。

韓信破趙之戰

韓信破趙之戰，發生在楚漢二年（西元前二〇五年）十月。

韓信破魏後，為了進一步解除側翼威脅，造成從戰略上包圍楚軍態勢，向劉邦提出了一個逐步消滅代、趙、燕、齊四國，然後與劉邦會師滎陽的戰略計劃。劉邦此時敗據滎陽，力不敵楚，正想謀求整個戰略形勢的改觀，立即派張耳、張蒼率三萬人赴魏，歸韓信指揮，使韓信的總兵力達到五萬人。韓信遂於楚漢二年（西元前二〇五年）九月進擊代國，在鄔縣、閼與重創代軍，活捉代相夏說，攻克太原，置為太原郡。接著，韓信將一部分兵力調回滎陽前線抵禦楚軍，自率三、四萬人越過太行山東進，乘勝擊趙。

趙王歇和趙將陳餘得知漢軍來攻，集結二十萬大軍，於太行八陘之一的井陘口（今河北省井陘縣東南），佔據有利地形，構堡築壘，準備與漢軍決戰。這時，謀士李左車對陳餘說：「韓信橫渡黃河，俘虜魏王豹，活捉夏說，今又企圖消滅趙國，其乘勝進擊，勢不可擋。但我聽說千里運送軍糧，軍隊便難免會餓得面黃肌瘦。井陘口道路狹窄，戰車不能併行，騎兵不能成列，漢軍一定有糧車跟隨在隊伍的後面。請允許我帶精兵二萬人，從小道截擊其運糧車輛，你利用深溝高壘堅守不戰。他們前進沒有作戰的機會，後退沒有回去的道路，加上軍糧斷絕，不出十天，就可以被消滅。」陳餘則認為「義兵不用詐謀奇計」，並頗為自負地說：「韓信號稱幾萬人，其實不過幾千人。他不遠千里來攻我，已經極度疲憊了。面對這樣的敵人，都避而不擊，若遇上強大的敵人，又用甚麼辦法對付呢？我不能讓其他諸侯說我膽怯，從此隨便來侵犯趙國。」

韓信偵知陳餘未採納李左車的建議，非常高興，立即率部東進，行至距井陘口三十里的地方紮營。當天夜裡，韓信又下令出發，向前推進。同時，韓信密令灌嬰挑選二千名騎兵，每人手持一面漢軍的紅色旗幟，從小路迂迴到趙軍大營側翼的抱犢寨山（井陘東），讓他們隱蔽起來，等待趙軍離營追擊漢軍的時候，衝入趙軍營寨，把漢軍旗幟樹立起來。韓信又派一萬人先出隘路，到綿蔓水東岸背水列陣。

以上部署完畢，已是拂曉時分。韓信自引大軍至井陘口誘敵，並對其部下說：「趙軍已佔據有利地形，如果沒有見到我的帥旗，是不肯出戰的，唯恐我軍主力撤退。」於是，韓信下令樹起帥旗，鳴鼓向井陘口急進，趙軍果然立即還擊。雙方大戰了一場後，韓信和張耳引軍佯敗，拋棄旗鼓，往背水陣退卻。趙軍全體出動，爭搶漢軍旗鼓，向前追擊。這時，韓信和張耳已退入背水陣中，漢軍將士因無路再退，都殊死戰鬥，使趙軍無法逼近。雙方正在激戰之際，埋伏在抱犢寨山上的二千名漢軍騎兵，突然馳入趙軍空營，將趙軍的旗幟全部拔去，樹起漢軍的旗幟。趙軍見自己營內盡是漢軍旗幟，以為漢軍已攻破大營，頓時潰不成軍。韓信則乘趙軍潰亂，揮軍夾擊，大破趙軍。陳餘和趙王歇企圖向趙都邯鄲退卻，被韓信在鄗北（今河北省高邑縣）追上，斬殺陳餘，趙王歇亦隨之被殺。

韓信平定趙國後，懸賞擒獲了李左車，「以師禮事之」，並向他請教攻燕之策。李左車深受感動，指出對燕應以大軍壓境，而輔之說降，使韓信兵不血刃即滅燕。韓信連破趙燕，意味著漢軍在戰略全局上漸獲優勢。此役，韓信以幾萬人的兵力遠離後方，同號稱二十萬人的趙軍作戰，必須有計劃地製造和利用敵人的錯誤，出奇制勝，速戰速決，韓信成功地做到了這些。而陳餘這個人，迂腐而又傲慢，一味進行單純防禦，使趙軍喪失了優勢，終於全軍受殲。

韓信破齊之戰

韓信破齊之戰，發生在楚漢三年（西元前二〇四年）七月至十一月。

楚漢三年（西元前二〇四年）七月，劉邦自成皋逃到修武，得到韓信、張耳破趙後收編的趙軍。劉邦深感楚軍攻勢猛烈，必須開闢新的戰場，以分其勢，而此時欲開闢新的戰場，莫如攻齊來威脅楚軍後方。於是，劉邦命張耳守備趙地，拜韓信為相國，命其率曹參、灌嬰等襲齊。

齊王田廣為了阻止漢軍進攻，屯重兵於歷下（今山東省濟南市），作好抵抗的準備。韓信率軍正要渡黃河北進時，不料劉邦已另遣酈食其赴齊，以威脅利誘的手段進行勸降，終於使齊王田廣棄楚附漢，並撤去歷下的守備。韓信因此想停止前進，謀士蒯通勸道：「將軍奉命進攻齊國，而漢王又派謀士說降齊國，難道有命令要你停止前進嗎？為何不前進呢？況且，酈食其僅憑一張能說會道的嘴巴，就降服齊國七十餘座城邑。你率領數萬人血戰一年多，才攻下趙國五十餘座城邑。身為將軍多年，反倒不如一個書生的功勞大嗎？」韓信認為他講得不無道理，下令全軍立即渡河。這時，齊軍雖然仍屯駐歷下，但因已宣佈附漢，撤除了守備。韓信遂輕而易舉地襲破歷下，並疾趨齊都臨淄。齊王田廣，以為酈食其是來欺騙自己，將其烹殺，然後倉皇逃走。韓信襲破臨淄後，又遣軍向東追擊。齊王田廣迫不得已，向楚求救。

當漢軍襲破臨淄、齊國君臣潰散之際，項羽正自滎陽、成皋間回擊彭越、盧綰、劉賈等遊軍。韓信入齊，對楚威脅甚大，項羽於是派龍且率軍二十萬救齊。龍且接受命令後，向城陽（今山東省莒縣）、瑯琊（今山東省諸城縣）急進，與逃往那裡的齊王田廣會合。韓信得知龍且救齊，在濰水地區（今山東省濰縣）集結部隊，準備迎擊齊楚聯軍。

龍且與齊王田廣商議如何進擊韓信，有人向龍且獻計：「漢軍窮凶遠征，其鋒銳不可擋，齊楚聯軍在自己的家鄉附近和自己的後方作戰，士兵會嚴重逃亡，不如堅守待機，讓齊王曉諭所淪陷的城邑，告訴他們自己還健在，楚軍已來救援，齊人必會群起反抗漢軍，漢軍深入二千餘里作戰，齊國城邑又都起來反抗，一旦糧草斷絕，便可不戰而敗。」龍且素來看不起韓信，未採用此計，而是急於同漢軍決戰，以建功勳。十一月，齊楚聯軍同漢軍夾濰水對陣。韓信為了將敵軍分割開來，造成決戰時兵力上的優勢，命令部下夜間用一萬多個盛沙的袋子，在上流把濰水堵住，然後率軍涉水發動攻擊。龍且出兵還擊，韓信不勝而退，龍且大喜，覺得韓信果真膽怯，命令涉水追擊。齊楚聯軍剛渡濰水一半，漢軍突然掘開沙袋從上流放水，把龍且軍衝隔於東西兩岸。韓信指揮全軍猛烈反擊，全殲已渡河的齊楚聯軍，殺死龍且，未渡河的齊楚聯軍，也不戰而潰。漢軍乘勝追擊殘敵，俘虜齊王田廣，完全佔領了齊地。

此役，劉邦一面發兵向齊急進，一面派使者誘降齊國，把軍事與外交巧妙地結合起來。韓信揮師東進，機智靈活，不但一舉滅亡了齊國，還調動了項羽的二十萬大軍東去，實現了預定的戰略目的。至此，漢軍已全面完成了對楚軍的戰略包圍，取得成皋之戰的勝利，也 日後徹底擊敗楚軍奠定基礎。

楚漢垓下之戰

楚漢垓下之戰，發生在楚漢四年（西元前二〇三年）十二月。

從楚漢元年（西元前二〇六年）到楚漢四年（西元前二〇三年），劉邦和項羽經過大小百餘次戰爭，雙方都打得精疲力竭，誰也消滅不了誰，只好「中分天下，割鴻溝以西者為漢，鴻溝而東者為楚」。和約達成後，項羽將在彭城之戰中俘獲的劉邦的父親和妻子歸還劉邦，引軍東撤，劉邦亦欲西歸。就在這時候，張良、陳平向劉邦獻策：「如今大王已有天下的大半，諸侯紛紛歸附，楚軍則兵疲食盡，瀕臨滅亡，不乘此良機徹底消滅他們，可謂養虎遺患。」劉邦聽了，豁然大悟，立即掉頭追擊項羽，並派人通知韓信、彭越南下，合力殲滅楚軍。楚漢四年（西元前二〇三年）十月，劉邦東追項羽至陽夏（今河南省太康縣）後，停止前進。項羽已得知劉邦背約追擊，率十萬之眾在此地停留，準備與漢軍決戰。但劉邦之所以停止前進，乃是為了等待韓信、彭越之軍到達，而韓信、彭越之軍並未到達。項羽下令反擊，將漢軍打得落花流水，迫使其退入壁壘，深塹自守。

劉邦和張良，分析韓信、彭越違約原因。張良認為，這是由於楚軍眼看就要徹底失敗，但對韓信和彭越二人，還沒有明確劃分封地，所以他們不會來的，如果能與他們「共天下」，便可立即到達，因此應把自陳（今河南省淮陽縣）以東一直到東海的地方分封給韓信，把睢陽（今河南省商丘縣南）以北到穀城（今山東省平陰縣西南）的地方分封給彭越，使他們各自為戰，合擊項羽，那就很容易殲滅楚軍了。劉邦採納了這個建議，派使者前去分封。韓信、彭越，果然表示馬上出兵。

劉邦得到韓信、彭越出兵的保證，信心倍增，決定再次出擊。這時，韓信命曹參留守齊國，自率精兵數萬南下，以灌嬰騎兵為前隊，首先向彭城進擊。韓信一舉攻破彭城，俘虜楚上柱國項佗，然後揮師向蕭（今江蘇省蕭縣）、鄭（今河南省永城縣西南）疾進，攻佔譙（今安徽省亳縣）、苦（今河南省鹿邑縣東），直逼項羽背後，與劉邦夾擊楚軍。項羽力不能支，於十一月向垓下（今安徽省靈璧縣沱河北岸）敗退。

劉邦和韓信會師後，窮追項羽不捨。途中，周殷、英布、劉賈、彭越所率之軍，在各自殲滅大量楚軍後，也趕來會師，使劉邦手下的軍隊達到三十萬人。劉邦將軍隊統統交由韓信指揮，繼續追擊項羽。及追至垓下時，項羽已列陣以待，準備憑其九萬殘部，做最後的抵抗。韓信亦佈置好決戰的陣勢，命令孔將軍居左，費將軍居右，自己居中，劉邦居後，然後親自引兵向前衝擊。項羽立刻進行反擊，韓信失利後退。項羽正追擊韓信時，突遭孔將軍、費將軍左右夾擊，韓信亦回師擊之，楚軍在三面夾攻下大敗。韓信遂命三十萬漢軍，把楚軍層層包圍。

楚軍困處垓下，被漢軍包圍數重，兵少食盡，景況淒慘。韓信為使楚軍徹底崩潰，採用攻心戰術，讓漢軍將士在夜間皆唱楚歌。楚軍聽到後大驚，以為漢軍已完全佔領楚地，所以才俘來這麼多楚人唱楚歌。項羽亦不禁悲從中來，起身與愛姬虞美人在帳中飲酒，並唱道：「力拔山兮氣蓋世。時不利兮騅不逝。騅不逝兮可奈何？虞兮！虞兮！奈若何！」連唱數遍。虞美人也作歌和之：「漢兵已略地，四方楚歌聲。大王意氣盡，賤妾何聊生？」然後拔劍自刎。項羽淚流滿面，眾將士也都為之哭泣，不敢抬頭看他。這時，項羽咬了咬牙，騎上騅馬，拋下九萬楚軍將士，僅率麾下八百餘名騎兵乘夜突圍，向南逃走。

黎明時分，韓信才發覺項羽已逃，命灌嬰率五千騎兵追擊。項羽渡過淮水後，身邊僅剩下百餘人，至東城（今安徽省定遠縣東南），僅餘二十八人。項羽自知難以逃脫，對隨從的人說：「我起兵至今八載，經歷七十餘戰，所當者破，所擊者服，從未敗北，才霸有天下。今日困至於此，這是天要亡我，不是我作戰的過失。今日，我決心死在這裡，臨死也願為你們斬將搴旗，讓你們知道是天要亡我，不是我作戰的過失。」項羽到了這個時候，還不認輸，只見他直撲漢軍，連斬兩員漢將，然後繼續南逃，奔往烏江（今安徽省和縣東北）。烏江亭長，正在那裡等候項羽，並勸慰他說：「江東雖小，猶有地方千里，人口數十萬，足以稱王，請大王立即渡江。現在，唯獨我有一艘船，漢軍趕到，無法渡過。」項羽聽到「江東」二字，不禁面紅心冷，笑道：「天要亡我，我還渡甚麼江呢？況且，當初我率江東子弟八千人渡江向西，如今沒有一個人生還，縱然江東父兄可憐我，還讓我當王，我哪有臉去見他們？縱然他們不說話，我自己能不有愧於心嗎？」項羽說罷，將戰馬送給烏江亭長，手持短劍，與追上來的漢軍騎兵接戰，連殺數人，自己也遍體創傷，最後只好自刎而死。楚漢之戰，至此告終。

項羽在反秦戰爭中，屢立奇功，不愧為斬將搴旗的蓋世英雄，但在對劉邦的戰爭中，卻屢遭失敗，最後落得個自刎烏江的結局。原因何在？項羽直到臨死前，仍認為是「天亡我，非戰之罪」。果真如此嗎？當然不是，還是自己的主觀失誤所致。所以，司馬遷在《史記》中為項羽作本紀時，一方面客觀地將滅秦之功主要歸之於他，一方面又批評他「自矜功伐，奮其私智，而不師古，謂霸王之業，欲以力征經營天下，五年卒亡其國，身死東城，尚不覺悟，而不自責，乃引天亡我，非戰之罪也，豈不謬哉」，這些話是很有道理的。

第六章 西漢時代

漢削平異姓諸王之戰

漢削平異姓諸王之戰，起於漢高祖五年（西元前二〇二年）秋七月平燕王臧荼之戰，迄於漢高祖十二年（西元前一九五年）春平燕王盧綰之戰，前後共歷八年。

楚漢五年（西元前二〇二年）二月，劉邦即皇帝位於汜水之陽，建立西漢王朝，定都長安。劉邦鑑於當時情勢，在帝業初定之際，被迫實行郡國制，封了很多異姓王，如韓信被封為楚王、彭越為梁王、吳芮為長沙王，英布為淮南王，臧荼為燕王等。這些人均能征慣戰，在協助劉邦擊滅項羽的過程中立下汗馬功勞，有的人（如韓信）甚至威望很高。劉邦早就把他們看作是對自己潛在的威脅，只因那時大敵項羽未滅，只好暫且容忍，並利用之。及項羽已滅，劉邦立即奪去韓信的兵權，將其封在易於控制的楚地，為楚王，對英布、彭越等，也嚴加防範。即使如此，年紀漸老的劉邦，仍然顧慮在自己身後，漢祚有移易的危險，必欲將這些異姓王及早翦除。

其實，這些異姓王對劉邦的態度，並不一致，有的人未必想謀反，有的人則的確圖謀不軌。漢高祖五年（西元前二〇二年）秋七月，燕王臧荼於劉邦統一天下後七個月，首舉反漢之旗。劉邦立即親率將軍周勃、樊噲、夏侯嬰、灌嬰等，前去討伐，在易下（今河北省易縣）大破叛軍，俘虜臧荼，平定燕地。戰後，劉邦以自己的親信盧綰為燕王，命其鎮守燕地。

漢高祖六年（西元前二〇一年）冬十月，有人告發楚王韓信謀反。劉邦徵詢諸將的意見，諸將均要求「亟發兵坑豎子耳」。劉邦未肯當即表態，又去詢問陳平，並將諸將的意見告訴他。陳平認為，在尚未確知韓信真要謀反的情況下，輕率派兵遣將，去攻打知兵善戰的韓信，是要吃大虧的。他建議劉邦，不如「偽遊雲夢，會諸侯於陳」，然後乘韓信前來迎謁之機，將其活捉。劉邦採納了這一建議。

十二月，劉邦率諸將以出遊為名，來到陳邑（今河南省淮陽縣）。韓信知道劉邦的來意不善，本想發兵拒之，但又覺得自己問心無罪，一時躊躇不定。當時，項羽的部將鍾離昧，自垓下兵敗後投靠韓信，劉邦曾命令韓信逮捕他，韓信卻愛惜鍾離昧的才幹，將其密匿起來。有人便對韓信說：「殺死鍾離昧，去見皇帝，皇帝必然歡喜，你的禍患就沒有了。」韓信把這話，告訴了鍾離昧。鍾離昧說：「劉邦之所以沒用武力進擊楚地，正是因為有我這個熟悉楚地情況的人在。你若欲逮捕我，去向劉邦獻媚，我今日死，你隨後也會死。」並罵韓信：「你不是忠厚之人！」然後拔劍自刎。韓信便帶鍾離昧的腦袋，去見劉邦。劉邦並不買他的賬，命武士將他擒獲，載於車後，返回長安。當走到洛陽時，劉邦曾審問韓信，聲稱「人告公反」。韓信則反唇相譏：「果然如同人們常說的那樣，狡兔死，良狗烹。」劉邦聽後，無以回答，又不便立即殺掉他，只好將他赦免，給了個毫無實權的淮陰侯的虛銜，讓他住在長安。韓信知道劉邦忌恨他的才能，從此索性稱病在家，不參加朝廷的任何活動，但內心非常怨恨。

劉邦在擒獲韓信後，原先的顧慮頓消大半，於次年正月，開始封同姓諸王。第一批被封的同姓王是：劉賈為荊王，管轄韓信的故地；劉交為楚王，管轄碭、薛、剡三郡，共三十六縣；劉肥為齊王，管轄膠東、膠西、濟北、博陽、城陽等郡，七十三縣；劉喜為代王，管轄雲中、雁門、代郡，五十三縣。劉邦這樣做的目的，無非是為了鞏固已得的帝業，並逐步實現劉氏的家天下。

劉邦鏟除異姓王的下一個目標，是韓王信。韓王信的封地，原在陽翟（今河南省禹縣），據河南腹心地區，一旦有變，危險性極大。此時，匈奴又復猖獗，漢朝北部邊境常遭蹂躪。劉邦便命韓王信遷往晉陽（今山西省太原市），一來除去心腹之患，二來使其捍衛北邊。韓王信到晉陽後，以晉陽離邊境較遠、不利於對匈奴作戰為理由，請求將治所設在馬邑（今山西省朔縣東北）。劉邦允其所請。漢高祖七年（西元前二〇〇年）秋天，匈奴大舉入侵，圍韓王信於馬邑。韓王信難以抵禦匈奴的攻勢，數次遣使向匈奴求和。劉邦得知後，懷疑韓王信有叛漢之心，寫信責之。韓王信恐為劉邦所誅，立即投降匈奴，與匈奴共同攻漢。匈奴命其引兵南踰勾注山，攻奪晉陽、銅鞮（今山西省沁陽縣西南）等地，直趨河南。劉邦聞訊，親率三十萬大軍北擊韓王信，同時命樊噲、周勃、夏侯嬰等率騎兵越霍山（今山西省繁峙縣），西至雲中（今內蒙古自治區托克托縣）、武泉（今內蒙古自治區武川縣），防備匈奴南下，然後與大軍會師晉陽。

劉邦率軍進至銅鞮，即和韓王信的軍隊相遇，一舉將其重創。韓王信往晉陽退卻，劉邦率軍追擊，在晉陽與樊噲、周勃、夏侯嬰部會合，再破韓王信，並乘勝北至樓煩（今山西省寧武、苛嵐等縣）和馬邑。韓王信退屯廣武（今山西省代縣西），在此得到匈奴左、右賢王各率的萬餘騎兵的增援，組成韓匈聯軍，準備迎擊漢軍的進一步攻勢。韓王信為擴大反漢勢力，還扶持趙利為趙王，讓其協同韓匈聯軍的行動。十一月，劉邦又發動攻勢，將韓匈聯軍擊破，進駐平城（今山西省大同市）。此後，漢軍即被匈奴冒頓單于率領的三十萬騎兵所圍困，無力再討伐韓王信。

漢高祖八年（西元前一九九年）十月，劉邦因韓王信所立的趙王利已進據東垣（今河北省正定縣南），北方形勢愈發吃緊，又親至東垣督戰，無功而還。這時，劉邦深感主要威脅，還是來自匈奴的南侵，如果不與匈奴講和，則韓王信、趙王利之患難以解除。於是，劉邦採納劉敬之策，將以人冒充的長公主，嫁給冒頓單于為妻，與匈奴和親。

漢高祖十年（西元前一九七年）七月，劉邦為調整北方形勢，派寵臣陳豨去趙代邊境統領漢軍。陳豨離開長安赴任前，向淮陰侯韓信辭別。韓信拉著他的手嘆道：「我可以跟你說句話嗎？」陳豨說：「我願聽將軍的教導。」韓信說：「你所去的地方，乃是天下精兵所居的地方。你又是陛下所寵信的幸臣，有人要說你也想造反，陛下必不相信，再有人說這樣的話，陛下就會起疑心了，陛下若是第三次聽到有人這麼說，一定奪去你的兵權。我為你著想，則天下可圖。」陳豨也知道，劉邦此時委託自己重任，不過是權宜之計，日後必被鏟除，便和韓信相約，共同起事。

這年九月，陳豨在趙代邊境自稱代王，聯合韓王信、趙王利反漢。韓王信自馬邑南下，陳豨與趙王利自東垣南下，向漢軍大舉進攻。劉邦已與匈奴和親成功，兵分兩路迎擊叛軍。西路由張良、周勃、柴武率領，自晉陽北擊；東路由劉邦自率，越邯鄲北進。同時，派人去徵發諸侯之兵，作為後援。

漢高祖十年（西元前一九七年）冬，劉邦率樊噲、酈商、夏侯嬰、灌嬰、靳歙等來到邯鄲。劉邦見陳豨既沒佔據邯鄲，又未控制漳水，心中大喜。這時，諸侯援軍尚未到達，劉邦只好在邯鄲就地擴軍。劉邦又聽說陳豨的部將，多是商人出身，故以重金前去收買。陳豨決心與劉邦決一死戰，命侯敞南攻襄國（今河北省邢臺市），王黃扼守曲逆（今河北省完縣東南），張春渡過黃河攻奪山東聊城，自己和趙王利率主力在後。侯敞、王黃、張春部，相繼為漢軍擊破，漢軍又連下盧奴（今河北省正定縣）、上曲陽（今河北省曲陽縣西）、安國（今河北省安國縣南）、安平（河北省安平縣）等地。陳豨和趙王利見大勢已去，向代南方向潰逃，欲與被周勃擊敗的韓王信會合。漢軍東西兩路，亦很快會師，在參合（今山西省陽高縣東北）又破叛軍，殺死韓王信。陳豨率殘部敗逃靈丘（今山西省靈丘縣東），被漢軍再創。戰後，劉邦為減少與匈奴衝突，放棄常山（恆山）以北的土地，而將代國移於山南，命其子劉恆（即後來的漢文帝）為代王，駐守晉陽。

當劉邦討伐陳豨時，韓信稱病，不肯隨從，卻一面派人與陳豨聯繫，一面糾集家臣，準備襲擊呂后和太子。此事被人告發，呂后與相國蕭何將韓信騙至未央宮，祕密處死，並夷其三族。而當劉邦率軍至邯鄲後，遣使催徵梁王彭越的軍隊，彭越也稱病未來，只派部將領兵前往。

劉邦因此大怒，派人責備彭越，彭越深為恐懼，想親自到劉邦面前謝罪。部將扈輒勸道：「你開始的時候不去，受到責備後才去，去必被擒，不如發兵反漢。」彭越沒有聽從他的勸告，仍向劉邦稱病。劉邦遂於平定陳豨之後，還師洛陽，遣使至梁，將彭越拘捕。劉邦本想立即殺掉彭越，但因彭越謀反的證據不足，姑且將其廢為庶人，令其徙往青衣縣（今四川省雅安縣北）居住。當彭越被押解到鄭（今陝西省華縣西北）時，正遇上從長安前往洛陽的呂后，彭越向呂后哭訴自己無罪，表示願回到故鄉去居住。呂后答應了，將其帶回洛陽。呂后到洛陽後，對劉邦說：「彭越乃是一名壯士，讓他徙居蜀地，只能留下後患，不如殺掉。」劉邦便把彭越交給呂后處理，呂后指使彭越手下的人，誣告彭越謀反，然後以此為藉口，殺掉彭越，並夷其三族。

呂后謀殺淮陰侯韓信時，淮南王英布已為之心恐，不久彭越被殺的消息傳來，英布還收到劉邦賞賜給他的用彭越屍體製成的肉醬，深感劉邦和呂后對功臣的殘酷，而自己又是與韓信、彭越同功之人，更加惶恐不安。英布為防備自己也遭暗算，祕密徵集兵員，增強守禦。這時。英布所寵幸的一個女人，與中大夫賁赫私通，英布察覺後，欲捕殺賁赫，賁赫便逃往長安，告發英布謀反。劉邦與蕭何商議，如何對付英布。蕭何說：「英布不至於這樣，恐怕是與他有仇怨的人誣陷他。請暫時把賁赫拘囚起來，派人去考察英布的態度。」劉邦決定就這麼辦。英布因賁赫逃往長安去告發自己，又見漢使前來考察自己，以為事情已經洩露，乃於漢高祖十一年（西元前一九六年）秋七月，對部下說：「陛下已經老了，討厭再領兵打仗，必不能親自前來，只會讓諸將領兵討伐，諸將只怕韓信和彭越，如今他們兩個人都已死去，餘下的人不足畏懼。」遂舉兵反漢。劉邦見英布已反，釋放賁赫，並作討伐英布的準備。

劉邦為討伐英布這一勁敵，召集諸將計議。諸將均說：「發兵進擊他，幹掉這傢伙！他能有什麼辦法？」唯獨汝陰侯夏侯嬰的門客薛公認為：「英布當然要造反，去年殺彭越，前年殺韓信，英布與他們是同功一體之人，懼怕也遭到這樣的下場，所以要造反。」夏侯嬰便把薛公，推薦給劉邦。薛公又對劉邦說：「英布造反，不足為怪。如果英布出於上計，崤山以東就不是陛下的了，出於中計，勝敗之數尚未可知，出於下計，陛下可以安枕而臥。」劉邦問他，何謂上中下三計。薛公回答：「東取吳，西取楚，併齊取魯，傳檄燕趙，固守其所控制的地區，崤山以東，就不是陛下的了；東取吳，西取楚，併韓取魏，據敖倉之粟，塞成皋之口，勝敗之數，尚未可知；東取吳，西取下蔡，僅在長沙以南活動，陛下可安枕而臥。」劉邦又問，英布採取哪種計策的可能性為大。薛公說：「出於下計。英布本是驪山的一個刑徒，成為一方之主，他只為自身利益著想，胸無大志，故斷其必出下計。」劉邦聽後大喜，立即發兵，親自討伐英布。

英布反漢後，首先舉兵東擊荊王劉賈於臨淮（今江蘇省盱眙縣西北），將劉賈殺死，盡收劉賈的軍隊，然後渡過淮水，北擊楚王劉交。劉交發兵迎擊英布，分軍為三，英布破其一軍，其餘二軍皆敗走。英布遂引兵向西，與劉邦會戰於蘄西（今安徽省宿縣境）。

漢高祖十一年（西元前一九六年）十月，劉邦率十二萬車騎軍南下，進至蘄西。張良提醒劉邦：「英布軍剽悍異常，不要輕率與之交鋒。」劉邦見英布的兵力雖少於自己，果然十分精壯，便在庸城（今河南省永城縣東南）紮營，暫取守勢。英布則立即擺開攻擊的態勢。劉邦見英布所佈之陣，如同項羽當年所佈之陣，又惱又怕，派人質問英布：「你何苦要造反？」英布回答：「想當皇帝！」劉邦大怒，立即命曹參於蘄北佔據有利地勢，命灌嬰率車騎軍攻取相山（今安徽省宿縣西北），與曹參協同，向英布軍北側猛烈攻擊，漢軍連斬英布數員大將。然後，劉邦又使酈商為前鋒，向英布軍正面展開衝擊，英布軍大敗。英布率殘部渡淮水南走，漢軍窮追不捨。不久，英布在茲鄉（今江西省鄱陽縣境）被長沙王吳芮的兒子誘殺。劉邦平定英布之亂後，立即任命皇子劉長為淮南王，任命他的侄子劉濞為吳王。

燕王盧綰與劉邦是同鄉，幼相愛，壯相隨，後來官至太尉。劉邦對他的信任程度，甚至超過蕭何和張良，在燕王臧荼之亂削平後，立即任命他為燕王。當陳豨反漢時，盧綰曾舉兵討伐，從東北方向牽制叛軍。陳豨派人向匈奴求救，盧綰也派熟悉匈奴情況的張勝出使匈奴，阻止匈奴援助陳豨。不料，張勝反為逃匿在匈奴的已故燕王臧荼的兒子臧衍所說服。臧衍對張勝說：「盧綰所以能夠平安無事，是因為許多異姓王都在造反，劉邦忙著在鎮壓他們。如今，盧綰急欲消滅陳豨，陳豨被消滅後，他自己也要倒楣了。盧綰何不暫緩進攻陳豨，並與匈奴聯合，以確保自己燕王的位置？即使劉邦來討伐他，也不難對付。」張勝聽後，為之心動，遂請匈奴擊燕。盧綰以為張勝背叛自己，準備殺死張勝全家。及張勝回來，詳細報告所以要這樣做的理由，盧綰才恍然大悟，祕密派人聯合陳豨，企圖使劉邦和陳豨之間的戰爭繼續下去，自己則坐觀成敗。然而，在劉邦平定英布之亂的同時，周勃在當城（今河北省蔚縣東）斬殺陳豨，陳豨的裨將，將盧綰勾結陳豨的情況告訴劉邦。劉邦便召盧綰來見，盧綰不敢赴召。劉邦又讓辟陽侯審食其、御史大夫趙堯前去迎接盧綰。盧綰愈發恐懼，對部下說：「不姓劉而為王的人，只剩下我和長沙王了。殺韓信彭越，均出自呂后之計，如今陛下年事已高，將大權交給呂后，呂后這個女人，只會尋找藉口，誅殺異姓王和大功臣。」他不但決心不赴劉邦的召見，而且立即反漢。

漢高祖十二年（西元前一九五年）春，劉邦得知盧綰已反，命其子劉建為燕王，並下詔給燕國年俸六百石以上的官吏，每人爵加一級，其他肯脫離盧綰的人，皆赦免無罪，以離散盧綰之眾。然後，劉邦命周勃率軍十餘萬，直攻燕都薊城（今北京市南），大破燕軍。盧綰敗退，周勃追擊，盧綰又屢遭重創，被迫投降匈奴。至此，漢削平異姓諸王的戰爭，始告結束。

綜上所述，劉邦削除異姓諸王及大封自己的子弟為王，乃是擊滅項羽後的既定打算，因為不這樣做，便不能鞏固其已得的帝業。然而，也正因為如此，不但功高震主的韓信、彭越、英布等人不得不反叛，連劉邦原來的親信盧綰、陳豨等人，亦相繼叛變以自保。劉邦這樣做的結果，固然鞏固了劉氏天下，卻也帶來了「安得猛士兮守四方」的問題。他已將「猛士」韓信、彭越、英布等人一一鏟除，匈奴之患接踵而至，邊無良將，不久即嚐到了內外政策矛盾的苦果。

漢削平同姓諸王之戰

漢削平同姓諸王之戰，起於漢景帝三年（西元前一五四年）正月，迄於同年十月。

劉邦削平異姓諸王之後，認為秦朝迅速滅亡的重要原因，是沒有分封同姓子弟為王，使皇室陷於孤立，於是大封同姓子弟為王，並立下「非劉氏王者，天下共擊之」的誓言，企圖用家族血緣關係，來維護皇帝的最高統治地位。他所封的同姓王國，有齊、燕、趙、梁、代、淮陽、淮南、楚、吳等。這些王國封地的總面積，竟達到三十九郡，佔整個西漢疆土的大半，而皇帝直轄的不過十五郡。為防止諸王形成尾大不掉之勢，規定諸王國的傅、相、內史、中尉等官員，均須由皇帝任命，軍隊亦須由皇帝調遣，藉以限制諸王的權力。但西漢所封的同姓王國，個個國大民眾、實力雄厚，朝廷實際上很難控制。至漢文帝時，已逐漸形成各自割據的狀態，有的甚至隱然有獨立之志。

漢文帝即位後，深感諸王對帝業的威脅，決心採納梁太傅賈誼和太子家令晁錯削藩的建議，一方面把諸王的部分封地收歸朝廷直轄，一方面在諸王的封地內，再分封幾個小諸侯國，如分代為兩國、分齊為六國、分淮南為三國，以削弱諸王的勢力。他的兒子漢景帝即位後，繼續堅持削藩的政策，首先削減楚、趙及膠西三王的封地，繼而又議削吳王濞所屬的會稽、豫章二郡。早就蓄謀奪取帝位的吳王濞，終於認為時機已到，糾合不甘心自己的力量受到削弱的楚王戊、膠西王卬、齊王將閭、菑川王賢、膠東王雄渠、濟南王辟光、濟北王志、趙王遂，決定以武力反叛漢景帝。齊王將閭後又悔約背盟，濟北王志為其部下劫持，不得發兵，故實際參加叛亂的，僅為七國。

吳王濞反漢後，先殺盡皇帝在自己封國內所委任的官吏，然後聚集親信，商議進兵之策。將軍田祿伯請求帶領五萬人，循江淮而上，佔領淮南和長沙，入武關直搗長安。吳王濞聽後，大喜。他的兒子劭勸道：「父王起兵造反，此兵絕不能借給別人。別人若也擁兵造反，父王怎麼辦？而且，將兵力分散，有很多不利之處，只能削弱自己的力量。」吳王濞於是不敢採用田祿伯之策。青年將領桓將軍，又對吳王濞說：「我軍以步卒為主，兵卒適合在險要的地形作戰；漢軍以車騎兵為主，車騎兵適合在平地上作戰。」因此，他建議急速西進，沿途不要攻城掠地，盡快搶佔洛陽的軍械庫和敖倉的糧庫，然後憑藉豫西山河之險，號令諸侯。這樣，即使暫時不能西下長安，也佔據了奪取天下的有利地位。他認為，如果進展緩慢，一旦漢軍率先進佔梁楚一帶，勢必招致失敗。這一避短用長、速據關東戰略要地的建議，也被吳王濞拒絕了。吳王濞決定自統大軍，攻城掠地而進。

漢景帝沒想到諸王竟然謀反，並深感反叛形勢嚴重，立即殺死晁錯，請諸王退兵。吳王濞的回答卻是，他已為東帝，不再向漢景帝稱臣。漢景帝只好拜周亞夫為太尉，命其率軍迎擊吳楚叛軍，拜竇嬰為大將軍，屯重兵於滎陽，派將軍欒布擊齊，曲周侯酈寄擊趙。這一作戰構想的著眼點是：以屯駐滎陽的重兵，作為進退攻守的策源，以主力迎擊反漢的主要力量吳楚叛軍，同時分兵鉗制齊趙。

漢景帝三年（西元前一五四年）正月，吳王濞率軍二十餘萬，從廣陵（今江蘇省揚州市）出發，西渡淮水至楚，與楚王戊的軍隊會合。然後，吳楚聯軍向西北方向進攻，重創梁王武（漢景帝同母弟）的數萬軍隊，並將其包圍在都城睢陽（今河南省商丘縣南）。這時，吳王濞分兵三萬向北略地，該部攻至城陽（今山東省濮縣東南），已擴至十餘萬人。吳王濞為了阻止漢軍東出，還預先派兵至殽函間埋伏。

周亞夫既奉命迎擊吳楚叛軍，本擬出函谷關前往滎陽，但當他率軍行至壩上，有個叫趙涉的人說：「吳王濞富甲天下，以此招攬了不少亡命之徒。他知道將軍此行的目的，必然派奸細埋伏在崤澠山地之間。用兵貴在出敵不意，將軍何不從此向右走藍田，出武關，前往洛陽？這樣，漢軍就彷彿從天而降，給吳王濞一個措手不及。」周亞夫採納了這一建議，遂自武關至洛陽，並清除埋伏在崤澠間吳王濞的伏兵。然後，周亞夫率軍三十餘萬，從滎陽東出，疾趨昌邑（今山東省金鄉縣西北），而另遣韓頹當等，率騎兵襲攻淮泗口（今江蘇省淮陰縣西泗水入淮之口，又名清口），斷絕吳楚叛軍的糧道。

這時，吳楚叛軍攻梁甚急，梁王武數次派人向周亞夫求救，周亞夫均未發兵。梁王武無奈，遣使赴長安去見漢景帝，控告周亞夫不發救兵。漢景帝使人轉告周亞夫，周亞夫仍然堅壁不出。這是因為，周亞夫此時正防阻吳將周丘西進，並欲依其原定計劃，待吳楚叛軍糧盡後，再發動攻擊。於是，吳楚叛軍被迫膠著於睢陽堅城之下，周丘部亦被阻於昌邑東北，不得西進。吳王濞和楚王戊，見攻奪睢陽不下，轉而進攻周亞夫軍，企圖與漢軍主力決戰。周亞夫拒而不戰，吳楚叛軍求戰不得，分兵佯攻漢軍壁壘的東南角，轉移周亞夫的注意力，而以主力強攻西北角。周亞夫及時識破了這個陰謀，在西北角重創吳楚叛軍。吳楚叛軍撤兵西走，周亞夫派出精兵追擊，再次大破吳楚叛軍，楚王戊自殺。吳王濞僅率數千人，渡江至丹徒（今江蘇省鎮江市），企圖憑江自守。漢軍追至，吳王濞又向東越逃竄，途中收聚亡卒一萬餘人，猶欲死灰復燃。周亞夫派人以重金賄賂東越王，令其誘殺吳王濞。吳楚之亂，至此平定，歷時僅三個月。

當吳王濞起兵渡淮時，膠西王卬、膠東王雄渠、菑川王賢、濟南王辟光、趙王遂，亦發兵反漢。因為齊王將閭背約，膠西、膠東、菑川、濟南四王之兵，包圍臨淄。趙王遂則發兵集結於西境，同時遣使向匈奴求援，企圖進擊晉陽、安邑，自臨晉渡河直入關中。漢將欒布、酈寄等，奉命進擊齊趙，因兵力不夠，只好在齊趙邊境上採取守勢，監視叛軍。及吳楚已破，周亞夫派韓頹當等前來增援，漢軍乃於四月間，對圍困臨淄的膠西、膠東、菑川、濟南四王的軍隊轉取攻勢。四王之兵，在漢軍和齊軍內外夾攻之下，各自逃歸本國。欒布分兵追擊，殺死菑川、濟南、膠東三王。韓頹當挺進膠西，膠西王亦被迫自殺。趙王遂見大勢已去，引兵回守邯鄲。酈寄久攻邯鄲不下，後得欒布定齊後發來的援兵，合力強攻邯鄲，並引水淹之，使邯鄲城牆崩壞，趙王遂自殺。漢軍最終平定趙國，約在該年十月。

漢削平同姓諸王之戰，維護了國家的統一和安定，在歷史上也具有進步意義。此役，漢軍搶佔戰略要地滎陽、洛陽，立即造成屏護關中的有利形勢。然後，漢軍以非主力欒布、酈寄部監視齊趙，而以主力周亞夫部，對付叛軍主力吳楚軍，待機破敵後，再轉兵合擊齊趙，進而將叛軍各個擊破。而七王之敗，除了在政治上不得人心之外，也敗於其軍事上缺乏統一計劃和指揮。如果吳王濞能採用田祿伯、桓將軍進軍之計，膠西等四王不頓兵於臨淄堅城之下，一起兵即向西急進，叛軍很快就可在滎洛間會師，雙方形勢將發生改變。無奈七王之間也存在著矛盾，各自懷著奪取王權的野心，事成之後誰為帝誰為臣，是他們都在考慮而又無法解決的問題。這種因各懷異志而達成的鬆散聯盟，自然也決定了必敗的命運。

漢初對匈奴之戰

漢初對匈奴之戰，歷高祖、惠帝、呂后、文帝、景帝五朝，前後共達五十餘年。

秦始皇時，匈奴被蒙恬率領的秦軍擊敗後，退往漠北，有十餘年很少南下。然而，到了秦末漢初，匈奴冒頓單于乘劉邦和項羽相爭之際，東滅東胡，佔有今大興安嶺和遼河上游地區，北敗渾窳、屈射、丁零、鬲昆、薪犁等部落，佔有今貝加爾湖一帶，西驅月氏，並征服了樓蘭（今新疆羅布泊西南）、烏孫（今新疆伊犁河流域）等二十多個部落，據有今祁連山、阿爾泰山一帶地區，南併樓煩、白羊及黃河以南地區（今河套及內蒙古自治區伊克昭盟），並進抵燕代，對新建立的西漢王朝，構成了嚴重威脅。

漢高祖七年（西元前二〇〇年）十月，劉邦在銅鞮擊破韓王信不久，韓王信得到匈奴左、右賢王的增援，組成韓匈聯軍，在廣武（今山西省代縣西）至晉陽之間採取守勢，漢軍又將其擊破，並乘勝追擊，攻克馬邑、樓煩等地。這時，劉邦為連續取得的勝利所鼓舞，企圖將內憂外患一併解決，並派出間諜窺探匈奴的虛實。冒頓單于得知後，為誘使漢軍深入，將匈奴的壯士和肥畜隱匿起來，而以老弱羸畜示之於外，使漢軍間諜向劉邦回報，匈奴人馬老弱可擊。劉邦聽後不信，又派劉敬出使匈奴，以期徹底弄清虛實。但是，劉邦還是在尚未得到劉敬的回報之前，便迫不及待地發兵北進，而且自率騎兵　先驅，留步卒在後繼進。孰料剛到平城（今山西省大同市東），步卒還沒有跟上來，冒頓單于已率騎兵二十萬，突然將平城包圍。漢軍被圍七日，糧草不繼，人馬俱困，劉邦只好遣使與匈奴約和，表示願與匈奴劃界而治，將長公主嫁給冒頓單于為妻，並贈給匈奴大量錦帛繒絮等物。和約達成，冒頓單于才解圍而去。劉邦平城被圍，雖以屈辱的和約而得脫，匈奴並未因此停止對漢朝的襲擾。陳豨、盧綰等叛漢，莫不受到匈奴兵力上的援助。漢惠帝在位時，冒頓單于致書呂后，「辭極褻嫚」，漢室也無可奈何，「深自謙遜以謝之」。呂后秉政後，匈奴再次攻佔河陽（今甘肅省臨洮、天水一帶）。

漢文帝三年（西元前一七七年）夏五月，匈奴右賢王率部佔領上郡（今陝北地區），撼動漢都長安。漢文帝於是下詔，宣告匈奴背約入侵的事實，決定出兵迎擊。漢文帝派丞相灌嬰，率八萬五千名騎兵馳赴高奴（今陝北延安市東），右賢王聞訊，渡無定河北歸。這時，適逢濟北王興居欲立其兄齊王襄為帝，起兵西向，漢文帝乃命灌嬰回師平叛。事後，冒頓單于致書漢文帝，極盡威脅恐嚇之能事。漢文帝被迫向冒頓單于賠罪，並在冒頓單于死後，又將一位宗室公主，嫁給匈奴老上單于為妻。

漢文帝十一年（西元前一六九年），匈奴再次入侵，隴西為之震動。漢文帝採納太子家令晁錯的建議，只是徙民充實邊防，未敢立即反擊匈奴。直至漢文帝十四年（西元前一六六年）冬，匈奴老上單于率十四萬騎兵南侵，攻佔朝郡（今甘肅省平涼縣西北）、蕭關（今甘肅省固原縣東南），殺北地（今甘肅省會寧縣西北）都尉，火燒回中宮（固原縣境），前鋒已進抵雍（今陝西省鳳翔縣南）及甘泉（今陝西省淳化縣東北），有覬覦長安之勢，漢文帝才發大軍抗擊。此次抗擊戰的部署是：以中尉周舍、郎中令張武率騎兵十萬，衛戍長安；以昌侯盧卿守上郡，寧侯魏遬守北地，隆慮侯周竈守隴西，各領兵數萬；以東陽侯張相如為大將軍，成侯董赤、內史欒布為將軍，率車騎軍十餘萬迎擊匈奴。老上單于見侵掠漢朝邊郡的目的已經達到，無意與漢軍較量，撤軍出塞。漢軍此次行動毫無所獲，又不敢貿然對敵窮追，亦告還師。但此後數年，匈奴入侵益甚，使漢朝東自遼東、西至隴西的漫長邊境，幾無寧日。漢文帝被逼無奈，再次與匈奴和親。

漢文帝後元四年（西元前一六〇年），匈奴老上單于死去，軍臣單于即位。軍臣單于與漢朝斷絕和親之約，於漢文帝後元六年（西元前一五八年）大舉入侵雲中及上郡，長安又復告危。漢文帝對匈奴此次入侵，完全採取防禦態勢，派周亞夫駐軍長安西北的細柳原，徐厲駐軍長安以北的棘門，劉禮駐軍灞上，三軍沿渭水防衛長安，派令免駐軍飛狐（今河北省淶源縣北），蘇意駐軍勾注（今山西省代縣、神池縣之間），張武駐軍北地。然而，當漢軍調兵遣將剛剛部署完畢，匈奴又已撤兵。

漢景帝即位後，仍感軍力不敵匈奴，為減輕外患的壓力，繼續奉行與匈奴和親的政策。此後，由於漢朝內亂已被平定，中央集權得到鞏固，邊防大為充實，匈奴不敢再大舉入侵，僅有數次小規模的襲擾。

縱觀漢初對匈奴的戰爭，之所以常取守勢，一方面因為漢朝將主要力量用於安內，相繼削平異姓諸王及同姓諸王的叛亂，無暇注重邊防，一方面也是因為漢朝缺乏騎兵，國無良將，故而一味疲於應付。自漢景帝開始，漢朝才注意到這個問題，在實現國家統一之後，努力增強戰力，為斬除匈奴外患作準備。

漢武帝征匈奴之戰

漢武帝征匈奴之戰，起於漢武帝元光二年（西元前一三三年），迄於漢武帝征和三年（西元前九十年），前後共達四十四年。

從漢高祖七年（西元前二〇〇年）劉邦平城被圍算起，漢朝在與匈奴的交往中長期蒙受屈辱，雖然先後進行了八次和親，但每次都只能維持幾年的和平。漢武帝劉徹即位後，在西漢前期積累的物質財富和漢景帝平定七國之亂後形成的統一力量的基礎上，改變和親政策，對匈奴發動大規模的反擊。

漢武帝為了反擊匈奴，做了許多準備工作。首先是徹底改變漢軍騎射不如匈奴的情況，下令繁殖馬匹，擴建騎兵。經過六七年的不懈努力，漢軍軍馬已擁有四十五萬匹，也建立一支精於騎射的機動部隊。與此同時，漢武帝格外重視漢朝北部邊境的軍事部署。以李廣為驍騎將軍屯守雲中（今內蒙古自治區托克托縣），以程不識為車騎將軍屯守雁門（今山西省代縣西北），以韓安國為材官（步兵）將軍屯守漁陽（今北京市密雲縣西南），進而加強漢軍進攻出發基地的建設，以牽制匈奴左翼力量。漢武帝建元三年（西元前一三八年），匈奴擊破月氏，殺死月氏王，月氏人被迫逃往西域。漢武帝為了爭取月氏夾擊匈奴，特派張騫出使西域，聯絡月氏。這次出使，雖然沒有達到預期目的，卻瞭解了西域許多情況，。

漢武帝建元六年（西元前一三五年），匈奴軍臣單于又要求與漢朝和親，漢武帝命群臣商議對策。王恢認為，每次和親只能維持數年和平，匈奴從沒有因此放棄武力入侵，不如舉兵主動進擊匈奴。韓安國則認為匈奴行動飄忽，難以制伏，與之交戰凶多吉少，主張繼續和親。朝中大臣多贊同韓安國的意見，漢武帝於是又與匈奴和親。

漢元光二年（西元前一三三年），馬邑人聶翁壹透過王恢，向漢武帝獻策，指出匈奴剛剛與漢朝和親，可以誘之以利，然後設伏襲擊。漢武帝召集群臣商議此事，韓安國仍主張不要輕易與匈奴交戰，王恢則堅決主戰，並提出誘敵南下予以伏擊的作戰方案。此時，漢武帝鑑於反擊匈奴的條件業已成熟，決定採納王恢的意見，特派聶翁壹前去引誘匈奴軍臣單于，準備設伏擊之。

聶翁壹來到匈奴王庭，對軍臣單于說：「我能殺死馬邑守將，然後獻城投降，那裡的財物，將歸於您。」軍臣單于大喜，立即親率十萬騎兵，前往武州塞（今山西省左雲縣）。這時，漢武帝已命護軍將軍韓安國、驍騎將軍李廣、輕車將軍公孫賀，率主力埋伏在馬邑一帶的山谷裡，命材官將軍李息和將屯將軍王恢，率軍出代郡（今河北省蔚縣）西部，準備從側後襲擊匈奴軍的輜重。軍臣單于行至距馬邑百餘里處，見牲畜佈野，無人放牧，感到可疑，抓到一名正在巡防的漢軍士卒一問，才發覺是誘兵之計，慌忙引兵北退。漢軍此次伏擊，雖然未獲成功，卻從此揭開了漢匈長期戰爭的序幕。

自漢武帝元朔元年（西元前一二八年）至元狩四年（西元前一一九年），漢匈雙方在陰山和祁連山，進行了為時十年的爭奪戰。陰山山脈橫亙於今內蒙古自治區中部，歷來為匈奴生息繁衍之地。史書上說：「匈奴失陰山後，過之者未嘗不哭也。」可見陰山對於匈奴的生存，具有何等重要的意義。匈奴佔據此山，漢朝北邊郡縣永無安寧之日；漢朝得之，則可為北方的重要屏障。祁連山脈綿延於今甘肅省張掖地區的西部和南部，為匈奴右部繁衍生息之地，與焉支山（今甘肅省山丹縣東）、狼山、賀蘭山同為匈奴的右臂。匈奴人曾這樣唱道：「亡我祁連山，使我六畜不番息；失我焉支山，使我婦女無顏色。」匈奴佔據此山，可以南連西羌，為漢朝西北之患；漢朝得之，則西北邊防安固，並控制住河西走廊。正是由於陰山和祁連山關係到漢匈各自的存亡安危，雙方在這裡展開了空前規模的激戰。

漢武帝元朔元年（西元前一二八年），匈奴派出二萬騎兵襲擊遼西（今河北省盧龍縣東），殺死遼西太守，並擄去二千餘人。繼而，匈奴騎兵擊敗漁陽太守所率的漢軍，並包圍韓安國部，韓安國部幾乎全部被殲。匈奴騎兵又乘勢侵入雁門，殺死漢軍千餘人。漢武帝聞訊，命將軍衛青率三萬騎兵馳救雁門，命將軍李息出代郡馳救漁陽。衛青在雁門挫敗匈奴，迫使匈奴收軍北歸。

漢武帝元朔二年（西元前一二七年）正月，匈奴對上谷、漁陽兩郡發動攻擊。漢武帝為鞏固長安和準備與匈奴大戰，暫時置上谷、漁陽方面於不顧，決定以主力打擊匈奴右部，採取大迂迴作戰的戰略，向河套以南地區發起進攻。衛青、李息率精騎西出雲中，迅速包圍匈奴樓煩王部和白羊王部，於今晉西北及內蒙古自治區伊克昭盟地區，殲敵五千餘人，繳獲牛羊百餘萬頭，迫使樓煩王和白羊王北遁。衛青一直追到高闕（今內蒙古自治區西北），盡得蒙恬當年所獲之地，然後自隴西（今甘肅省臨洮縣東北）凱旋。戰後，漢武帝鑑於「河南地肥饒，外阻河，蒙恬城之以逐匈奴，內省轉輸戍漕，廣中國，滅胡之本也」，在河套以南地區置朔方郡，命校尉蘇建率十餘萬人前去屯戍，並重修了秦代的舊長城。至於上谷、漁陽方面，漢軍因寡不敵眾，韓安國被迫放棄上述兩地，東守右北平（今河北省平泉縣）。

同年冬天，匈奴軍臣單于死去，其弟伊穉斜自立為單于。漢武帝元朔三年（西元前一二六年）夏天，伊穉斜單于派數萬騎兵侵入代郡，攻掠雁門。次年夏天，伊穉斜單于更大舉進犯，派九萬騎兵，分三路進攻代郡、定襄郡（今內蒙古自治區和林格爾縣以南）及上郡（今陝西省綏德縣東南），同時派右賢王部奪回河套以南地區，向朔方郡進攻。漢武帝元朔五年（西元前一二四年）春天，漢軍終於大舉反擊，李息、張次公部出右北平攻擊匈奴左翼，衛青率主力進襲右賢王部。此役，李息、張次公部為牽製作戰，衛青則乘右賢王不備，祕密自朔方渡河，至五原郡，爾後出高闕險塞，直趨右賢王的王庭。右賢王沒想到漢軍會突然出現在這裡，於酒醉中倉惶突圍北遁。衛青派輕騎連夜追擊，俘其裨王（小王）以下一萬五千餘人，牲畜數十萬頭。這一勝利，大大削弱了匈奴右賢王的力量，阻隔了匈奴中西部的聯繫，為以後河西之戰的勝利奠定了基礎。

同年秋天，匈奴為報復漢軍上次的攻勢，再次進攻代郡。漢武帝元朔六年（西元前一二三年）春天，衛青奉命率十餘萬騎兵，出定襄東進，尋找伊穉斜單于的主力決戰。漢軍初出定襄，即和匈奴軍隊相遇，一舉將其擊破。然後，衛青休整漢軍月餘，再出定襄進擊，在陰山主脈地區，又與匈奴軍隊接戰，殲敵一萬九千餘人。這時，匈奴左賢王所率之軍，由東北方向攻來，漢軍蘇建部和趙信部與之鏖戰一日，死傷過半。趙信原是匈奴降將，乘機奔降匈奴。此役，漢軍雖蒙受一定損失，但給匈奴的創傷也很大。而且，驃騎校尉霍去病初次參加作戰，便立下赫赫戰功，漢武帝從此又識拔一員大將。

漢武帝元狩二年（西元前一二一年）三月，漢武帝命霍去病率數萬騎兵沿渭水河谷西進，過焉支山千餘里，掃蕩天水隴西。霍去病此行的任務，是要打通河西走廊，斬斷匈奴和西羌之間的聯繫，給匈奴右部以沉重打擊。霍去病以機動閃擊的態勢長驅直入，在匈奴右部重要關塞皋蘭（今甘肅省皋蘭縣）與匈奴大戰，殲敵甚多。然後，霍去病率部繼續追擊，轉戰六日，殺死匈奴折蘭王及盧侯王，擒獲渾邪王之子及休屠王祭天金人，並幾乎擒獲伊穉斜單于的太子，消滅匈奴軍隊近萬人。漢軍至敦煌後，決定凱旋。

同年夏天，霍去病與公孫敖再次出兵隴西，向祁連山脈挺進。漢軍此次作戰的目的，一為掃蕩河西地區的匈奴，一為殲滅祁連山內的匈奴部落和驅逐西羌。漢武帝為了牽制伊穉斜單于，使其不能援救右部，同時命張騫、李廣出右北平，分兩路進擊匈奴左賢王。此時，伊穉斜單于正在代郡和雁門郡方向用兵，也確實無暇西顧或東顧。

霍去病出北地後橫渡黃河，過今甘肅省青玉湖，至居延海，然後轉兵沿額濟納河南下，至小月氏（今甘肅省酒泉市）和張掖，遂進擊並殲滅祁連山地區的匈奴部落，西逐諸羌。此役，霍去病共擒獲匈奴單桓、酋塗、稽且，遫濮、呼子耆等五王，王子五十九人，相國、將軍、當戶、督尉六十三人，斬首三萬餘級。公孫敖則因迷失道路，未能與霍去病會師祁連山。右北平方面，李廣率四千騎兵先擊匈奴左賢王，不料反為左賢王數萬騎兵包圍，雙方激戰二日，漢軍死傷殆盡，幸遇張騫率萬餘騎兵救援，李廣才得以逃脫。

戰後，伊穉斜單于因渾邪王、休屠王在西線慘敗，欲將他們召而誅之。渾邪王便與休屠王合謀降漢，遣使至河上（朔方），與漢將李息聯繫。漢武帝聞訊，恐其詐降而襲邊地，派霍去病率軍往迎。這時，休屠王後悔降漢，被渾邪王殺死，收其部眾。霍去病軍渡河後，渾邪王的一些部下，也恐被漢軍掩襲，企圖逃遁。霍去病與渾邪王相見，斬殺拒絕降漢者八千人，然後讓匈奴四萬餘人隨漢軍東歸。匈奴降眾至長安。，漢武帝封渾邪王為漯陰侯，其餘裨王三人、大當戶一人，亦封侯。此時，因河西已定，漢武帝將隴西、北地、上郡三郡戍卒的一半調往西南，將匈奴降漢者分置於河西走廊。從此，漢通西域之道已經打通，並在此增設武威、酒泉二郡。

漢武帝元狩三年（西元前一二〇年）秋天，伊穉斜單于為報仇雪恨，率大軍侵入右北平及定襄郡，殺掠千餘人。次年春天，漢武帝見河西已定，欲予伊穉斜單于本部（活動於上谷、雲中地區）以徹底打擊，驅其遠遁。漢武帝還針對伊穉斜單于以為漢軍不能深入漠北而久留的錯誤估計，決定派大將軍衛青和驃騎將軍霍去病，分率兩個騎兵縱隊，向漠北進擊。伊穉斜單于聽說漢軍大舉北征，召集諸將商議對策。趙信認為，漢軍遠渡漠北，人馬必然困乏，可因其疲而擊之。伊穉斜單于採納其計，一面調右部精兵集中於漠北（今蒙古人民共和國庫倫東南地區）待機，一面將輜重遠置北方，準備與漢軍決戰。

衛青自定襄出發後，從匈奴俘虜口中，得知伊穉斜單于所居之地，便自率精兵往前追擊，而命其前軍李廣部和右軍趙食其部，在東側予以掩護。衛青行至今蒙古人民共和國車臣漢西南地區，終於和匈奴大軍遭遇。衛青以兵車環繞為營，防止匈奴突襲，旋即派五千騎兵進擊，以試探匈奴實力。漢匈雙方正在激戰之中，突然狂風驟起，沙礫擊面，兩軍不能相見。衛青遂將主力分為左右兩翼，以包圍態勢進擊。伊穉斜單于見漢軍人數眾多，戰力充沛，又值黃昏時際，深恐兵敗被擒，率部向西北退卻。伊穉斜單于已走，漢軍卻不知道，仍在能見度極差的戰場上，與匈奴軍混戰，雙方死傷慘重。當衛青發現伊稚斜單于已突圍出走時，急派輕騎乘夜追擊，自率主力隨後。衛青追至天明，未見伊稚斜單于，遂佔領竇顏山趙信城（今蒙古人民共和國庫倫東），得到匈奴在此積儲的大批糧秣，將其全部焚燒後還師。霍去病所率的五萬精騎，出代郡後急進，在檮餘山（今內蒙古自治區達里湖之北）與匈奴左賢王部展開激戰。左賢王軍大敗，所屬北車耆王被斬，屯頭王、韓王等被擒，八十三個相國、將軍、當戶、都尉亦被擒，兵員損失達七萬餘人，左賢王僅率一點殘部逃走。漢軍仍窮追不捨，直至狼居胥山（今內蒙古自治區阿哈納爾左旗），然後凱旋。

漢匈經過此次決戰，匈奴左部大半被殲，伊稚斜單于向漠北遠遁，漠南再無匈奴王庭，漢軍方面亦損失嚴重。故自漢武帝元狩五年（西元前一一八年）至元鼎六年（西元前一一一年），漢匈雙方進入休戰狀態。但是，漢武帝並未放棄徹底消滅匈奴的企圖，利用這段時間經營邊地，擴張國力，準備再次大舉北征。

漢武帝元鼎五年（西元前一一二年），西域三十六國均與漢朝通使，漢朝又南平南越，對匈奴再次作戰的準備也已就緒。漢武帝於是自率騎兵數萬，出巡西北邊防，經雍（今陝西省鳳翔縣南）過隴西，登崆峒，出蕭關，由新秦中（今內蒙古自治區伊克昭盟）而還。漢武帝此次巡邊，見新秦中防備鬆懈，曾殺死北地太守，以儆諸將。不久，匈奴南連西羌，夾擊漢朝西北邊郡，企圖截斷河西走廊漢通西域之道。李息討平西羌，增置張掖、敦煌二郡，並徙民充實此地，以確保通往西域的交通。

漢武帝元封元年（西元前一一〇年）十月，漢武帝親率十八萬大軍再次巡邊，自雲陽經上郡、西河、五原，出長城，北至朔方。漢武帝欲以兵威逼烏維單于（伊稚斜單于之子）降服，派使者去告訴烏維單于：「你如果願意交戰，漢朝天子將親自在邊境等候；如果不願意，就應向漢朝稱臣，何必又逃回漠北寒苦無水草之地？」烏維單于懾於漢朝兵威，一面休養兵馬備戰，一面以卑辭向漢朝請求和親。漢武帝亦一面加強酒泉的防禦，斬斷匈奴與西羌的聯繫，一面派趙破奴襲擊鄯善，俘虜樓蘭王，確保通西域之道，同時遣使西通月氏、大夏，答應將公主嫁給烏孫王為妻，以分化匈奴西方的援國。在上述措施一一落實之後，漢武帝更不把匈奴放在眼裡，向烏維單于提出，必須以太子入質於漢，為和親條件。烏維單于拒絕了這一要求，表示：「以前漢匈締結和約，漢朝常派遣公主下嫁匈奴，並送給繒絮食品等物，匈奴則不再犯邊。如今一改慣例，竟要求我們的太子入漢為人質，這怎麼行？」雙方未達成和約。從此，匈奴經常派小股部隊襲擾漢朝朔方以東邊境，企圖讓漢朝仍按故約行事，漢朝則及時予以還擊。這種狀況，一直延續到漢武帝元封五年（西元前一〇六年）。

漢武帝元封六年（西元前一〇五年），烏維單于死去，其子詹師盧即位。此時，匈奴國勢益發不振，故更向西北方向遷徙，左部撤至雲中以北，右部撤至酒泉、敦煌以北。漢武帝乘匈奴內部動盪不安之際，遣使離間詹師盧單于和右賢王的關係，為詹師盧單于獲知而失敗。這年冬天，匈奴遭到雨雪災害的襲擊，牲畜多飢寒而死，詹師盧單于又年少氣盛，動輒便殺人，國勢愈發混亂。匈奴左大都尉欲殺死詹師盧單于，祕密派人與漢武帝聯繫，請求漢朝出兵接應。漢武帝乃於次年（太初元年，西元前一〇四年）夏天，命公孫敖築受降城（今內蒙古自治區烏拉特中旗北）以應之。漢武帝太初二年（西元前一〇三年）夏天，又因受降城距匈奴猶遠，命趙破奴率二萬騎兵出朔方，向西北挺進，深入浚稽山（今內蒙古自治區阿爾泰山北阿利山），並與匈奴左大都尉約定，事成之後至浚稽山，與趙破奴一同歸漢。匈奴左大都尉欲發動事變的陰謀敗露，反被詹師盧單于派左賢王進擊趙破奴，迫使漢軍南撤。漢軍退至受降城以北四百里處時，被匈奴八萬騎兵追上，全軍覆沒。匈奴軍本想乘勢攻拔受降城，未能如願，在五原邊郡搶掠一通之後，北歸。

漢武帝鑑於趙破奴全軍覆沒，匈奴乘機侵邊，於太初三年（西元前一〇二年）四月，派徐自為赴五原重整邊防，加強該地的守備，在酒泉、張掖方向也增添了兵力。這時，匈奴詹師盧單于死去，右賢王呴犁湖立為單于。呴犁湖單于剛剛即位，便派出兩路大軍南侵，東路為定襄、雲中、五原、朔方方向，西路為酒泉、張掖方向。漢武帝發救兵馳援，才將匈奴擊走。後來，呴犁湖單于聽說漢將李廣利攻破大宛國後還師，又欲出軍予以掩擊，因顧慮兵力不足而作罷。不久，呴犁湖單于病死，其弟左大都尉且鞮侯為單于。且鞮侯單于因匈奴之勢益發孤立，自稱「兒子」，稱漢武帝為「丈人」，向漢朝請和。漢武帝乃於天漢元年（西元前一〇〇年）遣蘇武為使，張勝為副使，出使匈奴。漢使一行人到匈奴後，張勝與匈奴內部企圖降漢者，密謀劫持且鞮侯單于的閼氏（皇后）歸漢，計劃洩露，漢使一行人皆被且鞮侯單于扣押。於是，漢武帝再次大舉進擊匈奴。

漢武帝天漢二年（西元前九十九年）五月，漢武帝以三路軍進擊匈奴。其編組為：李廣率三萬騎兵出酒泉指向天山，進擊匈奴右賢王；李陵率五千人監護輜重；公孫敖率萬餘騎兵出西河（今內蒙古自治區鄂爾多斯右翼前旗）指向涿邪山，與路博德部會師；路博德率萬餘騎兵出居延指向涿邪山，與公孫敖部會合。大軍即將出發，駐酒泉、張掖間的李陵，向漢武帝請求自率所部進擊且鞮侯單于，聲稱：「我的部下都是來自荊楚地區的勇士和劍客，每個人的力量足以打死老虎，射箭百發百中。我願率領他們自成一隊，到蘭于山（今內蒙古自治區阿爾泰山）以南，尋找匈奴單于作戰。」漢武帝說沒有多餘的馬匹可以調撥給他。李陵表示：「願以少擊眾，只率五千步卒，攻打匈奴單于的王庭。」漢武帝嘉許李陵有如此壯志，決定在三軍未出擊前，先派李陵部前去偵察。這樣，李陵孤軍戰匈奴之役開始。

九月，李陵率步卒五千人及少數從騎出發，過居延北，行軍一個月至浚稽山，駐營於此，並繪製所經過山川的地形圖，派人回報漢武帝。這時，且鞮侯單于突率三萬兵將其包圍。李陵臨危不懼，立即率步卒出營列陣。且鞮侯單于見漢軍兵少，揮軍直攻。李陵下令千弩俱發，匈奴兵無不應弦而倒，向兩側山上潰退。漢軍奮力追擊，殺傷匈奴兵數千人，但終因寡眾懸殊，且戰且退。匈奴乘勢反擊，又三次與漢軍接戰，均遭殊死戰鬥而又精於射技的漢軍重創。且鞮侯單于恐中李陵誘伏之計，故雖尾追不捨，始終不敢大踏步前進。然而，李陵的一個部將投降匈奴，且鞮侯單于才得知李陵孤軍無援，立即下令猛烈追擊。最後，當追至今寧夏自治區居延海北方的群山中，且鞮侯單于將李陵軍的歸路截斷，並展開圍攻。這時，李陵軍尚有三千餘人，但在長途退卻戰鬥中戰力已疲，所攜箭鏃亦盡。李陵為擺脫困境，採取化整為零的辦法，命部屬於夜半各自分散脫圍，約定在某地集中。然後，李陵與副將韓延年率十餘人，騎馬脫圍南走。匈奴數千騎兵追至，韓延年戰死，李陵被逼無奈，向匈奴投降。

李陵敗降之際，漢朝三路大軍，均已先後出兵。公孫敖部出西河至涿邪山，未遇戰鬥，無功而還。路博德部，亦僅掃蕩了匈奴少量散騎。這兩路軍之所以未遇戰鬥，是因為且鞮侯單于擊破李陵之後，立即集中兵力向西，以增援右賢王在天山的戰鬥。漢軍李廣利部，在天山曾大破匈奴右賢王，殲敵一萬有餘。但當回師撤至今新疆自治區伊吾縣東南地區時，突遭且鞮侯單于所率匈奴大軍的截擊，漢軍死傷甚多，糧秣亦告斷絕。李廣利命趙充國率數百壯士在前突圍，自率主力隨後，才得以潰圍脫走。此役，漢軍死傷十之六七，是多年來未曾遭受的一次重大損失。

漢武帝在李陵及李廣利軍相繼慘敗之後，休兵一年，準備給匈奴新的打擊。天漢四年（西元前九十七年）正月，漢武帝又編成四路大軍，命李廣利率騎兵六萬、步兵七萬出朔方，路博德率步騎萬人出居延，韓說率步兵三萬出五原，公孫敖率騎兵一萬、步兵三萬出雁門。漢軍分四路大舉進擊的消息，很快為且鞮侯單于探悉。且鞮侯單于亦決心與漢決戰，將老弱婦孺及輜重遠撤至餘吾水（今蒙古人民共和國鄂渾河）北岸，而集其本部及左部兵十萬，紮營餘吾水以南，等待漢軍到來。孰料漢軍到後，見匈奴防守嚴密，初次接觸即撤出戰鬥，雙方皆無得失，亦無所謂勝敗。

漢武帝征和三年（西元前九十年），匈奴且鞮侯單于已死，狐鹿姑單于即位，並立即發兵侵漢。這年三月，漢武帝派李廣利率七萬步騎出西河，馬通率四萬騎兵出酒泉，直搗匈奴王庭。狐鹿姑單于探悉漢軍大舉來攻，仍採用遠徙輜重於大後方的戰略，然後自率精騎及左賢王軍五萬餘人，南渡姑且水（今蒙古人民共和國翁金河西），以待漢軍，而另派漢朝降將李陵，率三萬騎兵迎擊馬通。

馬通軍出酒泉後，向北方浚稽山挺進，與李陵所率的匈奴軍展開激戰，重創匈奴軍，迫使其向蒲奴水（今蒙古人民共和國西庫倫西南鄂爾罕河）遁去。馬通軍隨即轉兵西向，進擊匈奴左賢王。

與此同時，李廣利軍出五原後，向夫羊句山（今蒙古人民共和國古裏精呼都克）突進。狐鹿姑單于在姑且水西岸，聽說夫羊句山方面有漢軍，卻不知是漢軍主力，只派五千騎兵前去邀擊，結果遭到重創。李廣利軍乘勝追擊，途中忽然得到妻子在長安下獄的消息，十分惶恐，決心在戰鬥中建立奇功以贖罪，遂驅軍至郅居水（今蒙古人民共和國哈內音河）。匈奴輜重早已徙往他處，李廣利於是派二萬騎兵渡過郅居水追擊，與掩護輜重撤退的匈奴左賢王部接戰。狐鹿姑單于在姑且水以西，久等漢軍不至，聽說大後方被襲，撤軍回救。這時，李廣利的部下認為李廣利如此大膽深入，是在「危眾求功」，密謀奪其兵權。李廣利得知，殺掉企圖危害他的部將，引兵還師。漢軍行至速邪烏燕然山（今蒙古人民共和國西庫倫西客里圖地區），適逢狐鹿姑單于回軍至此，狐鹿姑單于利用漢軍疲勞困頓，縱其五萬精騎掩擊，漢軍大亂潰散，李廣利被迫投降。

馬通自蒲奴水西進至天山（今新疆自治區鎮西縣北），與左賢王軍接戰，迫使左賢王遁走，馬通追之不及，下令還師。漢武帝唯恐車師（今新疆自治區孚遠奇臺等地，當時為匈奴屬國）遮擊馬通的後路，派大將成娩率樓蘭（今新疆自治區鄯善縣東）、尉犁（今新疆自治區尉犁縣）、危須（今新疆自治區焉耆縣東北）等六國之兵，共同進擊車師，俘虜車師王及其臣民而還。

漢匈之間經過四十四年的戰爭，雙方均已精疲力竭。漢武帝從此不再對匈奴用兵，轉而獎勵生產，重整國防。匈奴雖屢受漢軍打擊，猶以天子（單于自稱「胡者，天之驕子也」）自尊，而不肯屈事於漢。於是，漢匈雙方再次形成休戰對峙狀態，直至漢後元二年（西元前八十七年）漢武帝逝世。

漢武帝征南越、朝鮮之戰

漢武帝征南越之戰，起於漢武帝元鼎五年（西元前一一二年）秋天，迄於次年冬天。漢武帝征朝鮮之戰，起於漢武帝元封二年（西元前一〇九年）秋天，迄於次年夏天。

遠在秦朝末年，南海尉任囂臨死前，就對他的親信趙佗說：「秦朝無道，天下人深受其苦。陳勝、吳廣、項羽、劉邦等先後起兵，爭奪天下，中國一片混亂，將來還不知是個甚麼結果。南海這地方東西數千里，可以立國。郡中官員沒有能夠與之商談此事的，只想和你講。」趙佗代替任囂任南海尉後，一面命橫浦（今廣東省南雄縣北大庾嶺）、陽山（今湖南省宜章縣西北崎田嶺）、湟溪（今廣東省連縣北）三關守將，封鎖與內地的交通，一面盡殺秦朝所置的官吏，而以自己的黨羽代之。及秦朝滅亡後，趙佗又擊併桂林、象郡（今廣西省及廣東省西南部與越南等地），自立為南越武王。漢高祖十一年（西元前一九六年），劉邦派陸賈出使南越，正式冊封趙佗為南越王。呂后時，南越與漢朝的關係惡化，趙佗自立為南越武帝，發兵攻取長沙。至文景二帝時，趙佗才去掉帝號，稱臣入貢。漢武帝元鼎四年（西元前一一三年），漢武帝派安國少季去勸說南越太后樛氏，希望南越與漢朝的隸屬關係，能像內地一樣，同時派路博德兵臨南越邊境。南越太后樛氏，素與安國少季有通姦關係，立即答應了這一要求，並準備去長安拜見漢武帝。南越相國呂嘉，反對這個決定，殺死太后和漢使，發兵扼守各處要害。漢武帝聞訊，遂派大軍前去討伐。

漢武帝元鼎五年（西元前一一二年）秋天，漢軍分四路南進：路博德為主帥，出桂陽，下湟水，楊僕出豫章，下横浦，與路博德會師，歸義侯出零陵，與路博德會師，馳義侯自犍為下牂牁江，沿西江南下。以上四路兵，第四路因平息且蘭（今貴州省平越縣）叛亂，未能參與會戰。楊僕首先率兵攻陷尋陝（今廣東省曲江縣境），沿北江而下，佔領石門（今廣東省番禺縣北），繳獲南越大量船隻和糧秣，然後在此駐兵，等待路博德。不久，路博德即率大軍到來，與楊僕合兵，對番禺城發起攻擊。呂嘉和南越王建德閉城堅守，但終於抵禦不住漢軍的強大攻勢，乘船逃入海中。路博德派水師將他們追捕，然後封建德為海常侯、封呂嘉為臨蔡侯，以此招降南越其他顯貴。

漢武帝元鼎六年（西元前一一一年）冬天，南越國滅亡後，漢分其地，置為儋耳（治所在今廣東省儋縣西）、珠崖（治所在今廣東省瓊山縣東南）、南海（治所在今廣東省番禺縣）、蒼梧（治所在今廣西省蒼梧縣）、九真（今越南河內以南、順化以北）、鬱林（治所在今廣西省貴縣東）、日南（今越南中南部）、合浦（治所在今廣東省海康縣）、交趾（治所在今越南河內）等九郡。

朝鮮最初成為一個國家，據說係周滅殷後，周武王封殷臣箕子所建。至漢惠帝時，漢遼東太守約請朝鮮王滿為外臣，由其負責拱衛漢朝東北邊塞。漢武帝即位後，為了使朝鮮進一步內化，派使者誘諭朝鮮王右渠（朝鮮王滿之孫），將朝鮮納入漢朝版圖，右渠未肯奉詔。於是，漢使在回國途中，殺死護送他的朝鮮裨王，歸報漢武帝。漢武帝不但對漢使未加懲罰，反而提拔他為遼東郡都尉。右渠忍無可忍，發兵攻襲遼東。漢武帝遂以此為藉口，乘機討伐朝鮮。

漢武帝元封二年（西元前一〇九年）秋天，漢軍分水陸兩路進擊朝鮮。楊僕率水師五萬人，自今膠東煙臺橫渡渤海，指向朝鮮國都王險城（今朝鮮平壤）；荀彘率步卒五萬人出遼東，攻擊浿水（地點其說不一，或指今朝鮮平壤以北的清川江，或指今大同江、鴨綠江）南岸的朝鮮軍隊，亦以王險城為目標。

楊僕率水師抵達列口（今南朝鮮鎮南浦縣境）後，不等荀彘之軍到達浿水北岸，即率其前軍七千人襲攻王險城。朝鮮王右渠，開始不知漢軍有多少，閉城固守，及見楊僕兵少，馬上出城反擊。楊僕軍大敗，後續隊伍亦遭擊破，只好退入附近山中，準備等荀彘之軍到達。而荀彘所率之軍，在前進途中，亦為朝鮮軍所敗。漢武帝見兩路軍作戰均告失利，又派衛山率漢軍前去增援。衛山利用大軍壓境之勢，親自赴王險城見朝鮮王右渠，勸其降漢。右渠自知沒有力量與漢軍決戰，願意謝罪請降，並獻上戰馬五千匹（漢征匈奴急需馬匹）及大批軍糧，命太子率萬餘朝鮮兵，護送衛山回漢。及渡浿水，衛山企圖繳掉朝鮮兵的武器，朝鮮太子聞訊，潛師回國。朝鮮降漢之約，因而被破壞。

漢軍憑藉軍事上的優勢，決心一舉滅亡朝鮮。荀彘率部攻克朝鮮浿水防線後，進攻王險城，楊僕部亦至城下，與荀彘部會師。荀彘部包圍王險城西北，楊僕部包圍王險城東南，連攻數月，未能破城。兩名漢將，各懷私心爭功，不相和協，被朝鮮王右渠所利用。右渠暗中派人向楊僕約降，但卻故意拖延時間，及荀彘遣使勸降，則又拒之，以表示只願降於楊僕。荀彘因此懷疑楊僕叛漢，密報漢武帝。漢武帝已知兩將不和，故圍城久而無功，又遣濟南太守公孫遂，前去統率兩軍。不料公孫遂來到前線，輕信荀彘對楊僕的誣告，設計將楊僕拘囚起來。漢武帝聞訊大怒，唯恐前線軍心混亂，立即遣使斬殺公孫遂，暫命荀彘統率兩軍。漢武帝元封三年（西元前一〇八年）夏天，荀彘指揮兩軍急攻王險城。這時，朝鮮內部發生分裂，許多將相紛紛出城降漢，朝鮮王右渠亦為人所殺。荀彘乘機破城，滅亡朝鮮。

戰後，漢武帝將朝鮮置為真番（今遼寧省東北部）、樂浪（治所在王險城）、玄菟（今遼寧省東部及朝鮮東北部）、臨屯（今朝鮮東部）四郡，並誅殺因爭功相嫉而貽誤戰機的荀彘。

漢滅匈奴郅支單于之戰

漢滅匈奴郅支單于之戰，發生在漢元帝建昭三年（西元前三十六年）冬天。

漢匈經過漢武帝時代四十餘年的激烈戰爭，雙方均已感到精疲力竭，只好陷入僵持狀態。這種局面，一直延續到漢昭帝時代和漢宣帝初年。漢宣帝本始三年（西元前七十一年）春天，漢軍曾又分五路大舉進擊匈奴，無功而還，未能達到預期的作戰目的。但匈奴經過此次戰役後，內部開始分裂，先是於漢宣帝五鳳元年（西元前五十七年）分裂為五單于，五單于又相互攻伐數年，至漢宣帝甘露元年（西元前五十三年），形成南北兩匈奴。南北匈奴為了吞併對方，都謀求漢朝的援助，南匈奴呼韓邪單于，甚至不惜降漢，權作漢朝的附庸。因此，漢朝徹底制服匈奴的良機，便來臨了。

漢宣帝甘露四年（西元前五十年），北匈奴郅支單于，唯恐南匈奴呼韓邪單于與漢朝聯合，一起來進攻他，向西掠地，擊破烏孫，在堅昆建都。郅支單于自遷居堅昆後，更與烏孫為敵。附近的康居王，早就企圖吞併烏孫，誘說郅支單于居其東境，以便合兵攻取烏孫。郅支單于也正想進一步遠走，立即率部徙往康居。郅支單于抵康居後，所築的郅支城，東鄰烏孫，南鄰大宛，西鄰月氏，十分便利於對這些鄰國用兵。郅支單于在向各方掠地時，因勝而驕，又時刻不忘以匈奴大國自重，對康居王也漸漸不放在眼裡。

漢元帝建昭三年（西元前三十六年），漢西域都護副校尉陳湯與都尉甘延壽，謀滅北匈奴。陳湯說：「西域諸國畏懼服從強大的種族，乃是他們的天性。西域本屬匈奴，今郅支單于威名遠聞，侵淩烏孫、大宛二國，匈奴如得此二國，北擊伊列，西取安息，南排月氏、山離、烏戈，數年之間諸國皆危。郅支單于雖離我們很遠，防守並不堅固。如果將屯田將士組織起來，再加上烏孫等國的軍隊，直指其城下，郅支單于逃跑無處可逃，守又守不住，千載之功，可一朝而立。」甘延壽同意他的這個建議，欲奏請漢元帝批准。陳湯又說：「朝中的大臣們商議國事，一切非凡的見解，必然無法通過。」力主當機立斷。甘延壽仍猶豫不決。這時，適逢甘延壽久病，陳湯乃私下調集各地兵員，準備遠征。甘延壽得知後，已無可奈何。

陳湯將漢軍和車師等國的胡兵編為六校，共計四萬餘人，於這年冬天兵分兩路，討伐郅支單于。陳湯率三校兵，從南道踰蔥嶺，經大宛，甘延壽率三校兵，從北道過烏孫，至天池西，兩路均以郅支城為目標，採取鉗形攻擊。這時，康居副王正率領數千騎兵，攻掠烏孫國的赤穀城，聽說漢軍已過烏孫，從後面追擊漢軍輜重。甘延壽命胡兵與之交戰，擒獲康居副王，繳獲甚眾，然後進入康居境內。不久，陳湯與甘延壽在距郅支城六十里外的地方會師，並得到當地怨恨郅支單于暴虐統治的人民相助，盡知郅支城內情。於是，陳湯等直逼城下佈陣，很快與出城迎戰的匈奴步騎交鋒。陳湯等以短兵在前，長兵居後，一邊攻城，一邊燒毀城外的木障，從夜間戰至黎明，終於將郅支城攻破，並擊退康居王派來的萬餘援兵。郅支單于重傷而死，其部屬或死或降。至此，唯一反漢的匈奴勢力，亦告不存。

漢自武帝開始，對匈奴經三代人百年奮戰，終於獲得最後全勝，使漢朝北部疆域達於漠北，西北至今新疆全境，為亙古所未有。至於東漢時期，匈奴之間又啟戰端，乃是後話。

第七章 新莽時代

綠林、赤眉起事

綠林、赤眉起事，起於新朝天鳳四年（西元十七年），迄於東漢建武三年（西元二十七年），前後共歷十年。

西漢末年，政治腐敗，經濟凋敝，社會空前不安。外戚王莽打著「奉天命」的旗號，乘機奪取政權，建立新朝。王莽登上皇位後，迷信周代的政治經濟制度，宣佈「托古改制」，企圖用改良的辦法，緩和社會矛盾。然而，他的那些沽名釣譽措施，非但沒有籠絡人心，反使政治益發腐朽，經濟益發凋敝。王莽為了轉移人們的不滿，在邊疆連年發動戰爭，強迫廣大農民出征，前後達數百萬人。當時，全國人口約五千九百萬，因役、刑、飢、疫、戰亂而死的不可勝計，史稱「及莽未誅，而天下戶口減半」。廣大農民忍無可忍，終於起事抗爭。其中有兩支最為突出，這就是縱橫中原的綠林軍和威震山東的赤眉軍。

新朝天鳳四年（西元十七年），地處長江中游的荊州地區，發生嚴重饑荒，飢民推戴新市（今湖北省京山縣東北）人王匡、王鳳為領袖起事抗爭，隨後，河南南陽、潁川的馬武、王常、成丹等人，率眾前來。並選擇綠林山（今湖北省京山縣北大洪山）作為根據地，故歷史上稱其為「綠林軍」。綠林軍起兵後不久，琅琊郡莒縣（今山東省莒縣）人樊崇，乘青徐地區一片饑荒，也揭竿而起，一年之內就發展到一萬餘人。接著，瑯琊東莞（今山東省沂水縣）人逄安、東海（郡治在今山東省郯城縣西北）人徐宣、謝祿、楊音聚眾前來，共推樊崇為領袖，使這支隊伍很快擴大到十餘萬人。樊崇為了在與敵混戰中以資識別，命令全體將士皆用朱紅塗眉，故歷史上稱其為「赤眉軍」。

赤眉軍與綠林軍，分別在山東和中原作戰，達到相互配合的作用。新朝地皇三年以前，王莽集中兵力鎮壓赤眉軍，在三四年中被赤眉軍打得落花流水。而當赤眉軍在戰鬥中不斷壯大，莽軍被迫採取守勢的時候，綠林軍也逐漸發展起來。新朝地皇三年以後，綠林軍從南向北移動，赤眉軍從東向西移動，不約而同地向經濟發達、世家豪族　集的南陽地區進軍，在軍事上造成了對王莽統治中心洛陽和長安的威脅。

武裝農民的快速發展，震撼了王莽的統治。最初，王莽妄圖用招降收買的辦法，不久便又改取全面軍事鎮壓。新朝地皇三年夏天，王莽派太師王匡（與綠林軍首領王匡姓名相同）、更始將軍廉丹率兵十餘萬，東攻赤眉軍。成昌（今山東省東平縣西）一戰，廉丹部全軍覆沒，廉丹及其部將二十餘人被殺，王匡逃回洛陽。赤眉軍乘勝推進至兗州、濮陽（今河南省濮陽縣南）一帶，威脅洛陽，與綠林軍形成呼應之勢。王莽急派哀章馳援王匡，準備再次向赤眉軍發動進攻，並派大將軍陽浚扼守敖倉（今河南省滎陽縣北），司徒王尋領兵十萬屯駐洛陽外圍，以確保這一屏障關中的戰略要地。與此同時，王莽又派納言將軍嚴尤、秩宗將軍陳茂，率軍進攻綠林軍。

綠林軍為了避免同莽軍決戰，乘赤眉軍在東方連續挫敗莽軍的機會，分為下江兵和新市兵兩路，南北外線作戰。王匡、王鳳親率新市兵，北向南陽，在隨縣與陳牧、廖湛率領的平林兵會合，準備伺機進圖關中。

這時，形勢開始出現紛紜複雜的局面。一些因王莽「新政」而受到傷害的世家豪族的下層人物，也打出反莽旗號，漢宗室劉縯和劉秀，就是他們的政治代表。當綠林軍進逼南陽時，劉縯和劉秀在舂陵（今湖北省棗陽縣南）糾集宗族賓客七八千人，組成舂陵兵，聲稱要「復高祖（劉邦）之業」。新朝地皇四年（西元二十三年）初，舂陵兵與下江兵在宜秋（今河南省唐河縣東南）會合，聯合新市、平林兵，向莽軍荊州兵甄阜、梁丘賜部發起進攻，大獲全勝。

不久，由新市、平林、下江、舂陵四支力量組成的綠林軍，隨著形勢的深入發展，迫切需要建立政權。因而，武裝平民與世族階層之間爭奪領導權的鬥爭，也就益發尖銳。宜秋大捷之後，劉縯自稱「柱天大將軍」，暴露他要篡奪領導權的野心。下江兵首領王常等人，竟欣然接受，甚至認為劉縯是「劉氏復興」的「真主」。王匡、王鳳、張卬不願讓領導權落在劉縯、劉秀手中。但是，由於受到劉漢正統思想的影響，他們又不可能跳出劉姓宗室的範圍，去挑選自己的領導人。當時，在起事中的劉姓宗室，除了劉縯、劉秀之外，還有一個劉玄。劉玄本是個落魄的小貴族，投入平林兵後，充當安集椽這樣一個不大的職務。寧肯把領導權交給劉玄，也不願交給劉縯。因為，劉玄為人懦弱，不像劉縯那樣專橫，劉玄是隻身投靠，不像劉縯那樣有自己的武裝。在新朝地皇四年（西元二十三年）二月，擁劉玄為帝，國號仍為漢，建元更始。在更始政權中，王匡為定國上公，王鳳為成國上公，朱鮪為大司馬，劉縯為大司徒，陳牧為大司空，實際領導權，仍然掌握在平民出身的綠林將領手中。

王莽聽到平民軍建立政權的消息後，大為震恐，急命大司空王邑馳赴洛陽，與大司徒王尋共同組織重兵，企圖一舉殲滅綠林軍。五月，王邑、王尋率四十萬大軍（號稱百萬）西出洛陽，南下潁川，與莽軍嚴尤、陳茂兩部會合。王邑自恃兵力強盛，決定直逼王鳳、王常、劉秀所在的昆陽（今河南省葉縣）。嚴尤則認為，昆陽易守難攻，而且綠林軍主力正在宛城方面，應當急速趕往宛城。王邑不聽，揚言「百萬之師，所過當滅，今屠此城，喋血而進，前歌後舞，豈不快耶」，將四十萬大軍擁塞於昆陽小城之下，圍困數十重，列營數百座，大有黑雲壓城城欲摧之勢。

據守昆陽的綠林軍，僅有八九千人，在莽軍的猛烈攻擊下堅守孤城，頑強抵抗。嚴尤見昆陽屢攻不下，再次向王邑建議：「圍城必須網開一面，使敵軍逃出一部到宛城城下，去散佈恐怖情緒，以動搖敵軍軍心。」王邑仍未採納。這時，昆陽城內的王鳳一面堅守，一面派劉秀出城，赴郾城（今河南省郾城縣）、定陵（今河南省舞陽縣東北）調集兵力，準備夾擊莽軍。六月，劉秀從郾城、定陵徵集一萬餘人，增援昆陽，劉秀親率步騎千餘為前鋒，在距莽軍還有四五里遠的地方列陣，準備接戰。王邑見綠林軍人數不多，只調數千人出戰，綠林軍奮勇殺敵，首戰告捷。劉秀為了進一步鼓舞昆陽守軍的士氣，動搖莽軍軍心，編造綠林軍攻克宛城的戰報（此時，綠林軍主力已經攻克宛城，但消息尚未傳到昆陽），將傳單射入城中，並故意丟失一些，讓莽軍拾去。這個消息一經傳開，城內綠林軍的士氣更加高漲，圍城莽軍士氣，則大為沮喪。劉秀乘機精選勇士三千人，迂迴到城西，出敵不意地涉過昆水，向莽軍大本營進攻。王邑仍未把劉秀放在眼裡，自率萬餘人迎戰，並下令各軍不准擅自行動。王邑的萬餘人，在劉秀所率精兵的猛烈進攻下，陣勢大亂，諸將又因王邑有令在先，誰也未去救援，致使王邑敗潰，王尋被殺。昆陽城內的綠林軍，見莽軍主帥已和部隊脫離，乘勢出擊夾攻，衝向敵營。莽軍全線崩潰，死屍遍地，只有王邑、嚴尤等少數人逃回洛陽。昆陽一戰，莽軍主力基本被殲，再也無力發動進攻。

王莽在軍事上遭到崩潰之後，在政治上也迅速走向徹底瓦解。各地世家豪族勢力，紛紛拋棄王莽，起兵反新，出現了「海內豪傑翕然響應，皆殺其牧守，自稱將軍，用漢年號，以待詔命」的局面。面臨滅頂之災的王莽，為了阻止進一步西進，將進攻青、徐赤眉軍的王匡、哀章的軍隊調回洛陽，派朱萌、宋綱扼守武關，又發精兵數萬屯駐華陰（今陝西省華陰縣東）、回谿（今河南省洛寧縣東北）一線。但是，這一切努力，均已無濟於事。

新朝地皇四年（西元二十三年）八月，王匡親率綠林軍主力從宛城出發，北攻洛陽，派申屠建和李松率所部西攻武關，而後攻取長安。當申屠建和李松部將抵武關時，亦分兩路向長安進擊：申屠建部攻武關，經藍田向長安；李松部奇襲函谷關，繞道向長安。申屠建部猛攻武關，莽軍武關守將朱萌投降、宋綱被斬。李松自今西峽口北進，首先襲擊扼守華陰、回谿一線的莽軍，迫使其退保渭口京師倉（今陝西省渭水入黃河之口）。李松攻之未克，趨過京師倉西進，並派一部兵力北渡渭水，進入左馮翊郡地界，直趨頻陽（今陝西省富平縣西北），攻擊長安的側翼，派另一部兵西越新豐（今陝西省臨潼縣新豐鎮），擊破莽軍後，追至長安城郊的長門宮。綠林軍兵臨城下，走投無路的王莽效法秦二世，赦放囚徒，授以兵器，強迫他們為新朝賣命。然而，這些臨時編組起來的囚徒，剛過渭橋（今陝西省西安市北），就紛紛嘩變，一哄而散。九月一日，綠林軍攻入長安城，王莽被殺，新朝宣告滅亡。幾天後，王匡亦攻克洛陽，莽軍統帥王匡和哀章投降，被解至宛城處死。十月，在汝南（今河南省平與縣西北）作戰的綠林軍，斬殺嚴尤、陳牧，將莽軍殘餘一舉聚殲。次年（漢更始二年，西元二十四年）二月，更始政權由洛陽遷往長安。

王莽政權末推翻前，各種反莽勢力之間，儘管存在著矛盾和磨擦，但畢竟為反莽這個大目標所制約，尚未發展到激化的程度。王莽政權被推翻後，這些矛盾和磨擦便立刻突顯出來，呈現一種更加錯綜複雜的局面。

首先是更始政權內部，存在著複雜的鬥爭。更始帝劉玄，出自他的貴族本性，只知腐化享受，不圖進取。更始政權的軍權，雖然掌握在農民將領手中，政治權力，卻被劉玄交給世家豪族出身的趙萌等人。劉玄還在更始政權內大封宗室為王，竭力擴大劉姓的勢力，排擠打擊農民將領。綠林軍由於領導集團變質，出現了擁兵割據、各自為政的狀態。當時，劉玄黨羽趙萌的軍隊駐在長安。其他綠林軍的配置情況是：朱鮪、李軼、田玄、陳僑與河南太守武勃共守洛陽，兵力號稱三十萬；王匡、成丹與劉均分據河東，兵力十餘萬；申屠建、李松、廖湛、胡殷、陳牧等，率所部分屯關中；鮑永、田邑部守並州；謝躬部守鄴城；王常部守南陽；李通部守荊州。各部分鎮一方，互不聯繫，這讓早想脫離更始政權的劉秀，有了擴張勢力的機會。

昆陽大捷之後，劉縯曾自恃其弟劉秀有功，並將這功勞算在自己頭上，公然蔑視農民將領，進而激起農民將領的義憤，慫恿劉玄處死劉縯。劉秀在劉縯被殺以後，隱忍不露心中的不滿，卑事劉玄，終於騙取劉玄的信任，取得了以破虜將軍行大司馬事的地位。更始元年（西元二十三年），劉玄派劉秀出使河北。劉秀一到河北，就利用自己漢宗室的身份，先後招攬了鄧禹、姚期、馮異、寇恂、耿純等人，並收編了銅馬、高湖、重連、大彤、青犢等部農民軍數十萬人，佔據黃河以北廣大地區，為日後稱帝做準備。

其次，是更始政權與赤眉軍的矛盾。當劉玄遷都洛陽時，赤眉軍正活躍在濮陽、穎川一帶，樊崇曾親自帶領二十多個赤眉軍將領趕赴洛陽，想與更始政權合作，卻遭到劉玄的歧視和排斥，幾十萬大軍不僅未得到妥善安置，反而受到綠林軍的襲擊。樊崇等不勝憤懣，只好返回赤眉軍營地，並決定分兵西攻長安，以取代已然蛻變的更始政權。從此，綠林軍和赤眉軍之間，開始火併。

更始二年（西元二十四年）冬天，正當赤眉軍分兩路向長安進軍的時候，劉秀在河北以陰險手段，襲併劉玄派來協助他同破王郎的謝躬軍，公開同更始政權敵對。然後，劉秀乘赤眉軍西攻長安、綠林軍應付不暇之機，派鄧禹率精兵二萬西進，奪取河東安邑，伺機窺取長安，派寇恂盤據地形險要的河內，負責兵馬糧械的補給，派馮異駐守孟津，專門對付洛陽的朱鮪和李軼，自己則親率主力北上，繼續收編尚未歸順他的農民。

更始三年（西元二十五年）正月，鄧禹進攻箕關（今河南省濟源縣西王屋山南），擊敗綠林軍，進圍安邑（今山西省夏縣西北）。這時，綠林軍主力正在弘農（今河南省靈寶縣北）同赤眉軍激戰，無力增援安邑。六月，劉玄派樊參率軍數萬，由大陽（今山西省平陸縣西南）馳援安邑，不料在渡河立足未穩之際，遭到鄧禹的襲擊，以致全軍覆沒。於是，劉玄又派王匡，率成丹、劉均等部十餘萬人進擊鄧禹，終於將鄧禹擊敗。王匡本可一舉聚殲鄧禹，但因迷信次日是「六甲窮日」，休兵不戰，遂給鄧禹喘息之機，得以重整兵力再戰。當王匡對鄧禹又發起進攻時，鄧禹突然出其不意地反擊，大破王匡，迫使王匡棄軍逃走，劉均及河東太守楊寶、中郎將弭強等均被擒斬。鄧禹一舉佔據了河東。

在鄧禹搶佔河東的同時，赤眉軍徐宣部在枯樅山下（今河南省靈寶縣境），也擊破綠林軍。三月，樊崇率赤眉軍主力進至閿鄉（今河南省閿鄉縣東南），與徐宣部會師於函谷關以西。劉玄派丞相李松前去阻擊，並命洛陽的朱鮪襲擊赤眉軍的後隊，結果又遭到重創，損失三萬餘人。至此，赤眉軍南北兩路已全部會合，將三十萬大軍分為三十營，繼續向西進擊。樊崇為了和更始政權爭奪「復漢」的正統地位，在行至華陰時，擁立劉姓宗室一個十五歲的放牛娃劉盆子為帝，以徐宣為丞相、樊崇為御史大夫、逢安為左大司馬、謝祿為右大司馬，其餘赤眉軍將領，皆為列卿或將軍。

劉玄在長安得知赤眉軍立劉盆子為帝，命王匡、陳牧、成丹等扼守新豐，李松進取陬城（今陝西省臨潼縣東北），準備與赤眉軍決戰。劉玄拒不採納這一建議。大將張卬見更始政權大勢已去，召集諸將商議，希望更始政權自長安撤歸南陽，再圖恢復。劉玄拒不採納這一建議。張卬、廖湛、胡殷、申屠建等，準備用武力劫持劉玄離開長安，但尚未動手，已為劉玄所知，申屠建被殺，陳牧、成丹亦被召回殺害。這時，王匡和張卬對劉玄徹底絕望，與赤眉軍裡應外合，於更始三年（西元二十五年）九月推翻了更始政權。

當赤眉軍進至華陰、張卬等謀劫劉玄之際，鄧禹於七月率軍，自汾陰（今山西省榮河縣北）渡過黃河，佔領夏陽（今陝西省郃陽縣東），準備進窺長安。劉玄曾派中郎將左輔都尉公乘歙，率十萬人與左馮翊兵會合，共同抗擊鄧禹於衙地（今陝西省白水縣東北），遭到鄧禹的殲滅性打擊。赤眉軍攻佔長安後，鄧禹的部下勸鄧禹，與赤眉軍爭奪長安，鄧禹未聽。他說：「我們的軍隊號稱百萬，人數雖多，能夠作戰的卻很少，而且前無可依靠的糧草，後無充分的補給。赤眉軍剛佔領長安，財力充實，軍威正盛，但他們遲早會發生變故，不可能長期堅守長安。上郡、北地、安定三郡（今陝西省西北部和甘肅省東部地區）地廣人稀，糧畜饒多，我們不如暫往那裡休整力量，等待赤眉軍發生變故後再說。」於是，鄧禹引兵略定上述三郡，作為休兵養馬、窺伺關中的基地。後來，即使劉秀一再命他進軍長安，他也堅持按兵不動。綠林軍在洛陽方面，尚有由朱鮪、李軼、武勃等率領的號稱三十萬軍隊。劉秀命馮異屯兵孟津，對洛陽採取守勢。馮異利用李軼曾與劉秀在南陽共同起兵的關係，寫信招降李軼。李軼見劉秀在河北聲勢日壯，便與馮異暗中勾結。馮異乘機轉移兵力北向，攻取天井關（今山西省晉城縣南），佔領上黨郡兩城（今山西省長治地區），然後南下攻掠成皋以東十三縣，招降綠林軍十餘萬。更始河南太守武勃，東討叛降的綠林軍，被馮異斬殺於士鄉下（今河南省洛陽市東）。此時，馮異為加深綠林軍內部的混亂，故意將李軼的信件洩露給朱鮪。朱鮪聞知，果然派人刺殺李軼，然後派蘇茂、賈強率兵三萬，自鞏縣（今河南省鞏縣西南）渡過黃河，進攻溫地（今河南省孟縣東），朱鮪自率數萬兵進攻平陰（今河南省孟津縣東北），以牽制馮異。馮異一面派兵救溫，一面迎擊朱鮪，寇恂亦急忙發兵至溫。蘇茂、賈強軍兵敗，朱鮪被迫退守洛陽。

這年六月，劉秀即帝位於鄗（今河北省高邑縣），改元建武，史稱東漢。劉秀乃於七月乘赤眉軍逼近長安同綠林軍激戰之機，對孤城洛陽發起攻擊。其部署如下：耿弇、陳俊屯軍五社津（今河南省鞏縣北），警戒滎陽以東；吳漢統率岑彭、馮異、祭遵等部，圍攻洛陽；劉秀本人由懷縣進駐河陽（今河南省孟縣西）指揮。由於洛陽城堅池深，軍需充足，以及宋鮪決心堅守，直至這年九月仍未攻克。劉秀便利用岑彭曾為朱鮪部屬的關係，派他去說降朱鮪。朱鮪在誘惑之下，喪失鬥志，終於投降。劉秀立即遷都於此。洛陽已下，綠林軍在關東的主力全被消滅，為劉秀日後專力對付赤眉軍，提供有利條件。

赤眉軍攻克長安後，不久即陷入四面受敵的境地，而且糧秣斷盡，不得不放棄長安東歸。劉秀在洛陽聞知，為鞏固洛陽，並打擊赤眉軍，派侯進等屯兵新安，耿弇等屯兵宜陽，指示他們「若赤眉東走，則宜陽兵進趨新安，會新安兵以合擊之，若赤眉南走，則新安兵進趨宜陽，會宜陽兵以合擊之」，同時命馮異率軍，迅速越函谷關西進，代替鄧禹搶救關中。

東漢建武三年（西元二十七年）正月，馮異與赤眉軍在華陰遭遇，雙方對峙六十餘天。這時，鄧禹率所部自河西回師湖縣（今河南省靈寶縣西），欲利用崤函地區阻擊赤眉軍，適遇馮異自華陰東撤，便邀馮異共同作戰。馮異認為赤眉軍力量強大，不宜與之爭鋒，必須以計謀取。鄧禹求功心切，自率所部與赤眉軍展開戰鬥。赤眉軍佯敗，然後突然回師還擊，鄧禹潰不成軍，幸虧馮異率軍相救，才免於大敗。馮異見士卒飢倦不堪，勸鄧禹暫且休兵。鄧禹仍然不聽，再與赤眉軍交戰，又遭大敗，被迫率殘部逃往宜陽。馮異也因之退據谿阪（今河南省洛寧縣境）。馮異痛感不能再與鄧禹合作，在此獨自招集兵馬，堅壁自守。二月，馮異設計與赤眉軍約期會戰。當赤眉軍的前鋒攻擊馮異的前部時，馮異只派少量兵力援救，赤眉軍以為馮異軍勢虛弱，全軍進擊，馮異亦縱兵全面還擊。兩軍戰至中午，馮異預先埋伏在道路兩側與赤眉軍穿同樣衣服的伏兵突然躍起，在赤眉軍中橫衝直撞，使赤眉軍頓時驚潰。馮異率軍追擊，在崤底（今河南省洛寧縣東北）俘獲赤眉軍八萬餘人。赤眉軍餘部十幾萬人，折向東南，在宜陽又被劉秀親率的大軍包圍，糧盡力竭，被迫向劉秀投降。這年夏天，原赤眉軍首領樊崇、逢安等，雖然舉兵又起，但終因勢單力薄，為劉秀所殺。

以綠林、赤眉為主的農民起事，歷時十年，不僅推翻了新莽的統治，而且打擊了世家豪族勢力，留下深刻影響。但是，由於被「反莽復漢」的正統思想所束縛，又相互火併爭奪領導權，致使勝利果實被劉秀篡奪，在一片血泊中，建立了東漢王朝。

第八章

東漢時代

劉秀平定關東群雄之戰

劉秀平定關東群雄之戰，起於東漢建武二年（西元二十六年）春東征劉永之戰，迄於建武六年（西元三十年）正月南平李憲之戰，前後共歷四年。

東漢建武元年（西元二十五年），劉秀建都洛陽後，利用赤眉軍在關隴地區作戰的時機，一面先後派鄧禹、馮異監視西方局勢，力求伺機發展，一面集中全力討平關東各地。當時，劉秀在西漢原有的十三個州中，僅佔有冀、豫、并三州和關中地區（相當今河北、河南、山西、陝西四省大部），其餘地區分別被十一股割據勢力佔據。其中，劉永佔據睢陽（今河南省東部及安徽省北部），董憲佔據郯城（今江蘇省東海縣以東及山東省南部），張步佔據齊地（今山東省長清縣以東至膠東地區），彭寵佔據漁陽（今北京市附近），李憲佔據廬江（今安徽省巢湖附近），秦豐佔據鄾郢（今湖北省襄樊、江陵之間），田戎佔據夷陵（今湖北省宜昌地區），盧芳佔據三水（今甘肅省固原縣至內蒙古自治區五原縣之間），隗囂佔據天水、隴西（今甘肅省中部地區），公孫述佔據巴蜀、漢中（今四川省及陝南地區），竇融佔據河西（今甘肅省蘭州、武威至敦煌地區）。除以上十一股力量較為強盛的割據勢力外，宛鄧地區也迭生變亂，原檀鄉部農民軍尚活躍於黃河和濟水之間，原青犢部農民軍在河東和河內之間到處襲擾。凡此等等，均使劉秀剛建立起來的東漢王朝，危機四伏。

劉秀分析當時群雄割據的形勢後，認為：各割據勢力雖然對中原形成包圍，但他們之間互不統屬，各自為政，很難聯合起來。西方的隗囂、竇融、盧芳、公孫述四股勢力，均與中原遠隔，又有馮異在關中屯兵相阻，故無直接威脅。而關東一帶，則處處不容忽視，宛鄧地區為劉秀和更始帝劉玄的故鄉，劉玄雖已覆亡，其殘餘勢力仍然存在，一旦死灰復燃，將直接威脅洛陽和長安，並嚴重影響漢軍的士氣。劉永在睢陽稱帝，與劉秀所在的洛陽很近，兩人又均以復興漢室為號召，而劉永族系與西漢帝室的血緣關係，遠較劉秀為近，劉永正以此爭取青、徐方面割據勢力援助，對劉秀的威脅甚大。東北方的彭寵擁有精銳的騎兵，在涿郡的張豐又與之呼應，時刻威脅著河北，進而危及洛陽。正是由於東西方形勢不同，劉秀在權衡輕重緩急之後，決定暫取西和東攻之策，對西方四股勢力予以安撫，以便集中力量先對付關東，等關東已平，再揮師西方。劉秀平定關東群雄的戰略方針，是利用洛陽、河內為中心，向關東群雄作扇形攻擊，予以各個擊破。具體部署則是：以岑彭南征宛鄧及南郡，以蓋延東擊劉永及董憲，以耿弇東攻張步，以朱祜、祭遵、劉喜等北討彭寵和張豐。

東漢建武二年（西元二十六年）春天，蓋延率十萬漢軍進擊劉永，連克敖倉、酸棗（今河南省延津縣西南）、封丘（今河南省封丘縣西南）等地。然後，漢軍分兵兩路，西路進擊襄邑（今河南省睢縣），東路進擊麻鄉（今江蘇省碭山縣境），兩路合圍劉永所據的睢陽。圍城數月，終於以夜襲破城，劉永引兵逃走，被漢軍追上，又遭重創，只好逃往譙（今安徽省亳縣）。蓋延為了不使鄰近的董憲和張步坐收漁人之利，並為了孤困劉永，乘勝奪佔了沛（郡治在今安徽省睢溪市西）、楚

（郡治在今江蘇省銅山縣）、臨淮（郡治在今江蘇省泗洪縣南）三郡的大部分地區。

正當蓋延在睢陽城外圍困劉永時，蘇茂（原綠林軍將領，隨朱鮪投降劉秀）殺死淮陽太守潘蹇，佔據廣樂（今河南省虞城縣西），投降劉永。劉永封其為大司馬淮陽王。及睢陽城破，蘇茂曾率三萬餘人援救劉永，被蓋延在沛西擊敗。東漢建武三年（西元二十七年）二月，青犢餘部在軹西（今河南省濟源縣及山西省垣曲縣之間）發難，威脅河內和洛陽。劉秀一面遣使赴齊，拜張步為東萊太守，以孤立劉永，一面調回蓋延部與吳漢部，共同進擊青犢餘部。劉永因此得以重整旗鼓，軍勢復振。劉永為了擴大自己的聲威，封董憲為海西王，封張步為齊王。張步貪圖劉永封給他的王位，立即背叛劉秀，歸附劉永。

東漢建武三年（西元二十七年）四月，蓋延、吳漢等部漢軍，奉命再次東擊劉永。結果，漢軍大敗，劉永乘機奪回睢陽。五月，漢軍大舉反攻，又圍劉永於睢陽，雙方對峙一百餘天，劉永因缺糧突圍，被蓋延追殺，其殘餘勢力逃往垂惠（今安徽省蒙城縣境），不久亦被殲滅。從此，劉秀消滅了關東最大的割據勢力劉永，佔據了今河南省東部及江蘇省北部大片地區，鞏固了在洛陽的統治。

東漢建武二年（西元二十六年）十一月，劉秀在基本上解除劉永集團在東方的威脅後，便命岑彭率漢軍九萬南下，進討在淯陽叛漢的鄧奉和在方城叛漢的董訢。岑彭先進攻董訢，鄧奉率萬餘人北上援救董訢。因鄧董所率皆南陽精兵，而且據有方城之險，岑彭屢攻不克。東漢建武三年（西元二十七年）三月，劉秀見南征受挫，親自率軍南下。劉秀的大軍行至葉（今河南省葉縣），遭到董訢部下的阻擊，被滯留在險要的山道上不能前進，幸遇岑彭前來解圍，才擊破敵軍。劉秀進抵方城外圍後，鄧奉自料不是敵手，撤軍退回淯陽，董訢在漢軍重兵圍攻下投降。四月，漢軍又乘勝攻破淯陽，擒斬鄧奉。

劉秀在平定宛鄧地區的叛亂之後，率主力北歸，只留給岑彭三萬人，命其南擊秦豐。這時，延岑在關中被馮異擊破，率其殘部出武關，進攻南陽，連克數城。駐守南陽的耿弇、朱祜、祭遵等漢將，大破延岑於穰（今河南省鄧縣境），擒斬八千餘人。延岑逃至東陽（鄧縣南穰東鎮），投靠秦豐。岑彭與朱祜又合師進擊黃郵（今河南省新野縣東）的秦豐軍，大破之，並繼續南進。秦豐於是親率大軍，在今湖北省襄樊市北佈置防禦，使漢軍被拒，數月不得前進。劉秀聞訊，派人來責備岑彭。岑彭在前不得進、後遭譴責的情形下，急中生智，夜間集結兵力，聲稱將於明日西擊山都（今襄樊市西北），並故意釋放俘虜，讓他們將這一騙計透露給秦豐。秦豐果然信以為真，調集全軍向西機動，企圖攔截漢軍。岑彭乘機率軍偷渡沔水（漢水），攻破阿頭山（今襄樊市西），沿山谷隘路直插秦豐的巢穴黎丘（今湖北省宜城縣與自忠縣之間），攻破外圍所有據點。秦豐聞訊大驚，急忙回師援救。這時，扼守宜城的秦豐部下趙京已投降漢軍，秦豐只好堅守黎丘，處於漢軍四面包圍之中。

東漢建武四年（西元二十八年）二月，延岑企圖透過攻擊順陽（今河南省淅川縣東）援救秦豐，被劉秀遣鄧禹將其擊潰。接著，田戎也自夷陵增援秦豐，與岑彭相攻一個多月，終於敗歸。岑彭包圍黎丘到這年十一月，秦豐僅殘存一千餘人，仍堅守不降。劉秀便命朱祜代替岑彭圍攻黎丘，而使岑彭南擊田戎。岑彭大破田戎，攻佔夷陵，並追至秭歸，俘獲田戎軍數萬人。東漢建武五年（西元二十九年）夏天，秦豐因黎丘城內糧食已盡，被迫投降。至此，劉秀的勢力發展至荊襄一帶，並控制了江淮要地，為日後西進和東向，造成極為有利的戰略態勢。

割據漁陽的彭寵，曾幫助劉秀進擊王郎，因劉秀未封他為王，於東漢建武二年（西元二十六年）舉兵反叛。劉秀正集中力量南征宛鄧，東討劉永，無暇北顧，致使彭寵日益坐大。東漢建武三年（西元二十七年）春天，彭寵又北聯匈奴，南結張步，自稱燕王。劉秀顧慮西方的隗囂突然出三輔東向，洛陽形勢因此告危，對彭寵暫時仍無可奈何。東漢建武三年（西元二十七年）四月，隗囂已表示歸順，劉秀才親率大軍，北至盧奴，征討彭寵。大司徒伏湛，勸劉秀暫時不要征討彭寵，因為漢軍南征宛鄧方告結束，與劉永正在激戰，董憲、張步又虎視於東方，如大舉進攻彭寵，乃是捨近務遠，棄易求難。劉秀於是採取北守東攻之策，一面用主要力量打擊劉永，一面加強對彭寵的監視。

漢軍北上的兵力，有建義大將軍朱祜部、建威大將軍耿弇部、征虜將軍祭遵部及驍騎將軍劉喜部。祭遵部為前鋒，至涿郡急攻彭寵的盟友張豐，將其擊滅。然後屯兵良鄉，與屯兵陽鄉（今河北省固安縣西北）的劉喜部，構成對北斜形陣勢，以拒彭寵。彭寵則採取先發制人的態勢，派他的弟彭純，率匈奴兵在軍都（今北京市昌平縣）佈防，作為右側背掩護，自己率數萬主力分為兩路，進擊祭遵、劉喜。不料在軍都擔任右側背掩護的匈奴兵，突然被耿弇之弟耿舒襲破，彭寵被迫引兵撤退，與漢軍形成對峙之勢。東漢建武五年（西元二十九年）春天，彭寵被其部下謀殺，漢軍北方形勢頓見好轉。劉秀利用彭寵內部一片混亂，兵不血刃即佔領漁陽。漁陽已定，劉秀立即移其北征之軍，東擊董憲和張步。

董憲原為赤眉軍將領，佔據郯城作為基地，曾受劉永之封為海西王。東漢建武四年（西元二十八年）七月，董憲攻佔蘭陵（今山東省棗莊市東南），重創漢軍蓋延、龐萌部，迫使他們退保彭城。東漢建武五年（西元二十九年）二月，龐萌在彭城與蓋延發生火併，龐萌自稱東平王，進軍桃鄉（今山東省寧陽縣）以北，與董憲聯合。劉秀見東方形勢轉變，不得已又率軍親征，命諸將會兵於任城（今山東省濟寧市），先進擊龐萌，以解桃鄉之圍。

這年五月，董憲集重兵於蘭陵，並派蘇茂、佼強協助龐萌攻打桃鄉。劉秀恐龐萌等先佔領亢父（今山東省濟寧市南五十里），阻塞那裡的交通，則各路漢軍將無法往任城集中，乃自率輕騎提前趕到亢父，等待各路漢軍。龐萌等前來挑戰，劉秀堅守不出，龐萌等只好繼續去攻桃鄉，連攻二十餘天未能攻下。這時，吳漢、王常、蓋延、王梁、馬武、王霸等路漢軍，先後抵達任城，劉秀遂大舉反擊，重創龐萌等。龐萌等率殘部退向蘭陵，企圖與董憲合兵，但董憲已自蘭陵向北推進，在今山東省棗莊市以北抱犢崮佈置陣勢，準備迎擊漢軍，董憲並派出五校兵據守建陽（今山東省滕縣西），沿泗水東岸佈防。七月，劉秀率諸軍放棄正面攻擊，而自湖陵（今山東省魚臺縣東南）向五校兵的左側背攻擊。五校兵堅守泗水東岸，使漢軍不能渡過。劉秀待五校兵因糧絕被迫退去時，下令立即渡過泗水，進圍董憲所在的昌慮（今山東省滕縣東南六十里）。漢軍圍城三日，大破董憲。此役，佼強率部投降，蘇茂投奔張步，董憲和龐萌等人退保郯城。八月，吳漢攻破郯城，董憲和龐萌又退往朐縣（今江蘇省連雲港市西南）。次年（建武六年，西元三十年）二月，漢軍攻破朐縣，董憲、龐萌被殺。

東漢建武五年（西元二十九年）十月，劉秀解決了董憲之後，又命耿弇開始東擊張步。張步得知漢軍來攻，立即命大將軍車費邑駐軍歷下（今山東省歷城縣西南），沿黃河南岸，在今濟陽、濟南、長清一線佈防。耿弇率軍抵達黃河北岸，分兵自朝陽（今山東省章丘縣西北）及祝阿（今山東省長清縣東北）渡河，攻擊車費邑軍的兩翼。耿弇自祝阿渡河，首先突破防線，迫使敵守軍潰至鍾城（今山東省禹城縣東南），鍾城守軍亦聞風而潰。車費邑退守巨里（今歷城縣東），被耿弇追殺。

張步在都城劇城（今山東省壽光縣東南）得知濟南失守的消息，命其弟張藍率精兵二萬守西安（今山東省淄博市西北），另派萬餘人守臨淄，兩城相距僅四十里，向東作縱深據點防守，以對抗耿弇的攻擊。耿弇分析了敵軍防禦情況，決定立即擊破西安、臨淄兩城，先攻易攻的臨淄。耿弇故意揚言先攻西安，誘使張藍日夜加強西安的城防。五天之後，耿弇密命全軍連夜出發，突然進抵臨淄城下，僅用了半天的時間，就攻克臨淄。張藍聽說後，唯恐亦被殲滅，率軍逃往劇城。

張步不甘心讓臨淄落在漢軍手中，率全部兵力約數萬人疾趨臨淄以東。耿弇面臨新到的敵軍主力，暫取守勢，派劉歆、陳牧在城下列陣，自己則統兵於城內。張步軍士氣正銳，一到臨淄城下，立即與劉歆等交戰。耿弇在城內高臺上，望見劉歆等已經接敵，自引精兵向張步軍的側翼發起攻擊，重創張步軍。次日，雙方再次交鋒，張步軍又大敗。這時，耿弇估計張步連遭這兩次打擊之後，必然要撤退，預先在張步軍的兩翼佈置伏兵。黃昏後，張步果然引兵撤去，漢軍伏兵驟起，痛擊張步軍，一直追至鉅昧水（今壽光縣西），沿途斬獲無數。張步退到劇城後，因感到已無力守此孤城，於是將殘部化整為零，分逃各地。漢軍進入劇城，繼續追擊張步，終於在平壽（今山東省濰坊市西南）迫其投降。至此，劉秀的勢力範圍，直達東海。

張步被平定後，關東群雄，便只剩下盧江的李憲。李憲本是新莽時的盧江屬令（相當於漢朝的都尉），新莽滅亡後據郡自守，東漢建武三年（西元二十七年）十一月稱帝。次年八月，劉秀即派揚武將軍馬成，率會稽、丹陽、九江、六安四郡兵進擊李憲。九月，漢軍圍困李憲於舒城（今安徽省廬江縣西南）。李憲被圍一年多，兵疲糧盡，無計可施，終於在東漢建武六年（西元三十年）正月，城破被殺。

劉秀定都洛陽後，經過四年的時間，將關東群雄逐個擊破，與其分別輕重緩急，採取先近後遠、先易後難的作戰方針，機動使用兵力，是分不開的。這些謀略，在劉秀後來平定隴蜀的過程中，又一再加以運用。

劉秀平定隴蜀之戰

劉秀平定隴蜀之戰，起於東漢建武六年（西元三十年）五月征隗囂之戰，迄於建武十二年（西元三十六年）十一月消滅公孫述之戰，前後共歷六年半。

關東群雄已滅，劉秀的敵手，就只剩稱帝於九原的盧芳和稱帝於蜀的公孫述。割據天水、隴西、安定、北地四郡（今甘肅省中部）的隗囂，割據武威、張掖、酒泉、敦煌四郡（今甘肅省北部）的竇融，雖然表示歸順劉秀，實際上卻在猶豫觀望。在這四股割據勢力中，又以隗囂對劉秀的威脅最大。因為，隗囂的轄地不僅靠近關中，而且是劉秀北定竇融和南征公孫述的必經之路。所以，劉秀決定先進攻隗囂，藉口便是要借道隴西，討伐公孫述。

東漢建武六年（西元三十年）三月，公孫述派田戎由江關（今四川省奉節縣東北）東下，襲擾南郡。劉秀於是下詔給隗囂，說要發大軍從天水伐蜀，已派大將軍耿弇、蓋延等，率八九萬兵力從隴道西上。隗囂鑑於關東群雄被劉秀逐個削除的教訓，知道劉秀不過是以此為藉口來進攻自己，立即拘囚前來頒詔的漢使來歙，並派王元率軍至隴阪（今陝西省隴縣西南）阻擊漢軍。五月，劉秀命耿弇向隴阪發動進攻，被王元擊敗。王元跟蹤追擊，幸虧馬武率精騎在後力戰，漢軍才得以東還。這是劉秀自平定關東群雄以來，在軍事上第一次遭受重挫。劉秀深感很難迅速平定隗囂，又恐隗囂乘勝長驅直入關中，遂轉取守勢，命耿弇守漆（今陝西省邠縣）、馮異守栒邑（今陝西省旬邑縣東北）、祭遵守汧（今陝西省隴縣南），吳漢節制各軍，駐守長安。

正當劉秀作上述部署時，隗囂果然命王元和行巡率兵二萬，自隴阪下來，王元攻汧，行巡沿涇水東下進攻栒邑，欲從西北兩個方向夾擊長安。然而，行巡還未到達栒邑，馮異已搶先佔據此地，偃旗息鼓等待行巡。行巡不知漢軍先至，仍向栒邑急進，被馮異掩擊，潰不成軍。祭遵也大破王元於汧。隗囂對關中的威脅頓時解除，馮異乘勝進軍義渠（今甘肅省寧縣西北），擊破盧芳的部將賈覽及匈奴奧鞬日逐王部，使北地、上郡、安定三郡先後叛隗降漢，隗囂被迫退守隴山各要隘。

這時，竇融見隗囂兵敗，一面派使者到洛陽向劉秀表示效忠，一面寫信勸說隗囂也降漢。隗囂未理睬竇融。竇融便率軍進入金城（今甘肅省皋蘭縣西北黃河北岸），襲擊隗囂的盟友先零羌封何部，並殺死隗囂派來的使節。劉秀得到竇融的歸誠與協力，將隗囂的叛將馬援召到長安，給他精騎五千，要他去拉隴隗囂的部屬和羌族豪強。隗囂鑒於形勢孤立，內部動搖，則遣使入蜀，向公孫述稱臣，以便共同反漢。

東漢建武七年（西元三十一年）三月，公孫述拜隗囂為朔寧王，並出兵援助隗囂。隗囂於這年秋天，率步騎三萬進攻安定（今甘肅省鎮原縣東南），另派部分兵力攻汧。當隗囂沿涇水攻至陰槃（今甘肅省會寧縣西南），遭到馮異阻擊，但北地、安定二郡，已被隗囂軍收復。劉秀為奪回北地、安定二郡，以解除對關中的威脅，與竇融相約同時出兵，對隗囂實行東西夾擊。後因隗囂已撤回隴山，才作罷。

東漢建武八年（西元三十二年）正月，劉秀乘隗囂戒備鬆懈，派來歙（被隗囂所囚逃歸）率兩千餘人，祕密從關中平原與隴東高原之間的番須、回中（今陝西省隴縣西北）襲佔隗囂的戰略要地略陽（今甘肅省莊浪縣西南），殺死守將金梁。隗囂沒料到漢軍進軍如此神速。劉秀則高興地說：「略陽是隗囂的心腹之地，佔領了這裡，控制其他地方，就容易了。」吳漢等漢將聽說略陽被克，紛紛向略陽進發，準備合擊隗囂。劉秀認為，隗囂絕不甘心失掉略陽，勢必以全部力量反攻，應等他圍城兵疲，再發動攻擊，命吳漢等撤回。隗囂果然派王元守隴山，行巡守番須口，王孟守雞頭道（今甘肅省平涼縣西）、牛邯守瓦亭（今寧夏自治區固原縣西南），自己親率主力數萬包圍略陽。公孫述也派將軍李育、田弇率軍來援。隗囂在略陽城外劈山築堤，引水灌城。來歙命漢軍奮力堅守，使隗囂屢攻未下。

這年閏四月，劉秀見略陽城下的隗囂軍已經疲憊，親自出征，自漆縣經長武進入高平第一城（今寧夏自治區固原縣）。竇融聞訊，率步騎數萬、輜重車五千餘輛，策應劉秀。漢軍分道向隴山前進，沿途招降瓦亭守將牛邯，直搗天水後背。各地隗囂的軍隊，懾於漢軍強大攻勢，大都不戰而降。隗囂只好從略陽撤圍，逃到西城（今甘肅省天水市西南），蜀軍李育、田弇部退據上邽（今天水市）。劉秀本可立即對這兩座孤城發起圍攻，然後南下擊蜀，不料此時穎川方向發生騷亂，河東地區亦起叛亂，致使洛陽為之震動，乃於八月急忙回師。劉秀臨行前，命岑彭留下繼續攻城，並在得手後，立即向巴蜀進軍。十一月，岑彭水灌西城，眼看就要破城，卻遭到王元、行巡所率援軍的襲擊，隗囂乘勢從西城逃脫。岑彭因糧食已盡，撤軍東歸，耿弇、蓋延亦自上邽外圍撤軍。隗囂得以收拾殘部，重新佔領北地、安定、天水、隴西諸郡。

東漢建武九年（西元三十三年）正月，隗囂病死，他的兒子隗純繼承他的事業。隗純在冀地

（今甘肅省甘谷縣南）養兵備戰，並得到公孫述派來的援兵。這年秋天，來歙向劉秀獻計說：「公孫述一向把隴西、天水當作屏障，所以才得苟延殘喘。如果將這二郡蕩平，公孫述就很難再維持下去了，應當乘此機會精選兵馬，立即向隗純發動進攻。」劉秀同意來歙的意見，命來歙和馮異、蓋延、馬成、耿弇等率軍八九萬，沿渭水進攻隗純。次年（建武十年，西元三十四年）春天，漢軍攻陷天水，全殲公孫述派來援助隗純的蜀軍。不久，耿弇又攻克高平第一城，來歙則進擊落門（今甘肅省隴西縣東南），準備全殲隗純殘部。行巡等人見大勢已去，開城投降，隗氏割據勢力徹底覆滅。

劉秀在平定隗純後，立即部署滅蜀的計劃，擬分兩路向成都實施鉗形攻擊，一路以天水、隴西為策源地南攻，一路以江陵為策源地西攻。東漢建武十一年（西元三十五年）三月，劉秀命吳漢等在江陵發兵六萬人、戰馬五千匹，與岑彭訓練的水師會合，沿長江入蜀，命來歙、蓋延等在江陵方面有所進展之後，從天水進攻河池（今甘肅省徽縣西北），以突破蜀軍巴山防線。

江陵方面，因為岑彭和吳漢在關於水師的使用上意見不和，劉秀命令由岑彭獨自負責指揮。岑彭於是讓偏將魯奇率部分戰船首先逆江而上，沿途焚燒蜀軍在長江設置的障礙，為主力開闢航路。然後，岑彭率主力續進，殲滅蜀軍數千人，斬殺蜀大司馬任滿，擒獲蜀南郡太守程汎，迫使蜀翼江王田戎放棄三峽，退保江州（今四川省重慶市）。漢軍佔領長江重鎮夷陵（今湖北省宜昌市）後，岑彭乘蜀軍倉皇敗退，率精兵三萬餘人長驅進入江關（今四川省奉節縣東），抵達江州。江州城堅糧多，又有田戎在此據守，很難立刻拔下，岑彭便留馮駿圍困監視江州，自率主力及蜀軍降卒五萬人，直指墊江（今四川省合川縣），攻破平曲（今四川省武勝縣西），準備向成都攻擊。此時，吳漢在夷陵也率軍乘船繼進，以接應岑彭。

六月，北方的來歙率蓋延、馬成等，在岑彭長驅入蜀之際，向河池展開攻擊，大破蜀將王元、環安的守軍，佔領河池、下辨（今甘肅省成縣西北），準備入蜀。環安為阻擋漢軍的攻勢，派刺客殺死來歙。劉秀命馬成統率北路漢軍，繼續作入蜀的努力，但不久因羌族反叛劉秀，馬成軍又被調回隴西，攻蜀任務便由岑彭一路承擔。

此時，岑彭軍進展迅速，成都頻頻告危。公孫述急調王元軍南下增援，命延岑、呂鮪、公孫恢等在廣漢（今四川省射洪縣南）、資中（今四川省資陽縣）之間，部署自北而南向東防守的防線，保衛成都，並伺機轉取攻勢。公孫述又命侯丹率二萬餘人守黃石（今四川省江津縣、璧山縣間），以確保其主防線南側翼的安全。

七月，岑彭開始對成都展開攻擊。岑彭命臧宮與楊翕率降卒五萬，從涪水進據平曲，牽制蜀軍延岑部，自率漢軍折回江州，然後溯江而上，襲擊駐黃石的蜀軍侯丹部，大破之。然後，岑彭便向蜀軍主防線背後的成都進擊，晝夜兼程二千餘里，攻佔武陽（今四川省彭山縣東），又使精騎馳襲廣都（今成都市南），直逼成都。岑彭這一出敵不意的奇襲行動，使蜀地軍民無不震駭，連公孫述也深感形勢嚴重。此時，在平曲方面，臧宮、楊翕也大破蜀軍延岑部，乘勝攻破涪城（今四川省綿陽市）、平陽（今四川省綿竹縣），殺死公孫恢，迫使王元投降，繼而直趨成都，與岑彭軍形成鉗擊成都的態勢。

十月，劉秀致書公孫述，勸其投降。公孫述拒絕投降，並使刺客混入漢軍營內刺殺岑彭，企圖以此挽救危局。劉秀命吳漢率三萬人趕到前線，接替岑彭指揮作戰。次年（建武十二年，西元三十六年）正月，吳漢在魚涪津（今四川省樂山市北）擊敗蜀將魏黨、公孫永部，進圍武陽。公孫述派其女婿史興率軍往救，被全部殲滅。吳漢率軍進抵犍為境內，各縣均閉城自守，不敢阻擋漢軍的攻勢。這時，劉秀命吳漢直取廣都，攻佔公孫述的心腹要地。吳漢迅速攻佔廣都，前鋒逼近成都市郊，蜀軍將士惶恐異常，紛紛叛逃。劉秀為了儘量減少作戰的損失，又派人向公孫述勸降，並表示不要因來歙、岑彭被他殺死而有所顧慮，如果現在投降，一定保證他的安全。公孫述仍拒絕投降。

東漢建武十二年（西元三十六年）七月，漢將馮駿攻克江州，擒獲田戎，而吳漢仍在成都城外圍城未克。劉秀於是下詔，告誡吳漢：「公孫述在成都尚有十多萬軍隊，不可輕視。你應該堅守廣都，等待公孫述出兵來攻，不要與他爭鬥。如果公孫述不敢來攻，你可推進營寨逼近他，一定要等到蜀軍疲憊時，才發動進攻。」吳漢急於攻下成都，沒有執行這一戰略方針，仍然圍攻成都不止，而且與副將劉尚分兵在錦江兩岸紮營。劉秀聞訊大怒，下詔斥責吳漢：「我告誡你的那些，為何不聽？你既輕敵深入，又分兵設營，若有緊急情況，勢必不能互相救應，你要立刻率軍返回廣都。」然而詔書未到，公孫述已於九月派謝豐、袁吉率十餘萬人，主動出擊吳漢，又派一萬餘人攻擊劉尚。吳漢和劉尚互相不能救應，迎敵受挫，反被蜀軍包圍。這時，吳漢召集諸將說：「我們歷盡艱難險阻，轉戰千里才深入蜀軍腹地，現在卻分兩處被圍，其後果難以設想。我打算祕密突圍，與劉尚會合，成敗在此一舉。」眾將一致同意吳漢的主張。吳漢便下令閉營三日，在營內遍插旗幟，使煙火不絕，以迷惑蜀軍。第三天夜裡，漢軍突然撤走，與劉尚部在錦江南岸會合。謝豐未發覺漢軍已經撤走，第二天一面分兵監視江北，一面親自率軍進攻江南劉尚部。吳漢以全部兵力迎戰，從拂曉激戰到黃昏，大破蜀軍，殺死謝豐、袁吉。然後，吳漢引兵退據廣都，讓劉尚率一部兵留在原地，繼續監視公孫述行動。從此，吳漢與公孫述轉戰廣都和成都之間，八戰八勝，並又進佔成都外城。

這年秋天，吳漢與臧宮所率的漢軍會師，對成都發起總攻。公孫述見形勢危急，問計於延岑。延岑說：「男兒應當死中求生，不能坐以待斃。金銀財寶容易得到，現在不宜再保留。」公孫述便將國庫中所有的金銀玉帛都拿出來，招募了五千敢死之士，交給延岑去迎擊漢軍。延岑在成都南郊假設旗幟，鳴鼓挑戰，暗中卻調兵繞到漢軍背後，重創漢軍。吳漢經過此次挫敗，又因軍中僅剩下七天的糧食，想暫時撤離成都。蜀郡太守張堪，勸吳漢不要撤軍，料定公孫述必敗，吳漢才回心轉意。十一月，臧宮攻打成都西北面的咸門，公孫述大舉出擊，命延岑向鹹門迎擊臧宮，自率數萬兵攻擊吳漢。延岑同臧宮交戰佔了上風，公孫述則在與漢軍交戰時身負重傷，當夜死去。延岑見大勢已去，率成都守軍，向吳漢投降。

消滅公孫述集團，意味著劉秀已經徹底統一了中國。至於九原的盧芳，由於他所控制的郡縣，先後自動歸附東漢，他本人也於東漢建武十六年（西元四十年）向劉秀投降。

東漢征北匈奴之戰

東漢征北匈奴之戰，共有兩次。第一次，竇固、耿忠於東漢永平十六年（西元七十三年）二月北征，至同年四月結束。第二次，竇憲、耿秉於東漢永元元年（西元八十九年）六月北征，以後又兩度北征，至永元三年（西元九十一年）二月結束。

東漢初年，劉秀致力於削平群雄的統一大業，根本無力對周邊異族作戰。完成統一之後，因國內經過二十餘年的戰亂，民生凋敝，政情不穩，劉秀對北方強敵匈奴，仍採取懷柔和防禦並舉的政策。東漢建武六年（西元三十年），劉秀曾派中郎將韓統出使匈奴，以大量金幣賄賂呼都而屍道皋若鞮輿單于，希望維持漢匈之間的和平局面。呼都而屍道皋若鞮輿單于是西漢時南匈奴呼韓邪單于之後，此人素以匈奴歷史上的雄主冒頓單于自比，野心甚大，藐視漢人，屢次出兵侵犯東漢北部邊境。東漢建武十三年（西元三十七年），匈奴直入河東，當地漢軍無力防禦，幽並二州人民紛紛逃往飛狐關（今河北省淶源縣北）、居庸關（今北京市昌平縣西北）以東，匈奴左部復居塞內。東漢建武二十年（西元四十四年），匈奴入侵之深，竟已直搗上谷（今河北省懷來縣南）、中山（今河北省定縣）、上黨（今山西省長子縣）、扶風（今陝西省興平縣東南）、天水（今甘肅省天水市）

等地，東漢北方日漸危殆。直至東漢建武二十三年（西元四十七年），呼都而屍道臯若鞮興單于死去，匈奴諸王紛紛爭立，內部一再分裂，對東漢的威脅才有所減輕。在劉秀晚年，匈奴又分裂為南北兩部分，南北匈奴互相攻伐，爭相向劉秀請求親附。從而給劉秀以可乘之機，將雲中、五原、朔方、北地、定襄、雁門、上谷、代郡八郡的失地相繼收復。但是，劉秀因內政之憂尚多，仍以安內為重，未予匈奴軍事打擊。

東漢建武中元二年（西元五十七年），劉秀死去，其子漢明帝劉莊即位。東漢永平五年（西元六十二年）十一月，北匈奴騎兵侵入五原、雲中，被南匈奴擊退。東漢永平七年（西元六十四年）春天，北匈奴之勢猶盛，又數次侵入東漢邊境，並策動歸順東漢的南匈奴逃叛。東漢許多將領，一致向漢明帝要求痛擊北匈奴，漢明帝也認為與北匈奴勢所必戰，況且此時東漢國力已經大大增強，決心「遵武帝故事」，準備大舉北擊。

北匈奴的根據地，大致在今蒙古人民共和國阿爾泰山北麓至中國新疆自治區天山北麓地區，天山南麓亦受其控制和影響。漢軍此次作戰的主要目標，則為伊吾盧（今新疆自治區哈密市、伊吾縣等地），以割斷北匈奴的右臂，阻截其與西域諸國的聯繫。東漢永平十六年（西元七十三年）二月，漢軍各部開始戰略行動。騎都尉來苗與護烏桓校尉文穆，率太原、雁門、代郡、上谷、漁陽、右北平、定襄諸郡兵，以及烏桓和鮮卑派來的騎兵，出平城塞（今山西省大同市），向匈河水（今蒙古人民共和國翁金河）進擊，作為祭彤、吳棠部的右側掩護；太僕祭彤與度遼將軍吳棠，率河東、西河、北地諸郡兵，以及羌胡和南匈奴派來的騎兵，從五原出高闕塞（今內蒙古自治區狼山北）向涿邪山（阿爾泰山東脈）進擊，與耿秉、秦彭部協同；駙馬都尉耿秉與騎都尉秦彭，率隴西、天水、武威諸郡兵，以及部分羌胡騎兵，以張掖、酒泉為策源地，出居延塞（今甘肅省鼎新縣北）向三木樓山（涿邪山以西）進擊，與祭彤、吳棠部協同；奉車都尉竇固與副都尉耿忠，率張掖、酒泉、敦煌諸郡兵，以及部分羌胡騎兵，以酒泉、敦煌為策源地，出酒泉塞向天山（今新疆自治區鎮西縣北）進擊，以切斷北匈奴與車師（今新疆自治區吐魯番、昌吉、奇臺等縣）、焉耆（今新疆自治區焉耆縣）諸國的聯繫。

以上四路漢軍，除竇固、耿忠部獲較大戰果外，其餘三路因未遇到北匈奴抵抗，均無絲毫戰果。竇固與耿忠挺進天山，擊破北匈奴呼衍王部，斬首千餘級，追至蒲類海（今新疆自治區鎮西縣西北巴爾坤湖），攻佔伊吾盧地，切斷北匈奴與車師諸國的聯繫，於同年四月凱旋。

此次戰後，東漢對西域諸國的統治權，又恢復到漢武帝、漢宣帝時代的狀況。但當漢章帝劉炟即位後，伊吾盧被北匈奴奪回，竇固等北征的戰果盡失。後來，北匈奴因諸王爭立，發生內亂，南匈奴向漢王朝請求討伐北匈奴。此時，漢章帝已死，新即位的漢和帝未滿十歲，由竇太后主持朝政。竇太后審時度勢，決定再次北征。東漢永元元年（西元八十九年）六月，五萬漢軍精騎分三路挺進，均以涿邪山為目標。其編組和路線是：車騎將軍竇憲與耿秉各率精騎四千，以及南匈奴發來的萬餘騎兵，出朔方；南匈奴屯屠何單于率萬餘騎兵，出滿夷谷（今內蒙古自治區固陽縣）；度遼將軍鄧鴻率羌胡騎兵八千，以及南匈奴左賢王所率騎兵萬餘人，出固陽塞（固陽縣境）。竇憲、耿秉從朔方出兵後，一直挺進到涿邪山，也未遭遇北匈奴的抵抗，於是繼續向北挺進。當他們來到稽落山（涿邪山北），才與北匈奴主力見面，一舉大破敵軍，並迫使北匈奴單于逃走。這時，其他兩路漢軍也陸續趕到，全體漢軍窮追北匈奴單于。北海（今烏布薩泊）一戰，漢軍殲滅北匈奴單于一萬三千餘人，俘獲牛馬羊駝百餘萬頭。北匈奴溫犢須日逐王、溫吾夫渠王等八十一部，懾於漢軍兵威，紛紛向漢軍投降。竇憲和耿秉登上燕然山（今蒙古人民共和國杭愛山），命中護軍班固作銘，刻石勒功，宣揚東漢的威德。竇憲因北匈奴單于逃亡已遠，一面派司馬吳汜、梁諷攜金帛尋找北匈奴單于，企圖招降他，一面班師回國。北匈奴單于率潰軍逃到西海上（北海西北），人心離亂，故吳汜、梁諷等漢使一到，勸說其仿效當年呼韓邪單于歸漢的故事，立即表示接受，並讓其弟右溫禺鞮王，隨漢使去洛陽侍奉漢和帝。竇憲因北匈奴單于沒有親自前來洛陽，認為其尚無誠意屈服，奏請竇太后遣歸右溫禺鞮王，準備再征北匈奴。

東漢永元二年（西元九十年）七月，竇憲率軍又出涼州（今甘肅省秦安縣東北）。北匈奴單于害怕再與漢軍交戰，遣使來見竇憲，請求向東漢稱臣，並表示願去洛陽親自朝拜漢和帝。這時，南匈奴單于上書竇太后，建議乘機擊滅北匈奴，然後使南北匈奴合併歸漢。竇太后答應了這一要求。於是，南匈奴單于派出八千騎兵襲擊北匈奴，漢軍一部為其策應。南匈奴軍與漢軍行至涿邪山，分兩路進襲北匈奴，左路北過西海至河雲北（西海西北），右路西繞天山南渡甘微河（今新疆自治區烏倫古河），與左部會合，進圍北匈奴單于的王庭。北匈奴單于大驚，率部倉皇迎戰，身受重傷逃走。此役，漢軍俘獲北匈奴單于的閼氏及玉璽，共殲敵八千餘人。

東漢永元三年（西元九十一年）正月，竇憲見北匈奴殘餘已經相當微弱，欲乘機將其徹底擊滅，向竇太后請求再次出征。二月，竇憲率少量精騎出居延塞，直馳北匈奴單于所在的金微山（今新疆自治區布托倫海北方）。此役，北匈奴又損失五千餘人，北匈奴單于僅率數人逃脫。經過這最後一次打擊，北匈奴終於滅亡。

戰後，竇太后不願使南北匈奴又連成一體，恢復其故國，便冊立於除鞬為北匈奴單于，對南北匈奴分而治之。從此，匈奴不再為東漢邊患。但是，時隔不久，鮮卑向西遷徙，佔據了北匈奴原來的地域，北匈奴人紛紛歸附鮮卑。鮮卑因此逐漸強盛，成為東漢新的邊患。

東漢征西域之戰

東漢征西域之戰，起於東漢永平十六年（西元七十三年），迄於東漢永元六年（西元九十四年），前後共歷二十二年。

西域諸國，自漢武帝命張騫撫定之後，一直在漢西域校尉或都護的統治之下。新莽篡權時，西域諸國紛紛叛漢，投靠匈奴。劉秀建立東漢王朝後，最初對西域採取放棄政策，西域莎車、鄯善、車師、焉耆等國，曾多次請劉秀在他們的國家重置都護府，劉秀均未應允。一直到東漢永平年間，北匈奴進控西域諸國，並脅迫他們與北匈奴共同入犯河西地區，漢明帝才在派竇固進攻北匈奴的同時，也展開對西域的爭奪。

東漢永平十六年（西元七十三年），作為竇固帳內假司馬的青年將軍班超，因在伊吾盧一役頗立戰功，獲得竇固的賞識。戰後，竇固派他與郭恂率三十六人出使天山南麓，勸導西域諸國附漢。班超等首先抵達鄯善（今新疆自治區鄯善縣）。鄯善國王開始隆重接待班超一行，後來態度有些疏懈。班超判斷，北匈奴使節也來到鄯善，鄯善國王大概尚未決定在東漢和北匈奴之間依附於誰。班超將鄯善國王派來侍奉他的僕役召來，詐道：「北匈奴使者已來這裡好幾天了，現在還沒有走嗎？」鄯善僕役心中恐懼，便將實情告訴了班超。班超一面將鄯善僕役禁閉起來，一面召集隨從，準備襲擊北匈奴使者。這天夜裡，班超率三十六人祕密潛往北匈奴使者所在的營地，乘風縱火，前後鼓噪，於混亂中殺死北匈奴使者及其隨從一百餘人。第二天，班超去見鄯善國王，將北匈奴使者的首級擲給他看。鄯善國王不禁大驚。班超機乘向他闡明東漢對西域的國策，鄯善國王遂將兒子交給班超作為人質，宣佈歸附東漢。竇固聞訊，升班超為軍司馬，並命他再往于闐（今新疆自治區和闐縣）出使。

于闐國王剛攻破莎車（今新疆自治區莎車縣），威震天山南麓，北匈奴又派使者監護其國，根本未把班超放在眼裡。而且，于闐國王相信巫術，巫士對他說天神也討厭漢使，又說漢使有騧馬，應當索來以供祭祀，于闐國王便派人向班超索馬。班超知道是巫士在從中搗亂，答應把馬送給于闐國王，但要巫士親自來取。等巫士來後，班超立即斬其首級，送交于闐國王，並責備于闐國王對東漢懷有二心。于闐國王早知班超在鄯善擊滅北匈奴使者之事，害怕他在于闐也來這一手，遂主動殺死北匈奴使者，投降班超。

班超的下一個目標，為疏勒。東漢永平十七年（西元七十四年）春天，班超一行前往疏勒國。班超先派一個叫田慮的人，去勸降疏勒國王兜題，並對田慮說：「疏勒國王兜題，本非疏勒人，而是龜茲國王所立，疏勒國人民必然不肯替他賣命。如果他拒不投降，就立即把他抓起來。」田慮到疏勒後，兜題看他只帶來幾個人，不願投降。田慮乘兜題不備，上前將其活捉。兜題左右的人，因事出不意，均驚懼逃走。田慮將情況報告班超，班超立即趕往疏勒，召集疏勒官員，聲討龜茲之罪，改立原疏勒國王哥哥的兒子為疏勒王。疏勒國人民，自然大為歡喜，要求殺死兜題。班超沒有答應，而是將兜題釋放。班超之所以這樣做，是因為考慮到東漢唯一的敵人是北匈奴，對西域諸國，只在求其歸附，而不宜多樹敵人，況且兜題乃龜茲人，釋放他可以立威信於龜茲，為下一步收服龜茲預作準備。

東漢永平十八年（西元七十五年）八月，漢明帝死去。十一月，焉耆（今新疆自治區焉耆縣）叛漢，與龜茲一道，進攻東漢都護陳睦，以配合北匈奴圍攻柳中城（鄯善縣境）。不久，車師久等東漢援兵不至，也叛附北匈奴，與北匈奴合攻屯駐在金蒲城（今新疆自治區吉木薩爾縣）的東漢校尉耿恭。於是，東漢在西域的控制局面，速告瓦解。次年（建初元年，西元七十六年）三月，東漢酒泉太守段彭，率七千人前往金蒲城，僅將耿恭及其部下十三人救出。這時，東漢國內發生大旱，新即位的漢章帝，決定放棄西域，下詔讓班超回來。

駐守在疏勒槃橐城（今疏勒縣境）的班超，見東漢都護陳睦已死，焉耆反叛，龜茲、姑墨（今新疆自治區拜城縣）又發兵來攻，深感形勢孤危，只好奉旨東歸。但當他行至于闐時，于闐國王不願讓班超離去，哭泣著挽留。班超見情勢尚有可為，又返回疏勒。不料疏勒自班超走後，有兩城投降龜茲，並與尉頭（今新疆自治區烏什縣）相勾結。班超捕斬謀反的人，殲滅尉頭軍六百餘人，重新安定了疏勒。此後，班超便留在西域不走了。

東漢建初三年（西元七十八年）閏四月，班超聯合康居（今新疆自治區巴爾喀什湖和鹹海之間）、疏勒、于闐、杅彌（今于闐縣境）等國的兵力，攻破姑墨。此時，班超見形勢愈趨好轉，遂上書漢章帝，請求發兵增援，以平定整個西域。漢章帝見書，相信班超平定西域之功可成，派假司馬徐幹率軍往援。然而，當徐幹之軍到達班超那裡時，已是東漢建初五年（西元八十年）夏秋之間。在這以前，莎車國王以為東漢不會發來援兵，見班超勢孤力單，叛漢而降龜茲，疏勒都尉番辰，也叛漢。班超待徐幹之軍到達後，共擊番辰，殲敵一千餘人。然後，班超連結烏孫，大舉進攻龜茲。東漢元和元年（西元八十四年）十二月，漢章帝又發來援兵八百人。班超調集疏勒、于闐二國之兵，與漢軍一起進擊莎車。莎車國王用重利誘使疏勒國王反叛，班超回師討伐疏勒國王，將其殺死。東漢章和元年（西元八十七年），班超又發于闐等國之兵，再擊莎車。龜茲國王糾集溫宿、姑墨、尉頭等國之兵，共五萬餘人，援救莎車。班超認為莎車、龜茲合勢，難以對付，便召集諸將和于闐國王計議，揚言：「如今，我們兵少不足以對敵，不如各自散去。于闐國王向東返回于闐，我西歸疏勒，都等到夜間聽到鼓聲後出發。」班超又故意放鬆對俘虜的管理，使他們逃走。龜茲國王得到歸來俘虜的報告，心中大喜，自率萬餘騎兵，於莎車西界阻截班超，而命溫宿國王率八千騎兵，於莎車東界阻截于闐國王。班超知道龜茲、溫宿二軍已調離戰場，密令諸部兵馬，於拂曉前馳襲莎車軍營，一舉殲敵五千餘人，莎車國王被迫投降。

莎車降後，居住在今新疆自治區伊犁河流域以西的月氏，因請求與漢和親，遭到班超的拒絕，於東漢永元二年（西元九十年）五月大舉進攻班超。班超的部下，見月氏兵多勢大，感到害怕。班超對大家說：「月氏兵雖多，但他們翻越蔥嶺數千里而來，後方供應不上，沒有什麼可怕的。我們只要在疏勒城堅守，月氏兵因糧絕而降，不過在數十日之內。」月氏兵攻到疏勒城下，無法與班超交戰，想搶掠，又無物可搶。班超估計他們糧食已盡，而且必然要到龜茲去請求補給，於是在疏勒通往龜茲之道上設伏。月氏首領，果然派使者攜金銀珠玉，去龜茲求糧，遭到漢軍伏擊。班超將月氏使者的首級，送交月氏首領，月氏首領大驚，立即向班超請罪，並宣佈還師。

班超戰勝月氏，其他尚未歸附東漢的西域國家，亦為之震駭。次年，龜茲、姑墨、溫宿等國，均投降班超。漢和帝因班超功勞卓著，拜班超為西域都護，移駐龜茲它乾城。班超到它乾城後，又於東漢永元六年（西元九十四年）七月，發龜茲、鄯善等八國兵共七萬人，進討焉耆，一舉將其攻滅。從此，西域五十餘國，均聽命於班超。

東漢控制住西域，打開了與西方通商和展開文化交流的道路，在中國歷史上有極為重要的意義。

黃巾之亂

黃巾之亂，起於東漢中平元年（一八四年），迄於東漢建安十二年（二〇七年），前後共歷二十四年。

東漢自和帝以後，社會漸趨開始動亂。由於皇帝連年對外用兵，外戚宦官互相爭權奪利，各級官吏殘民以逞，土地兼併日益激烈，加上天災流行，帶給人民許多苦難。因此，從東漢永初二年（一〇八年）到東漢熹平元年（一七二年），各地農民起事不斷興起，共爆發了三十多次。這種形勢，正如當時的一首民謠所唱：「髮如韭，剪復生；頭如雞，割復鳴。吏不必可畏，民不必可輕。」但從此以後，便是長達十二年的沉寂，沒有再發生。這是甚麼原因？這是因為東漢農民起事所遇到的敵人，比以往所遇到的對手要兇狠得多。東漢農民起事，面臨著中央、地方和私人三種武裝勢力，分散的小規模起事往往在剛爆發時，就被鎮壓下去，很難發展為全國性的。廣大農民要進行反抗，必須改變抗爭方式，重新組織力量。於是，經過十二年的沉寂之後，一場更激烈、更壯闊的農民起事——黃巾之亂醞釀成熟了。

張角，是河北鉅鹿（今河北省平鄉縣西南）人。他自稱「大賢良師」，傳佈「太平道」，利用傳道和行醫，向農民灌輸反抗東漢暴政的思想。經過十餘年的祕密宣傳和組織，張角已擁有徒眾數十萬，遍佈青、徐、幽、冀、荊、揚、兗、豫八州。張角在這個基礎上，把起事參加者分為三十六方，大方萬餘人，小方六七千人，各設「渠帥」節制。張角還根據當時的形勢，用讖語喊出了「蒼天已死，黃天當立，歲在甲子，天下大吉」的口號。「蒼天」是指東漢王朝，「黃天」是指農民政權，「甲子」是指東漢中平元年（一八四年）三月五日。這個口號表明，張角將要率其徒眾推翻東漢王朝，建立新的政權，起事日期則定在東漢中平元年（一八四年）三月五日。

東漢中平元年（一八四年）正月，正當起事就要爆發的前夕，張角的弟子唐周叛變告密，洩露計劃。此舉使張角埋伏在京師洛陽的大方渠帥馬元義被殺，東漢王朝並下令各州郡，搜捕起事領袖人物。張角得知這一突然變故，當機立斷，立即派人通知各方提前起事，以頭纏黃巾為記。張角自稱天公將軍，他的弟弟張寶稱地公將軍、張梁稱人公將軍。

由於這次起事是「八州並發」，所以來勢很猛，起事的火焰迅速燃遍整個中原地區，並很快形成幾支主力。張角兄弟轉戰於河北，張曼成部活躍在南陽，波才部出沒於穎川，彭脫部攻取汝南，卜巳部在東郡頻頻出擊，戴鳳部在江淮地區縱橫馳騁，幽州方面的進展也很順利。黃巾軍所到之處，官吏和豪強無不抱頭鼠竄，人民則紛紛響應。在初步掃蕩地方傳統勢力之後，黃巾軍很快就準備要進軍洛陽了，佈兵黃河兩岸，對其形成半月形包圍圈。東漢王朝惶恐不安，急忙採取鎮壓措施。首先，漢靈帝命各州郡在洛陽外圍的八關（函谷關、太谷關、廣成關、伊闕關、轘轅關、旋門關、孟津關、小平津關）設防，擋住黃巾軍向洛陽的攻勢。接著，他又任命何進為大將軍，率左右羽林軍屯兵都亭（洛陽附近），以保衛京師。而且，漢靈帝為了緩和統治集團內部的矛盾，還宣佈「赦天下黨人」，拿出宮中藏錢收買官兵。在採取上述應急措施之後，漢靈帝主要還是依靠各地世家豪族勢力，來鎮壓農民起事。他起用涿郡大豪族盧植為北中郎將，率領數萬精兵向張角進攻；提拔皇甫嵩為左中郎將、朱儁為右中郎將，率軍四萬圍剿威脅洛陽的黃巾軍波才部；在南陽方面則加強兵力，暫取守勢。各地地主豪強，為了保護自己的既得利益，也都加緊修築堡壘，擴大武裝，同黃巾軍對抗。這時，整個地主階級的力量，已經由內部衝突轉變為暫時聯合，一致鎮壓黃巾軍。而張角等農民領袖，雖然在主觀上力求統一行動，實際上卻被分割在各個戰場，孤立作戰。

四月，波才部黃巾軍大敗朱儁，乘勝圍攻皇甫嵩於長社（今河南省長葛縣東北）。皇甫嵩，自知兵寡不足以對抗黃巾軍，便閉城以待援軍，同時窺伺動向，準備反撲。波才缺乏作戰經驗，既沒有及時集中兵力破城滅敵，又錯誤地把營寨紮在草木叢生之地。皇甫嵩於是在夜間趁風縱火，襲擊波才部黃巾軍，迫使其後撤。這時，騎都尉曹操和朱儁也率兵趕至，與皇甫嵩合兵追擊黃巾軍。黃巾軍雖經頑強戰鬥，無奈力量懸殊，數萬人慘遭屠殺。五月，波才率殘部退至陽翟（今河南省禹縣），又遭到官軍追擊，終於全軍覆滅。波才部黃巾軍的失敗，使東漢王朝擺脫了京師洛陽的危局，並得以騰出手來，對付其他地區的黃巾軍。

在波才部黃巾軍失敗後不久，彭脫部黃巾軍也在西華（今河南省西華縣西南）遭到挫折。接著，漢靈帝調朱儁進攻南陽，調皇甫嵩進攻河北。八月，卜巳部黃巾軍被皇甫嵩擊破於蒼亭，卜巳陣亡，黃巾軍被屠殺七千人。至此，穎川、汝南和東郡三郡的黃巾軍，已先後被東漢王朝的軍隊與地方豪強武裝擊破。

張曼成率領的南陽黃巾軍，以重兵圍困河南重鎮宛城，雖然取得一些勝利，但卻遭到南陽太守秦頡的頑抗，與敵對峙一百餘天，出現膠著狀態。六月，張曼成戰死，張弘被推為統帥，繼續與敵奮戰，終於擊潰秦頡，奪取宛城。這時，南陽黃巾軍發展到十餘萬人，形勢空前大好。漢靈帝聽說這個消息，驚恐異常，急令朱儁趕赴南陽，與秦頡和荊州刺史徐璆合兵進圍宛城，企圖一舉殲滅南陽黃巾軍。從六月到八月，黃巾軍粉碎了敵人多次進攻，守住了宛城，但張弘卻未及時擴大戰果，乘勝追殲敵人，使朱儁等得以重新組織力量，驅兵反撲。不久，張弘也戰死，韓忠繼為統帥。韓忠鬥志動搖，向朱儁求降。朱儁自恃兵力強盛，不但拒絕接受投降，反而以更猛烈的攻勢攻城。黃巾軍被迫退保小城，仍頑強抵抗，使朱儁亦不禁為之膽寒。然而，這個狡猾的傢伙並未就此罷手，而是佯作撤圍，暗中佈下伏兵。黃巾軍缺乏警惕，出城追敵，遭到伏擊，一萬餘將士在肉搏中陣亡，餘部在孫夏的率領下退保宛城。後來，由於傷亡過重，兵力銳減，孫夏撤出宛城，向精山（今河南省南召縣東南）轉移。朱儁跟蹤追擊，孫夏戰死，大部分黃巾軍將士，也在與敵血戰中犧牲。

由張角親自率領的河北黃巾軍，是黃巾軍各部主力中的核心。張角在鉅鹿舉事後，率領河北黃巾軍攻克廣宗（今河北省威縣東南），然後命張寶佔領下曲陽（今河北省晉縣西）等城，很快就控制了河北腹地。東漢北中郎將盧植幾次進攻廣宗，都被黃巾軍擊潰。漢靈帝因此對盧植表示不滿，將其逮捕下獄，改由東中郎將、涼州軍閥董卓指揮。董卓在英勇作戰的黃巾軍面前，也感到束手無策，圍攻廣宗和下曲陽兩三個月，仍未破城。十月，漢靈帝又調皇甫嵩代董卓為帥，進攻廣宗。在這緊要關頭，黃巾軍主要領袖張角病死，張梁挑起了率部抗敵的重任。皇甫嵩進攻廣宗未能得逞，「閉營休士，以觀其變」。張梁被皇甫嵩暫時的休戰所迷惑，放鬆了警惕。皇甫嵩則利用夜間突然發起襲擊，黃巾軍倉促應戰，張梁戰死，三萬餘人陣亡，五萬餘人投河自盡。十一月，皇甫嵩夥同鉅鹿太守馮翊，又攻佔下曲陽，張寶也犧牲。

東漢統治集團，雖然鎮壓了張角兄弟所領導的黃巾軍和張曼成、波才、彭脫、卜巳等部黃巾軍主力，但分散在各地的黃巾軍餘部，以及其他起事，仍然是餘勢未衰。

東漢中平二年（一八五年）二月，博陵（今河北省蠡縣南）人張牛角和常山（今河北省元氏縣西北）人褚飛燕聯合起兵，攻打癭陶（今河北省寧晉縣西南）。張牛角中箭身死，褚飛燕率部繼續戰鬥。不久，中山（今河北省定縣）、趙郡（今河北省邯鄲市西南）、上黨（今山西省長子縣西南）、河內（今河南省武陟縣西南）等地的起事力量，紛紛前來與褚飛燕匯合，並以黑山（今河南省浚縣西北）為根據地，發展為號稱百萬的「黑山軍」。黑山軍縱橫於太行山區，嚴重威脅著京都洛陽。漢靈帝無力將其鎮壓下去，採用招降的辦法，以「平難中郎將」的官職，誘使褚飛燕投降。褚飛燕的投降，給黑山軍帶來重大損失。但是，黑山軍于毒、白繞、眭固等部繼續堅持戰鬥，曾擊敗東郡太守王肱，攻佔冀州首府鄴城，後為袁紹所敗。

東漢中平五年（一八八年）二月，山西南部的黃巾軍餘部，在郭太領導下，赴白波谷（今山西省襄汾縣永固鎮）重整旗鼓，名為白波黃巾軍，活動於太原（郡治在今山西省太原市西南）、河東（郡治在今山西省夏縣西北）等郡，力量發展到十餘萬人，嚴重打擊了董卓。

同年五月，益州綿竹（今四川省德陽縣北）人馬相、趙祗起兵，打出黃巾軍的旗號。他們殺死益州刺史郗儉，進攻巴郡（今四川省重慶市北）、犍為（今四川省彭山縣東）等地，半月之內連克三郡，發展到數萬人，並建立政權。

東漢中平六年（一八九年），原冀州地區的黃巾軍，在張饒領導下，迅速發展到數十萬人。張饒曾率二十萬冀州黃巾軍，向北海（今山東省昌樂縣西）進軍，大敗北海相孔融。東漢初平二年

（一九一年），青州黃巾軍三十萬人進攻渤海（今河北省南皮縣東北），欲同黑山軍會合，不料遭到公孫瓚的阻擊，蒙受很大損失。青州黃巾軍返回山東，並於次年四月攻克兗州，殺死兗州刺史劉岱於東平（今山東省東平縣東）。接著，他們又在壽張（今山東省東平縣南）擊敗曹操。但曹操後來利用青州黃巾軍流動作戰、補給困難的弱點，終於在濟北（今山東省長清縣南）瓦解、收編了大部分青州黃巾軍。一些不願投降曹操的青州黃巾軍，在徐和、司馬俱、管承等人的領導下，繼續堅持戰鬥，直到東漢建安十二年（二〇七年）。

波瀾壯闊的黃巾之亂，從東漢中平元年（一八四年）張角號令「蒼天已死，黃天當立」開始，到東漢建安十二年（二〇七年）徐和、司馬俱懲辦濟南王劉贇為止，堅持戰鬥了二十餘年。這次起事，在東漢王朝及各地地主武裝的聯合鎮壓下，雖然失敗，畢竟震撼了東漢王朝的腐朽統治，使東漢王朝從此分崩離析，名存實亡。

群雄討董卓之戰

群雄討董卓之戰，起於東漢初平元年（一九〇年）正月，迄於東漢初平三年（一九二年）正月，前後共歷三年。

東漢末年，宦官和外戚兩大集團的矛盾，在黃巾之亂爆發時，曾得到暫時緩和，但當黃巾軍主力被鎮壓下去以後，又重新激化起來。東漢中平六年（一八九年）四月，漢靈帝病危，臨終前欲將帝位傳給皇少子劉協，並將此事囑托給宦官蹇碩辦理。漢靈帝死後，蹇碩企圖先殺死皇長子劉辯的母舅大將軍何進，然後再扶劉協即位。這個陰謀被何進得悉，立即屯兵京城，扶劉辯即位，是為漢少帝，而封劉協為陳留王。劉辯的生母何太后臨朝，何進與太博袁隗輔佐朝政。何進把持朝廷大權後，怨恨蹇碩曾想謀害他，派人殺死蹇碩。何進的親信袁紹，則勸何進殺死所有宦官，以絕後患。何進奏請何太后批准，何太后沒有答應。袁紹於是又為何進出主意，讓他召集地方豪強前來京師，以脅迫何太后就範，何進竟然聽從了這一引狼入室的建議，不顧主簿陳琳、侍御史鄭泰、尚書盧植的反對，立即召並州牧董卓率軍來洛陽。

董卓兵臨澠池後，何進再次去長樂宮，奏請何太后允殺宦官，結果自己反倒為中常侍張讓、段珪等所殺。何進的部將吳匡、張璋及何苗、袁紹、袁術、董奉（董卓弟）等，率兵衝入宮中，瘋狂屠戮宦官。張讓、段珪挾漢少帝和劉協夜遁小平津（今河南省孟津縣西北黃河渡口），尚書盧檀率軍追至，張讓、段珪投水自殺。董卓聞訊，引兵迎接漢少帝於北芒阪下（今河南省洛陽市北），然後一同返回洛陽。董卓初到洛陽，步騎兵僅有三千，乃乘亂收取何進、何苗的部下，又派人誘使呂布殺死執金吾丁原，將丁原的部下也抓到手中。鮑信曾提醒袁紹，說董卓有異志，應當乘其剛到洛陽襲而擒之。袁紹膽怯，未敢同意。這年九月，擁兵控制朝政的董卓，廢漢少帝為弘農王，而立陳留王劉協為漢獻帝，並鴆殺何太后。袁紹、袁術、曹操等，均逃離京師。

董卓在洛陽自任相國，挾獻帝以令天下，弄得洛陽一片混亂。次年（初平元年，西元一九〇年）正月，關東各州郡起兵討伐董卓，共推袁紹為盟主，在河內（今河南省武陟縣西南）、酸棗（今河南省延津縣北）、陳留（今河南省陳留縣）、穎川（今河南省禹縣）、魯陽（今河南省魯山縣）等地集結，準備向董卓發起進攻。董卓因群雄來討之勢盛大，一面部署軍事以守備洛陽，並準備遷都長安，一面設法離散進討之兵。在軍事守備上，董卓與河南尹朱儁坐鎮洛陽，將主力控制在洛陽附近，以期機動調度，命中郎將徐榮守滎陽、成皋、太谷、轘轅一線，命東郡太守胡軫守廣成、伊闕諸山隘，命別將守孟津、小平津。即使這樣安排，董卓仍擔心洛陽不守，準備遷都長安。但在長安的京兆尹蓋勛和屯兵三萬於扶風（今陝西省興平縣東南）的左將軍皇甫嵩，均是董卓遷都長安的威脅，董卓於是用封官許願的辦法，將他們一一籠絡。

東漢初平元年（一九〇年）二月十一日，董卓下令盡燒宮廟及官府民舍，盡收洛陽富豪的財物，又使呂布挖掘帝王陵墓，收其珍寶，然後驅趕洛陽數百萬人口，隨漢獻帝登程西遷，自己仍坐鎮洛陽指揮軍事。董卓還針對群雄意志不一、各有所圖的狀況，採取如下瓦解離散的措施：盡殺太傅袁隗、太僕袁基家族，以儆袁紹；委任東漢宗室幽州牧劉虞為太傅，以討好擁護劉虞的各州郡勢力；派執金吾胡毋班赴河內勸降王匡，派大鴻臚卿韓融赴魯陽勸降袁術等。

袁紹聽說董卓逼迫漢獻帝西遷長安，召集群雄商議進攻之策。群雄都知道董卓所帶之兵，皆西北六郡驃悍的騎兵，為當時天下最精銳的軍隊，加上京師南北的軍隊，也都掌握在董卓手中，誰也不敢率先進擊。唯獨曹操力主進兵，對大家說：「為了誅滅暴亂而舉義兵，我們才合在一起，諸位有什麼可猶豫的呢？如果董卓依靠挾持天子的有利條件，憑藉洛陽之險以臨天下，即使大行其無道，也很難一下把他除掉。現在董卓焚燒宮室，劫遷天子，海內震動，正是上天要滅亡他的時候。一戰而天下可定，切不可錯過這個機會。」群雄不相信曹操的這番話。曹操於是自引所部，自陳留向西進擊，欲攻取成皋之險，為各軍打開前進的通道。陳留太守張邈，亦派其部將衛茲，率軍隨後繼進。當曹操進至滎陽西南的汴水時，立刻遭到徐榮迎擊，曹操因寡不敵眾大敗，被迫夜遁酸棗。徐榮見曹操只有五千人，就能與他力戰一日，而酸棗有兗州刺史劉岱、陳留太守張邈、廣陵太守張超、東郡太守喬瑁、山陽太守袁遺、濟北相鮑信的聯軍十餘萬人，因此以為酸棗不易進攻，引兵還守滎陽。

曹操敗退酸棗，見劉岱等雖然擁兵十餘萬人，卻日日置酒高會，不圖進取，忍不住責備他們，並又提出如下建議：「請袁紹引河內之軍前往孟津，我們則攻取成皋，佔據敖倉，阻塞轘轅、太谷兩關，把這一帶的險要全都控制住。請袁術率南陽之軍攻入武關，威震三輔地區。各軍均高壘深壁，不與董卓交戰，使他摸不清我們意圖，以此示天下形勢，則天下可很快平定。如果總是猶疑不敢前進，喪失天下人對我們的期望，豈不是大家共同的恥辱！」劉岱、張邈等不聽，曹操深感不能再和這些人合作，率其部將夏侯惇等去揚州募兵。酸棗諸軍，後來因糧食吃完，亦如鳥獸而散。

這年冬天，董卓見酸棗諸軍食盡瓦解，而袁紹、袁術又殺其派去勸降的使者，舉兵對袁紹、袁術發動襲擊。但首遭董卓襲擊的，卻是孫堅。孫堅此時屯兵魯陽，被袁術上表漢獻帝封為行虜將軍，領豫州刺史。袁術慫恿孫堅進討董卓，自己則在後方供給他軍需。孫堅遂於魯陽城東門外，設帳宴請諸將，準備出擊。就在他們正飲酒的時侯，董卓派東郡太守胡軫，率步騎數千突至，孫堅急忙撤飲入城，使胡軫毫無所獲。董卓在遣兵襲擊孫堅的同時，又祕密派精銳從小平津北渡，大破河內太守王匡新募泰山兵。董卓以上兩次襲擊，目的還是在於打擊袁紹和袁術。因為，群雄已經各懷異志，領導討董卓者實為二袁，必須給二袁以沉重打擊，才能徹底瓦解群雄。

東漢初平二年（一九一年）正月，袁紹鑑於董卓挾天子以令諸侯，實在是對群雄的一大政治威脅，而自己雖然被共推為討伐董卓的盟主，其實難以號令各軍，於是謀立東漢宗室劉虞為帝，以便更名正言順地討伐董卓。曹操堅決反對這樣做，奉勸袁紹：「我們起兵以來，遠近之所以無不響應，就因為我們是出於匡復漢室的大義。如今天子（漢獻帝）年幼軟弱，雖然被奸臣控制在手中，尚沒有亡國殺身的危險，一旦改易天下，那可就危險了。諸位如果一定要向劉虞稱臣，我一個人也要向西討賊。」袁紹根本不把曹操放在眼裡，直接派人去徵詢袁術的意見，希望能得到袁術的贊同。袁術也不同意。袁紹仍一意孤行，派樂浪太守張岐等，去劉虞處上皇帝尊號，遭到劉虞嚴詞拒絕。袁紹又請劉虞擔任尚書，劉虞同樣沒有接受。從此，袁紹在政治號召上，企圖抵制董卓的計劃失敗，群雄之間益形崩析。

孫堅於東漢初平元年（一九〇年）冬天被襲之後，就整頓軍事，準備進討董卓。這年二月，孫堅率豫州兵十萬人向梁東（今河南省臨汝縣東）進擊，欲自太谷出轘轅，去攻打洛陽，不料為徐榮所包圍，豫州兵全軍潰散，孫堅僅率數十人突圍。孫堅遭此大敗後，收容散卒，進佔太谷陽人（今臨汝縣西）。董卓聞知，立即派胡軫、呂布率步騎數萬，出廣成迎擊。胡軫、呂布至陽人時，天色已黑，士馬疲困，下令就地宿營，準備明日拂曉再發動進攻。呂布原與胡軫不和，想乘機給胡軫些顏色看，於夜間突然揚言孫堅來襲，致使全軍潰亂，孫堅乘勢出城攻擊，胡軫率潰軍敗退。孫堅獲得這一意外勝利後，遂向洛陽急進。董卓想不到孫堅會突然兵臨洛陽，派部將李傕去說和。孫堅表示拒絕，並另遣一部兵向新安、澠池挺進，以阻截董卓西退之路。董卓親率諸軍與孫堅交戰，遭到孫堅重創，便留呂布在洛陽掩護西撤，自己轉守澠池和陝城等險要。孫堅進至洛陽，再破呂布於宜陽門（南門），獲得東漢王朝的傳國玉璽。孫堅正欲繼續追擊董卓，一向忌賢害能的袁紹，唯恐大功被孫堅一人所得，改派其親信周昂為豫州刺史，並命周昂渡河，襲奪孫堅曾作為豫州刺史的治所陽城（今河南省登封縣東），斷絕孫堅的糧道。孫堅回師擊潰周昂，還鎮魯陽。

董卓於洛陽西撤後，分守各處險要，以防孫堅再來進擊，而董卓本人，則入鎮長安。董卓此時的部署是：以中郎將董越屯守澠池，以中郎將段煨屯守華陰（今潼關以西），以中郎將牛輔屯守安邑，以河南尹朱儁進據洛陽，其餘中郎將駐屯關中各重要郡縣。在上述諸將中，河南尹朱儁為鎮壓黃巾軍的宿將，聲望極高，但因曾反對遷都長安得罪董卓，內心常懷恐懼。於是，朱儁在東漢初平二年（一九一年）冬天，祕密聯繫群雄反叛董卓。朱儁為避免董卓來襲，率部離開洛陽，前往荊州，後又東屯中牟（今河南省中牟縣東），並向群雄呼籲再討董卓。然而，群雄此時已沒有興趣再討董卓，除徐州刺史陶謙給朱儁撥來三千兵外，其他州郡毫無響應。董卓聽說這個情況，立即派李傕、郭汜東擊朱儁，於東漢初平三年（一九二年）正月將其擊破。至此，群雄討董卓之戰終於結束。

關東群雄，由於各懷異志，兵聚而不合，兵合而不戰，致使討伐董卓形同幻影。董卓西入長安後，自任太師，號尚父，獨攬朝政，益發為所欲為。後來，在王允誘使之下，董卓被呂布殺死，他的部將李傕、郭汜、樊稠等繼續控制朝政，關中仍為董卓餘孽所據。關東群雄，則各謀割據，互相攻伐。袁紹佔據冀州，後擊滅公孫瓚，盡有幽、冀、青、並四州，成為群雄中勢力最大的軍閥。袁術佔據壽春及江淮地區，曹操佔據兗州，並收編青州黃巾軍三十餘萬，劉表佔據荊州，盡有長沙、零陵、桂陽、江陵、武陵、南郡、章陵等七郡之地，孫策（孫堅之子）佔據江東，劉焉佔據益州。隨著關東群雄之間相互兼併，終於導致三國時代的到來。

曹操破呂布與定都許昌之戰

曹操破呂布與定都許昌之戰，起於東漢興平元年（一九四年）四月，迄於東漢建安元年（一九六年）七月，前後共歷二年零三個月。

東漢初平三年（一九二年）冬天，曹操在收編了青州黃巾軍之後，佔據兗州，駐在鄄城（今山東省濮縣境）。這時，謀士毛階向他獻策：「只有師出有名，才能取得勝利；只有守住一方土地，才能不至於失敗。您應當敬奉天子而討伐那些亂臣賊子，發展農耕以儲備軍資，則霸王之業可成。」曹操認為毛階講得很有道理，但考慮到自己的勢力仍然有限，不得不繼續北依袁紹。而且，曹操當時欲向外擴張，東北方向有公孫瓚的部將田楷佔據青州（今河北省滄縣地區），西面則洛陽殘破，董卓的餘孽李傕等力量尚強，唯有徐州不但離兗州很近，徐州刺史陶謙又為人懦弱，可以奪其地而為己有。於是，曹操一面遣使去長安表示效忠漢獻帝，一面積極準備進攻徐州。

次年春天，曹操在封丘擊破來犯的袁術，回師定陶，隨後派人去瑯琊迎接他的父親曹嵩。曹嵩經過黃縣，陶謙的部將因貪圖曹嵩所攜帶的資財，將曹嵩和曹操的弟弟曹德殺死。曹操聞訊大怒，並終於找到討伐陶謙的藉口，於這年秋天大舉進擊陶謙，殺死徐州男女老幼數十萬人，迫使陶謙敗走郯城。曹操又攻下慮、睢陵、夏丘三縣（今山東省沂水縣西南，江蘇省睢寧縣、安徽省泗縣），再次瘋狂屠殺百姓。陶謙向青州刺史田楷求助，田楷立即與平原相劉備前去援救，然而曹操此時已經撤軍。陶謙害怕曹操再次來攻，請劉備屯兵小沛（今江蘇省沛縣東）。

東漢興平元年（一九四年）夏天，曹操命荀彧、程昱守鄄城、陳宮守東郡、夏侯惇守濮陽，再次親征陶謙。陳宮乘機勸陳留太守張邈背叛曹操，與途經陳留的呂布聯合。張邈和陳宮，於是共推呂布為兗州刺史，聯合豫州刺史郭貢，準備乘兗州空虛發動襲擊。張邈一面派其黨羽劉翊，去鄄城告訴荀彧，說呂布是來協助攻打陶謙的，使荀彧不以為備，一面請呂布進襲濮陽（今河南省濮陽縣南）、郭貢進襲鄄城、陳宮進襲東阿（今山東省陽谷縣東北）、汎嶷進襲范縣（今河南省范縣東南）。但是，荀彧已經懷疑張邈等有不軌之心，下令加強鄄城守備，並召夏侯惇速來鄄城。郭貢率軍數萬，來到鄄城城下，要與荀彧相見。夏侯惇勸荀彧不要去見郭貢，以免遭其暗算。荀彧說：「郭貢與張邈等人的關係，原來並不好，現在提出要見我，想必是還沒有拿定主意。趁他還沒拿定主意，勸說他回頭，即使不管用，也可以爭取他保持中立。如果先懷疑他，他必將因惱怒而堅決與我們為敵。」荀彧遂出城去見郭貢。郭貢見荀彧毫無懼意，知道鄄城不易攻下，引兵退去。

這時，兗州各地，除鄄城、東阿、范縣三城仍在曹操部下的控制之中，其餘均已投降呂布。呂布在攻克濮陽後，因郭貢不戰而退，親自率軍來攻鄄城，結果受挫。曹操聽說兗州告急，立刻率大軍回救。曹操抵達東阿，拉著程昱的手說：「要不是你們在此堅守，我就無處可歸了！」曹操還說：「呂布僥倖得到兗州，不佔據東平、亢父、泰山這些險要，卻屯駐濮陽，可見他實在沒有甚麼了不起。」說罷，曹操便揮師向濮陽的呂布進攻。雙方苦戰百餘日，因糧盡，各自引兵退去，曹操回到鄄城，呂布從濮陽退屯乘氏（今山東省鉅野縣西南），後又往山陽（今山東省金鄉縣西北）。

十月，袁紹派人去東阿面見曹操，請曹操將其家眷遷居鄴城（今河北省臨漳縣西南），企圖藉以控制曹操。曹操剛失兗州，兵疲糧盡，處境十分困難，準備答應袁紹的這一要求。程昱勸道：「將軍考慮得未免太不深遠了。袁紹有兼併天下之心，將軍難道甘心讓自己供他驅使嗎？將軍有龍虎一樣的威風，怎能做韓信、彭越那樣的人呢？如今兗州雖然殘破，尚有三城在我們手中，能戰之軍不下萬人。以將軍的神武，再加上我和荀彧等人盡心輔佐，不難成就霸王之業，願將軍認真考慮！」曹操於是謝絕了袁紹的「好意」。

十二月，徐州刺史陶謙病危，臨終將徐州交給劉備治理。劉備自知兵微將寡，未敢當此重任，請陶謙的部將去迎接袁術。典農校尉陳登說：「袁術驕橫無理，不是個英雄人物。我們與您合起來有兵十萬，上可以匡扶漢室，下可以保境安民。如果您執意不從，就只好分道揚鑣了。」北海相孔融，也正在徐州，對劉備說：「袁術哪裡是憂國忘家的人呢？不過如墳墓之中的一具枯骨，何足介意？今日之事，乃是千載難逢的機會，若不應允，將來可是要後悔的。」劉備遂進據徐州，屯兵下邳（今江蘇省邳縣東）。曹操聞訊，雖然恨得咬牙切齒，卻也無可奈何。

東漢興平二年（一九五年）春天，曹操因東阿缺糧，引兵襲擊定陶。濟陰太守吳資死保定陶，又得到呂布的援救，使曹軍無功而還。這年夏天，曹操又進擊呂布的部將薛蘭、李封於鉅野，呂布援救未及，曹操大獲全勝，並進據乘氏。這時，曹操欲進取徐州，待徐州到手後，再回師與呂布交戰。荀彧對他說：「昔日漢高祖保關中，漢光武帝據河內，都是先深固其根本，以制天下，故而進足以勝敵，退足以堅守，即使暫時遭受困厄，終於實現一統天下的大業。將軍本是在兗州起家的，這裡的百姓無不歸心悅服於您，況且（黃）河、濟（水）一帶乃是天下要地，如今雖然殘破，仍易於自保，不可不先予安定。我們已擊敗李封、薛蘭，如果再分兵東擊陳宮，陳宮必然不敢妄動，可乘機將他那裡的熟麥收割，以充軍食。然後進擊呂布，一舉便可戰勝。攻破呂布後，南結揚州的劉繇，共討袁術，淮泗地區，也歸將軍所有了。如果捨棄呂布，向東進攻劉備，多留兵，則不足供徐州方面作戰，少留兵，則將為呂布所乘，徐州一旦拿不下來，將軍還能到哪裡去呢？陶謙雖死，徐州卻並未因此而容易到手，他們鑒於以往的失敗，必然與其他勢力聯合起來，互為表裡。如今徐州的麥子已經收割，劉備將會堅壁清野等待我們。我們攻之不拔，掠之無獲，不出十天，便會未戰自困。願將軍三思！」曹操認為，荀彧此策精要深具遠見，打消了進攻徐州的念頭。

不久，呂布在東緡（今山東省金鄉縣東北）得到陳宮所率萬餘人的增援，向曹操發動反攻。當呂布趕到乘氏時，曹軍正在外面收麥，營內僅有千餘人留守。曹營以西有條大堤，堤南樹木幽深。曹操將計就計，伏兵於堤裡，以一部兵在堤外警戒。呂布進至曹營，曹操命伏兵出堤襲擊呂布軍的側背，大破呂布軍。呂布與陳宮逃往下邳，投靠劉備。曹操乘勝分兵平定各縣，回攻定陶，並克之。

張邈在陳留，見呂布、陳宮已敗走徐州，認為曹操必將從定陶南攻陳留，命其弟張超護送家眷退往雍丘（今河南省杞縣），自率所部往徐州與呂布會合，途中又欲轉至九江歸附袁術，未至九江，即為其部下所殺。這年八月，曹操引兵進圍雍丘，十二月破城，張超自殺，陳留郡遂為曹操所有。

東漢建安元年（一九六年）正月，曹操率軍進至武平（今河南省鹿邑縣西北），袁術部將袁嗣投降。二月，曹操又擊降歸附袁術的穎川、汝南黃巾軍餘部，遂據有豫州（今河南省）全境，而以許昌為其首府。

此前，關中方面的李傕、郭汜、樊稠等，因矜功爭權，於東漢興平二年（一九五年）二月發生內訌。結果，樊稠被殺，李傕挾持漢獻帝，郭汜則扣押太尉楊彪、司空張喜、尚書王隆、光祿卿劉淵、衛尉孫瑞、太僕韓融、廷尉宣播、大鴻臚榮郃、大司農朱儁等為人質。李傕、郭汜相攻數月，死者數萬。六月，李傕部將楊奉背叛李傕，適逢鎮東將軍張濟前來長安，欲說和李傕、郭汜，將漢獻帝遷往弘農（今河南省靈寶縣南），李傕感到自己的勢力單弱，便答應與郭汜和解。八月，漢獻帝及公卿百官至新豐（今陝西省臨潼縣東），郭汜又欲威脅漢獻帝遷都於郿（今陝西省郿縣）。這個陰謀洩露後，後將軍楊定、安集將軍董承、興義將軍楊奉等兵臨新豐，迫使郭汜棄軍逃往驪山。十月五日，漢獻帝一行到達華陰，寧輯將軍段煨前去迎接。段煨素與楊定不和，楊定、楊奉、董承等乘機進攻段煨的營地。李傕、郭汜聞知，合兵來救段煨，企圖重新劫持漢獻帝。張濟也不甘心讓漢獻帝落在楊奉、董承手中，與李傕、郭汜共同行動。十二月，張濟、李傕、郭汜，與董承、楊奉戰於弘農，董承、楊奉兵敗，挾持漢獻帝東逃。東漢建安元年（一九六年）正月，漢獻帝露宿於曹陽（今河南省陝縣西），董承、楊奉一面表示要與李傕等講和，一面招集河東白波黃巾軍李樂、韓暹、胡才部及南匈奴右賢王來援，遂大破李傕等。楊奉、董承挾持漢獻帝繼續東走，李傕等又來追擊，楊奉、董承大敗，被李傕圍困於陝縣。漢獻帝在李樂的掩護下，夜渡黃河逃往大陽（今山西省平陸縣南渡口），然後到達安邑。這時，河內太守張楊，希望漢獻帝還都洛陽，遭到文武百官的反對，張楊便與董承合謀，於六月逼迫漢獻帝東遷，七月抵達洛陽。然而，洛陽已是一片殘破，宮室燒盡，遍地荊棘，連漢獻帝和文武百官的吃飯睡覺問題，都難以解決。

曹操聽說漢獻帝已還都洛陽，欲將其迎到許昌來。諸將認為天下未定，自封為大將軍領司隸校尉的韓暹和自封為車騎將軍的楊奉貪功恣肆，難以控制。荀彧卻對曹操說：「昔日晉文公接納周襄王，諸侯無不尊敬服從他。漢高祖為義帝披麻帶孝，則天下歸心。自從天子蒙難，將軍首先提議救駕，只是由於山東尚未安寧，所以沒有來得及前去。今日天子回到洛陽，無法安身，應當趕快去迎接。因為，侍奉天子以從人望，這是順理成章的事情；秉持至公以服天下，這是雄韜大略；心懷正義羅致英雄，這是大仁大德。四方雖有不少叛逆之人，他們又能怎麼樣？韓暹和楊奉，哪裡值得一提呢？若不及早拿定主意，其他豪傑也生此心，以後再想這麼辦，就來不及了。」曹操聽從了荀彧的建議，立即派曹洪去洛陽迎接漢獻帝。董承等阻止曹洪前來洛陽，使曹洪被拒於洛陽城外。但不久，韓暹、楊奉、董承和張楊之間又發生不和，議郎董昭乘機作曹操的內應，以曹操的名義，寫信給力量最強的楊奉，極盡討好之能事。楊奉早就想從曹操那裡得到糧食，並聯合曹操的兵力，以擴張自己的權勢，便讓漢獻帝封曹操為鎮東將軍。這時，董承因為怨恨韓暹飛揚跋扈，也暗中與曹操取得聯繫。於是，曹操在內外贊助之下，率軍進入洛陽。漢獻帝見到曹操，如見救星，加封曹操為司隸尉領尚書事。

曹操既然已把漢獻帝控制在手中，立即實施如下步驟：奏請漢獻帝，將朝中對自己有威脅的人（如韓暹、張楊、馮碩、壺崇）一一誅殺，大封朝中於自己有用的人（如董承、伏完、鍾縣、丁鍾輔、郭溥、董芬、劉艾、韓軾、楊眾、羅邵、伏德、趙毅）為列侯，以鞏固對朝政的掌握；勸說漢獻帝遷都許昌，以便挾天子而令諸侯。東漢末年紛亂的局面，從此進入了一個新的階段。

袁曹官渡之戰

袁曹官渡之戰，發生在東漢建安五年（二〇〇年）二月至十月。

東漢建安元年（一九六年）七月，曹操把漢獻帝迎到許昌建都以後，袁紹後悔未聽謀士沮授勸他也去迎接漢獻帝的建議，結果被曹操捷足先登，遂藉口許昌地勢低下潮濕，要曹操把漢獻帝遷到鄄城（今山東省濮縣東），以便於自己就近控制。這一要求，當然被曹操拒絕。

當時，從袁曹雙方的實力對比來看，袁紹仍處於優勢地位。在地理位置上，曹操雖然掌握了作為全國政治中心的中原地區，然而兗州「褊淺迫狹」，豫州是「四戰之地」，既少險固可守，又容易造成四面受敵之勢。而袁紹所佔的幽、冀、青、並四州，均是多險的地方，尤其袁紹的根據地鄴城（今河北省臨漳縣西南），更是進可攻退可守的戰略要地。在經濟力量上，袁紹也具有較優越的條件，幽冀兩州遠在北方，受戰亂的影響不大，鄴城附近自秦漢以來，水利事業發達，已成為重要的產糧區。而曹操佔據的兗豫地區，經多年戰亂，已殘破不堪，曹操後來雖在許昌開始屯田，為恢復農業生產而努力，但為時不長，支援戰爭的經濟力量還不雄厚。在雙方兵力上，袁強曹弱的狀況就更明顯了，袁紹有兵十餘萬，而曹操的軍隊卻很少。據曹操的謀士荀彧透露，曹操僅「以十分居一之眾，畫地而守之」。正是因為雙方實力對比，袁紹居絕對優勢，所以直到官渡之戰，袁紹始終是採取戰略攻勢的一方，曹操是採取戰略守勢的一方。

儘管形勢對曹操如此不利，曹操為達到挾天子以令天下的目的，必須打倒最強大的對手袁紹。於是，曹操乘袁紹正與公孫瓚爭奪幽州之際，先著手清除周圍的敵手。

曹操首先南擊張繡。東漢建安二年（一九七年）正月，曹操自許昌出發，與張繡戰於淯水（今河南省衛河），迫使張繡率部投降。但是，因為曹操將張繡的妻子納為己有，致使張繡怒不可遏，乘曹操不備襲擊曹操，殺死曹操的長子曹昂，逼曹操敗走舞陰（今河南省泌陽縣西北）。張繡窮追不捨，被曹操所破，只好還師穰城（今河南省鄧縣外城），與劉表聯合。曹操亦率軍返回許昌。後來，曹操又幾次派兵進擊張繡，均告失利。東漢建安三年（一九八年）三月，曹操第三次親征張繡時，荀攸獻緩攻之策說：「張繡與劉表相互依靠，才顯得強大。但張繡的軍隊以遊擊為主，後方供給一直仰仗劉表，劉表若不能及時供給他糧草，二人的關係勢必乖離。不如暫緩進攻張繡，而去誘說劉表放棄對張繡的供給。如果急攻張繡，劉表必然去相救。」然而，曹操急於平定張繡，以解除後方之患，未用荀攸之策，仍決定圍攻張繡於穰城。五月，劉表為拯救張繡，果然派兵襲擊安眾（今河南省鎮平縣東南），斷絕曹軍的後路。這時，曹操又聽說袁紹的謀士田豐勸袁紹襲擊許昌，企圖將漢獻帝劫走，急忙撤圍返回許昌。當曹操退至安眾時，被劉表軍所阻，張繡又率軍來追，前後受敵，曹操只好夜鑿地道，先過輜重，然後用埋伏戰術擊破追兵。

曹操回到許昌後，才知道袁紹並未採納田豐襲取許昌之計，仍在北方與公孫瓚交戰，便與謀士荀彧、郭嘉等，商議今後的戰略部署。荀彧、郭嘉都說，遲早要和袁紹決戰，但欲北擊袁紹，必先平定徐州的呂布，否則袁紹來攻，呂布為其援軍，曹軍將兩面受敵。曹操認為荀、郭二人講得很有道理，又提出這樣的問題：「我擔心的是，袁紹若侵擾關中，西連羌胡，南誘蜀漢，則我將以兗、豫二州抗擊天下的六分之五，那結果會怎樣？」對此，荀彧設計：西撫關中馬騰、韓遂，東撫江東孫策，爭取荊州劉表和涼州韋端，打擊袁術，平定呂布。此策正中曹操下懷，立即派鍾繇去長安，拉攏馬騰、韓遂，派王誧去江東，封孫策為明漢將軍，對荊州的劉表和涼州的韋端，亦加強聯繫。

呂布在袁術的支持下，從劉備手中奪取徐州後，自稱徐州牧，隨即與袁術反目。後來，袁術舉兵進攻劉備，恐怕呂布援助劉備，主動要求與呂布聯姻，袁呂於是又復合作。劉備抵擋不住袁術的攻勢，敗歸曹操，曹操待他甚厚，撥給他一些兵力和輜重，讓他仍回小沛去對付呂布。此時，呂布與袁術又鬧翻了，呂布重創袁術。曹操乘袁術大敗之際，東征袁術，迫使袁術南走。東漢建安三年（一九八年）九月，呂布再次與袁術聯合，進攻駐在小沛的劉備。曹操派夏侯惇援救劉備，被呂布的部將高順、張遼擊敗。曹操決定親征呂布，終於一舉佔領徐州，擊殺呂布，徹底清除來自東側的威脅。

在解決呂布之後，曹操為了進一步加強對袁紹的戰略準備，又做了如下努力：繼續東撫孫策，並與其聯姻；在袁紹攻滅公孫瓚時，拜漁陽太守鮮于輔為建忠將軍，以使袁紹在幽州繼續遭受困擾；集兵昌邑（今山東省金鄉縣西北），擊破曾為呂布盟友的河內太守張揚，奪佔戰略要地射犬（今河南省沁陽縣東北）；進據黎陽（今河南省浚縣東），扼守官渡（今河南省中牟縣東北），同時派精兵入青州，取北海（今山東省壽光縣東南）、東安（今山東省沂水縣南）；團結張繡，拜張繡為揚武將軍，並娶張繡之女為兒媳；派人拉攏韋端，使其明曉天下大勢，納貢附從曹操；加強對關中的掌握，派鍾繇自洛陽移治弘農；爭取劉表在袁曹之間持中立態度。從此，曹操的勢力西達關中，東到兗、豫、徐三州，控制了黃河以南、淮漢以北大部分地區。

東漢建安四年（一九九年）六月，袁紹在擊滅公孫瓚後，自恃兵多糧足，企圖直搗許昌。他的謀士沮授認為，由於對公孫瓚連續作戰三年多，袁軍已經相當疲勞，府庫亦已空虛，因而不宜再進行大規模的戰爭，而應當首先發展農業生產，穩定後方，然後再作南下的打算。這個意見，沒有被野心勃勃、驕傲自大的袁紹接受。袁紹在郭圖、審配等人的迎合慫恿下，點選精兵十萬，戰馬萬匹，準備向許昌進攻。袁紹為了夾擊曹操，還特意派人去聯絡荊州的劉表和穰城的張繡。然而，曹操已使劉表保持中立，將張繡也拉到自己身邊。

曹操得知袁紹要來進攻的消息，立即與謀士郭嘉、荀彧等人，分析雙方的態勢。郭嘉認為曹操必勝，袁紹必敗，理由是：第一，袁紹出兵進攻許昌，對漢獻帝來說乃是叛逆舉動，不得人心，曹操卻是以天子之命作為號召，所以能夠得到各方的支持。第二，袁紹多疑刻薄，對有才能的人不敢信任，曹操卻敢於大膽用人，一些有遠見有才能的人都被起用。第三，袁紹想法雖多，卻優柔寡斷，曹操一旦確定了方略，就堅決實施，而且能夠隨機應變。第四，袁紹的部下爭權奪勢、勾心鬥角，袁紹是非不分、賞罰不明，曹操則明斷是非，不受迷惑，賞罰分明。第五，袁紹喜歡虛張聲勢，不懂得兵法，曹操很會用兵。根據郭嘉以上的分析，曹操遂決定對袁紹採取積極防禦的戰略方針。

東漢建安四年（一九九年）十二月，當曹操正在部署對袁紹作戰的時候，劉備殺死徐州刺史車冑，佔據下邳（今江蘇省邳縣東），與袁紹相呼應，企圖合力進攻曹操。曹操為了避免兩面作戰，決定先去親征劉備。他的部將都說：「與您爭天下的是袁紹，現在袁紹正要來進攻我們，我們反倒丟開袁紹東攻劉備，如果袁紹乘虛來攻，怎麼辦？」曹操說：「劉備的才智超過一般人，今日不攻，將來一定形成大患。」郭嘉完全贊同曹操的決定，認為：「袁紹天資遲鈍而不果斷，就是來攻，也不會很快。目前劉備新起，還沒有取得民心，乘機剿除，一定可以很快將其擊敗。」曹操於是率兵東進，迅速奪取下邳，擒獲關羽，迫使劉備逃往青州，後投靠袁紹。

就在曹操親征劉備之際，田豐向袁紹建議：「曹操正和劉備交兵，一時不能結束，如果我們乘機攻擊曹操的背後，一出兵就能獲得勝利。」不料，袁紹竟推說兒子有病，沒有採納田豐的建議。田豐氣憤至極，以杖擊地說：「好不容易才碰上這樣一個難得的機會，卻以小孩子有病而拒絕出兵，多可惜啊！滅曹的希望算是沒有了！」直到東漢建安五年（二〇〇年）正月，曹操擊敗劉備回到官渡後，袁紹才考慮進襲許昌。這時，田豐認為時機已失，許昌不再是空虛的了，而且曹操善於用兵，變化不定，不能輕視他而貿然出兵。於是，田豐建議作持久打算，指出「我們可以依靠黃河和太行山諸險，以青、幽、冀、並四州的人力物力，再聯絡各地割據勢力，牽制曹操，對內則專心治理農業，作好戰爭的準備。然後，在適當的時候挑選精兵，組成幾路軍，尋找曹操的薄弱部位，經常騷擾黃河以南地區，曹操救右面，就攻其左面，救左面，就攻其右面。這樣，使敵人來回奔跑，不得休息，百姓也不能安心生產，我們則不費多大氣力，不出三年的時間，就能把許昌攻下。如果丟開這一有把握取勝的策略，而把成敗付諸於一次決戰，萬一戰敗，後悔可就來不及了。」袁紹仍未採納田豐的意見，而且因田豐說話不夠客氣，一怒之下將田豐逮捕下獄。接著，袁紹就向各州郡發佈了討伐曹操的文告，準備大舉進擊許昌。

東漢建安五年（二〇〇年）二月，袁紹進軍黎陽，準備渡過黃河，尋找曹軍主力決戰。他首先派顏良前往白馬（今河南省滑縣東黃河南岸），攻打東郡太守劉延，企圖奪取渡河要口。到了四月間，曹操自官渡北上援救劉延，荀攸向曹操建議：「目前我們的兵力很少，只有分散袁紹的兵力，才能與他作戰。不如用聲東擊西之計，引兵先到延津這個地方，偽裝要渡河進攻袁紹的背後，袁紹必然應戰，然後再派精騎回襲白馬，一定可以擒獲顏良。」曹操接受了他的建議。袁紹聽說曹軍要渡河，果然急忙引兵西來，曹操見袁紹中計，率軍掉頭前往白馬。當曹軍距白馬僅有十餘里時，顏良才發覺，倉皇迎戰，被關羽（此時在曹操軍中效力）取了首級，袁軍頓時潰敗。曹操解除白馬之圍後，不敢久留，遷徙白馬的百姓，沿黃河向西南撤退。

這時，沮授勸袁紹切勿渡河追擊曹操，並說：「曹操斬了顏良後，還要撤退，不可不加提防。我們最好是駐軍延津，只以部分兵力去攻官渡，待攻下官渡後，再出動駐在延津的大軍。如果現在就以全部兵力與敵決戰，萬一失利，就會全軍覆沒，想回師都不行了。」袁紹急於包圍截擊曹軍的側背，根本不聽他的建議。沮授見袁紹如此固執，深感不能再與其合作，遂藉口有病，要求回家。袁紹不但沒有允許，反而認為沮授是在動搖軍心，削減他所率領的軍隊，歸於郭圖節制。然後，袁紹便派文醜與劉備追擊曹軍。文醜、劉備渡河後，向南急追，一直追到酸棗以北的南阪。曹操早就在此等候，把輜重全丟在袁軍要通過的道路上，乘袁軍爭搶輜重隊伍混亂之際，突然發起反擊，殺死文醜，殲滅袁軍數千人。

至此，曹操雖然連斬袁紹兩員大將，軍威大震，但在兵力上仍居劣勢。因此，曹操一面派樂進率騎兵一千往獲嘉（今河南省獲嘉縣），協助于禁阻擊袁軍向西進攻，一面自率大軍回守官渡。樂進率軍至獲嘉，適逢于禁正與袁軍激戰，立即發起夾擊，大破袁軍。樂進與于禁會合後，自延津西南，沿黃河至汲縣，焚燒袁軍營壘三十餘座，擒斬袁軍數千人。然後，于禁仍回原武（今河南省原陽縣）防守，樂進則率部赴官渡。

七月，原汝南黃巾軍劉辟、龔都部背叛曹操，響應袁紹。袁紹聞訊大喜，派劉備南下接應，伺機進攻許昌。劉備兵臨今河南省臨穎縣東時，各縣多起兵叛曹，許昌以南一片混亂。曹操在官渡得知後，感到很憂慮。曹仁對曹操說：「劉備以強兵逼近我們的後方，各縣自然要背叛您。但劉備所率之軍，是袁紹剛撥給他的，未必能控制得住，馬上對其發動進攻，不難擊破。」曹操便命曹仁率騎兵前去進攻劉備，果然一舉將其擊破，並平定了反叛曹操的各縣，迫使劉備敗歸袁紹。而且，曹仁於返回官渡途中，又在雞洛山（今河南省密縣東南）擊破袁軍韓荀部。

袁紹企圖依靠劉備進襲許昌的計劃失敗，乃自率大軍至陽武（今河南省中牟縣北），準備親自進攻許昌。沮授又勸道：「我軍雖然兵多糧足，戰鬥力卻較弱，曹軍雖然兵少糧缺，戰鬥力卻很強。因此，曹軍利於速決，我軍利於持久。」袁紹仍未聽從。八月，袁軍主力接近官渡，依託沙堆立營，東西達數十里。袁軍在曹營外面堆土成山，從上面箭射曹營，使得曹軍用盾牌擋住身體，才能在營中行走。袁紹以為官渡必破，發給每個士卒一條三尺長的繩子，準備擒縛曹軍時使用。曹操也在營中堆起土山，命于禁率弓箭手站在上面，與袁軍對射，並製作了一種拋石車，發石擊毀袁紹指揮作戰的櫓樓。袁紹又下令挖地道進攻曹軍，曹操也在營內挖長溝以拒。雙方在官渡對峙了百餘日，仍未決勝負。這時，袁紹的部將張郃，勸袁紹不要再與曹操對峙，而應當密遣輕騎抄其南路。袁紹未從。

不久，曹軍軍糧將盡，曹操想退回許昌防禦，寫信同留守許昌的荀彧商議。荀彧回信說：「袁紹把所有人馬聚集在官渡，是要與您決一勝負。您以不足他十分之一的兵力堅守官渡，使他不能前進已經半年，如今您手下的兵力雖然不多，比當年漢高祖被困在滎陽、成皋間的時候，總要好多了。那時候，劉邦和項羽誰也不肯首先退兵，因為誰先退兵，誰就失利。您現在以極弱的兵力對抗袁紹極強的兵力，如果不能頂住袁紹，袁紹必定乘勝而入，那可就到了決定天下歸誰的關頭了。袁紹這個人能搜羅人才，卻不能加以使用，長期與您對峙，其內部必將發生變故。這正是您大展奇謀的時機，萬萬不可失。」曹操看過荀彧的回信，又與軍師荀攸、參軍賈詡等商議。賈詡說：「您的智慧超過袁紹，勇氣超過袁紹，用人超過袁紹，決斷也超過袁紹。您有這四個方面的長處，卻半年還未擊敗袁紹，不過是因為顧慮其他方面的得失。現在到下決心重新部署的時候了，我們一定可以很快打敗袁紹。」曹操聽後豁然開朗，決計向袁紹發動反攻。當天夜裡，曹操便下令決莨蕩澤水灌向袁營，迫使袁紹後退三十里。這時，曹軍俘獲袁軍一名「倉儲吏」，得知袁軍有運糧車隊即將到來。曹操便命徐晃、史渙前往故市（今河南省封邱縣西北）截擊袁紹的運糧車隊，燒毀了數千輛糧車。

十月，袁紹又派車運糧，並命淳于瓊率步騎萬人，北迎運糧車隊。沮授鑑於袁軍運糧車隊曾在故市遭遇曹軍截擊，勸袁紹再派一支部隊作為側翼，以防曹軍抄襲。袁紹未聽。許攸也向袁紹建議：「曹軍兵少，又將其全部力量置於官渡，許昌必然空虛。不如只留下必要的兵力，在此與其對峙，主力則星夜掩襲許昌，把天子接到我們手中，然後再討伐曹操，一定能活捉他。即使他在官渡未潰，聽說許昌告失，必然首尾奔命，也不難擊破他。」袁紹又沒有採納，並矜愎地聲稱：「我一定要先捉住曹操！」恰在這時，審配扣押了許攸犯法的家屬，許攸一怒之下，終於離開袁紹，投奔曹操。曹操聽說許攸來降，大喜過望，來不及穿鞋，就跑出去迎接，拍著手說「您從遠道到我這兒來，我的大事要成功了」。許攸劈頭便問曹操：「袁紹軍勢很盛，您打算怎樣對付他？目前存糧還有多少？」曹操回答：「還可以支持一年。」許攸說：「沒有這麼多吧？請如實回答我。」曹操又說：「可以支持半年。」許攸笑道：「您難道不想打敗袁紹嗎？為甚麼不講實話呢？」曹操忙說：「剛才講的話，是和您開玩笑，其實只能支持一個月。這怎麼辦好呢？」許攸說：「您孤軍獨守，沒有援兵，糧食又快吃完了，正是危機的時候。袁紹有輜重一萬餘車在烏巢（今河南省延津縣東南），那裡的守軍戒備不嚴。如果派兵去偷襲，燒掉那裡的糧食，不出三天的時間，您就是不與袁紹交戰，袁紹也會自敗。」曹操聽後大喜，留曹洪、荀攸守官渡大營，自率步騎五千冒充袁軍，夜間從小路趕往烏巢。途中遇到袁紹的軍隊，被詢問到何處去，曹軍就說袁紹因怕曹操從背後包抄，所以調他們去加強守備。曹軍到了烏巢，立刻圍住糧屯，放起大火。袁軍從夢中驚醒，慌作一團，不知如何是好。黎明，淳于瓊發現曹操的兵力不多，出營迎戰。曹操揮軍衝殺，迫使淳于瓊退保內，等待袁紹來援。

袁紹此時駐在陽武，距烏巢只有四十里，夜見烏巢火起，還不知是怎麼回事。張郃認為：「烏巢有警，肯定是曹操率精兵前去襲擊。曹操既然親往，勢必要擊破淳于瓊，若不速去救援，就會壞了大事！」郭圖則反對張郃的意見，並以孫臏圍魏救趙為喻，主張與其去救烏巢，不如進攻曹軍官渡大營。張郃說：「曹操親自出外遠襲，營中必然有相當的準備。若我軍不能很快拔下官渡，而淳于瓊等已被曹操擊破，我們就都要成為曹操的俘虜了。」袁紹則認為：「就是曹操攻破了淳于瓊，我攻下了他的官渡大營，他也沒有歸路了。」因此，袁紹命張郃、高覽率精兵進攻官渡曹營，同時派趙叡率部分兵力往救烏巢。

這時，曹操仍未攻破淳于瓊，而趙叡的援軍已到，曹操下令殊死抵抗，一舉擊潰了趙叡軍。接著，曹操猛攻淳于瓊營地，連斬睦元進、韓莒、韓威璜等數名袁將，生擒淳于瓊。然後，曹操命令將殺死的袁軍士卒的鼻子割下來，將袁軍戰馬的舌頭也割下來，燒盡屯糧，返回官渡。

張郃等衝至曹軍官渡大營外，天已破曉，急忙發起進攻，但仍未攻下。就在張郃繼續圍攻官渡曹營的時候，曹操已自烏巢還師。張郃欲避開曹操的夾攻，前來督軍的郭圖，則為推卸自己的責任，造謠說張郃很高興袁軍的失利。張郃得知後，十分惱怒，恐為袁紹所殺，便和高覽一起去曹營請降。曹洪對此有些懷疑，不敢接受。荀攸對曹洪說：「張郃肯定是和許攸一樣，有很高明的計策，卻未被袁紹採用，被迫來進攻我們。他現在想後退，又怕得不到袁紹的原諒，無路可走才來請降，有什麼可懷疑的呢？」這時，正好曹操返營，認為張郃來降，猶如「微子去殷，韓信歸漢」，立即封張郃為偏將軍。袁紹營中的將士，獲知烏巢軍糧已被曹軍燒毀，淳于瓊等皆死，而張郃、高覽等率軍降曹，無不大驚失色。袁營正處於一片紛亂之中，曹操派人將在烏巢所割的人鼻、馬舌送來，袁軍將士益發感到恐懼。曹操乘勢發起攻擊，袁軍已完全喪失戰鬥力，一觸即潰，袁紹僅率八百餘人騎馬北逃。曹操率軍奮力追殺。當追至延津時，盡俘袁軍十餘萬人，繳獲袁紹的輜重、圖書、珍寶不可勝計。

官渡之戰，曹操由於能夠審時度勢，採取靈活機動的作戰方式，終於以劣勢兵力擊敗強大對手袁紹，為其統一北方奠定了基礎。官渡之戰後第二年，曹操再次大破袁紹。東漢建宏七年（二〇二年）正月，袁紹病死。其子袁尚、袁熙所率袁軍餘部，亦於東漢建安十二年（二〇七年）被曹操擊滅。

孫策開拓江東、豫章之戰

孫策開拓江東、豫章之戰，起於東漢興平二年（一九五年）十二月破劉繇於曲阿，迄於東漢建安四年（一九九年）十二月奪取豫章，前後共歷四年。

東漢初平三年（一九二年）春天，孫堅奉袁術之命襲擊劉表，在峴山（今湖北省襄樊市南）重創劉表部將黃祖，但卻於追擊黃祖時，被暗箭射死，所部被袁術收編。他的長子孫策，在家鄉壽春（今安徽省壽縣）聞訊，將父親的屍首迎回，安葬在曲阿（今江蘇省丹陽縣），然後渡江移居江都（今江蘇省揚州市）。孫策懷著為父復仇之志，去請教住在江都的江淮名士張紘，對張紘說：「如今天下衰微，英雄豪傑都在擁兵營私，沒有一個扶危濟亂的。我的父親與袁紹、袁術共討董卓，功業未遂，反為黃祖所害。我雖然年輕幼稚，卻也有些微志，我要到袁術那裡去索取父親原來的部屬，然後去丹陽（今安徽省宣城縣）投奔舅舅吳景，在那裡收集流散的士卒，東據吳郡（今江蘇省吳縣）、會稽（今浙江省紹興市）二郡，報仇雪恥，作為朝廷的外藩。您以為如何？」張紘說：「昔日周朝衰微，齊晉等國才得以興起，但當王室安定以後，又只能作為諸侯貢奉周朝。如今，您繼承父親的遺業，而且素有驍武的名聲，若投奔丹陽，收集吳郡、會稽之兵，則整個荊州都可以拿下，仇敵也可以翦除。然後，據長江之險，誅滅群賊，匡扶漢室，功業將大大超過齊桓公和晉文公，豈止作為一個外藩呢？若欲功成事立，則應廣招豪傑，暫時依靠袁術。」於是，孫策圖取江東之計謀定。

孫策到壽春見到袁術，請求率領他父親的舊部前去報仇。袁術雖然很讚賞他的志向，卻不肯授兵給他，而命他去丹陽招募士卒。孫策在丹陽招募了數百人，很快就被涇縣（今安徽省涇縣西）的祖郎所襲破。孫策又去見袁術，袁術訝異於孫策的才能，終於將孫堅的舊部一千餘人撥給他，並封他為懷義校尉，後又許為九江太守。不久，袁術欲攻徐州，派人向廬江（今安徽省合肥市）太守陸康借糧三萬斛，陸康不給，袁術便命孫策進攻陸康，並答應事成之後，以孫策為廬江太守。然而，當孫策攻拔廬江之後，袁術卻背棄諾言，改用其親信劉勛為廬江太守，使孫策十分失望。這時，漢獻帝派劉繇任揚州刺史，劉繇因揚州原來的州治壽春已被袁術所據，在孫策的舅舅丹陽太守吳景和孫策的從兄丹陽都尉孫賁的協助下，南渡長江，在曲阿設置州治。及孫策攻破陸康，劉繇覺得吳景、孫賁本是袁術的部下，恐怕他們再與袁術勾結，便將他們趕走。吳景和孫賁渡江退屯歷陽（今安徽省和縣）。劉繇乃派樊能、于麋守橫江（今安徽省和縣東南，與江南采石磯相對），張英守當利口（亦為和縣長江渡口），以拒袁術。袁術則以親信惠衢為揚州刺史，以吳景為督軍中郎將，率軍進攻樊能、張英。

孫策對袁術的言而無信感到惱怒，孫堅原來的部將朱治等，也都勸孫策早日脫離袁術，奪取江東。東漢興平二年（一九五年）十二月，吳景與樊能、張英正對峙於橫江和當利口，孫策便藉口「家有舊恩在江東，願助舅討橫江，橫江拔，因投本土招募，可得三萬兵，以佐使君（袁術）定天下」，向袁術請求出戰。袁術知道孫策是因不能為廬江太守而懷恨，但他以為劉繇佔據曲阿、王朗佔據會稽，孫策未必能有所作為，又喜其願意協助吳景進攻劉繇，便予允許，並封孫策為折衝校尉。孫策遂率孫堅舊部和在壽春招募的數百人東進，一面送信給好友周瑜，請他也率部前來。及至歷陽，孫策已收兵五六千人，立即渡江進擊樊能、于麋和張英。

孫策與周瑜首戰告捷，一舉突破樊能、于麋、張英等人的防線，佔據長江重險牛渚營（采石磯），俘獲甚為可觀。然後，孫策乘勝進攻下邳相笮融，斬殺五百餘人，迫使笮融閉營固守。孫策又進攻彭城相薛禮所居的秣陵城（今江蘇省江寧縣東南），迫使薛禮倉皇逃走。此刻，樊能、于麋等收拾殘兵，突然襲擊牛渚營。孫策唯恐後方有失，立刻反擊，再破樊能、于麋等，俘敵萬餘人。孫策回師進攻笮融，不料中箭負傷，回牛渚營養息。笮融以為孫策已死，派兵襲攻孫策軍。孫策設伏大破之，斬首千餘級，並乘勝再攻笮融的 地。笮融又閉營堅守。孫策因笮營地勢險固，轉兵南向，先攻破劉繇一部於梅陵（今安徽省南陵縣），然後轉攻丹陽（今安徽省當塗縣東丹陽鎮）、湖熟（今江蘇省江寧縣南湖熟鎮）、江乘（今江蘇省句容縣北），皆克之，遂進趨曲阿攻劉繇。劉繇的同鄉太史慈迎戰孫策，雙方大戰了若干回合，未分勝負。劉繇亦率軍迎戰，兵敗走保丹徒（今江蘇省鎮江市）。孫策進駐曲阿，嚴明軍紀，幾天之內，便得兵兩萬餘人、戰馬千餘匹，威震江東。在壽春的袁術，獲知孫策大勝的消息，立即封孫策為殄寇將軍，以籠絡孫策。

劉繇在丹徒為孫策的兵勢所逼，想奔往會稽躲避。謀士許劭勸道：「會稽乃富實之郡，孫策絕不會放過它，況且它僻處海隅，絕不可去。豫章（今江西省南昌市）則北連豫州，西接荊州，若收合那裡的人民，遣使與兗州的曹操聯繫，雖有袁術隔在中間，也沒有甚麼可怕的。您是天子委任的重臣，曹操、劉表等人，必然會相助於您。」劉繇於是一面命豫章太守朱皓進攻孫策軍諸葛玄部，並命笮融協助朱皓，迫使諸葛玄退保西城（今江西省南昌市西），一面自率主力溯江西上，進駐彭澤（今江西省湖口縣東）。許劭曾告誡劉繇：「笮融這個人喜歡恣意妄為，朱皓則推誠信人，這二人共事，應當防止發生意外。」笮融到豫章後，果然用詐謀殺死朱皓，代領豫章太守。劉繇討伐笮融，笮融兵敗逃入山中，為當地人所殺。漢獻帝聞訊，改委太傅掾華歆為豫章太守。

劉繇已棄丹徒西走，孫策遂東進奪取吳郡。東漢建安元年（一九六年）八月，孫策謀取會稽郡，會稽太守王朗在固陵（今浙江省蕭山縣西）抗擊孫策，孫策從水上連續數次發動進攻，都沒有奏效。孫策的叔父孫靜建議：「王朗憑藉堅固工事進行防禦，很難將其攻拔。查瀆（今蕭山縣東北）以南有一條道路，最好從那裡進攻，我願率部分兵力充當先鋒。」孫策答應了。於是，孫策於夜間多處燃火，巧設疑兵，同時疾趨查瀆道，突然襲擊高遷屯（今蕭山縣西）。王朗大驚，急忙派丹陽太守周昕等迎戰，被孫策斬殺。王朗乘船逃往東冶（今浙江省臨海縣東南），被孫策追至，又遭重創，只好投降。至此，孫策完全佔領了會稽郡。

孫策已平定江東，自領會稽太守，而以吳景為丹陽太守，以朱治為吳郡太守。東漢建安二年（一九七年）秋天，曹操派議郎王誧攜帶漢獻帝的詔書，拜孫策為騎都尉，襲爵烏桓侯，領會稽太守，命他與呂布和陳瑀共討袁術。孫策欲得將軍稱號以自重，王誧又當即宣佈，孫策可為明漢將軍。孫策率軍到錢塘，陳瑀企圖襲擊孫策，暗中糾結錢塘江口以北地區的賊盜祖郎、嚴白虎等，被孫策發覺，派呂範進攻陳瑀於海西（今江蘇省東海縣），擒斬四千餘人，陳瑀單騎逃奔袁紹。孫策又進擊祖郎、嚴白虎等人，也將其討平。東漢建安三年（一九八年）十二月，孫策派張紘向曹操貢獻方物，曹操大喜，上表漢獻帝，拜孫策為討逆將軍，封吳侯，並與其締結姻親。這時，周瑜在袁術處為居巢長，魯肅在袁術處為東城長，周魯二人知道袁術不會有所成就，均棄官渡江，投奔孫策。

東漢建安三年（一九八年）十二月，因為孫策拒絕支持袁術稱帝，袁術拉攏流竄在今安徽省太平縣的祖郎，讓他鼓動山越（避居山中的越王勾踐的族系）共圖孫策。而劉繇自丹徒去彭澤時，命太史慈入蕪湖山中（今安徽省繁昌縣以南山中），至涇縣自稱丹陽太守，以阻遏吳景西進。這時，宣城（今安徽省宣城縣）以東均已屬於孫策，只有涇縣以西六縣未服，太史慈在涇縣又大受山越人擁護，因此孫策為開拓豫章，西討黃祖，必須先破除太史慈、祖郎等人的阻遏。孫策首先進擊祖郎於陵陽（今安徽省青陽縣東南），擒獲並降服祖郎，再擊太史慈於勇里（今安徽省涇縣西北），也將其擒服。

不久，劉繇在豫章病死，部眾欲推舉豫章太守華歆為主。華歆認為，這樣做非人臣所為，謝絕不受。孫策聽說後，派太史慈去勸說劉繇的部眾歸附自己，並囑咐太史慈說：「劉繇曾責備我為袁術奪取廬江，當時我父親的數千名部下都在袁術手中，袁術又答應幫助我報仇，我怎能不暫時屈從於他呢？袁術後來不遵守臣節，妄圖稱帝，我勸他無效，才和他分開。我與袁術交往和鬧翻的本末，恨不得在劉繇生前，就和他講清楚。如今，劉繇的兒子還在豫章，請你代我去看望他，並將我的想法告訴劉繇的部眾，他們若願意服從我，就請來江東。華歆是如何治理豫章的？亦請瞭解清楚。」太史慈走後，至東漢建安四年（一九九年）春天，才回報孫策：「華歆是個品行很好的人，卻沒有多少辦法，只求自守而已。劉繇原來的部將，紛紛擁兵據地，根本不聽從華歆的指揮。」孫策撫掌大笑，認為豫章遲早會被自己兼併。

東漢建安四年（一九九年）六月，袁術已死，其長史楊弘和大將軍張勛等，率部欲投奔孫策，不料遭到廬江太守劉勛的截擊，全體被俘。袁術的從弟袁胤和女婿黃猗畏懼曹操，不敢留在壽春，亦前往皖城（今安徽省潛山縣）投靠劉勛。這年十一月，劉勛因兵力驟然增多，供應不起吃糧，派他的弟弟去豫章向華歆借糧。華歆也沒有多少糧食，叫人隨劉勛的弟弟去海昏（今江西省奉新縣西）、上繚（今江西省永修縣）等地，向劉繇的部將告借三萬斛。劉勛的弟弟到處乞求了一個多月，只借得數千斛，回來便報請劉勛出兵襲取。這時，孫策也在謀取豫章，聽說劉勛將襲取上繚，乃設計先進攻劉勛。孫策派人給劉勛送去一封信，信上說：「上繚人經常欺侮鄙郡，我早就想打擊他們，只是由於道路不便未成。上繚這地方相當富實，願君伐之，我將作為外援。」劉勛大喜。淮南名士劉曄，勸告劉勛：「上繚雖小，城堅池深，攻難守易。您的軍隊疲勞於外，而守地空虛，孫策乘機來襲，將退無歸處。」劉勛不聽，親自率軍潛入彭澤，襲擊上繚和海昏。上繚和海昏的守將，堅壁清野，使劉勛一無所獲。這時，孫策卻揚言要西擊黃祖，溯江西上，來到石城（今安徽省貴池縣西）。孫策偵知劉勛在海昏，立即派孫賁、孫輔率八千人進據彭澤，自己和周瑜率二萬人襲破皖城，俘獲劉勛的部眾三萬餘人。

劉勛聽說孫策襲破皖城，急忙從海昏回軍，至彭澤遭到孫賁、孫輔的截擊。劉勛走保流沂（今湖北省鄂城縣），求救於黃祖。黃祖派他的兒子黃射，率五千水軍來援。孫策又發動攻擊，劉勛僅率數百人北逃，歸於曹操，黃射亦退走。孫策收得劉勛的軍隊二千餘人，戰船千艘，遂進攻黃祖於夏口（今湖北省漢陽縣），迫使黃祖退守沙羨（今湖北省嘉魚縣北）。這年十二月初八，孫策追至沙羨，適逢荊州刺史劉表派侄子劉虎與韓晞，率五千長矛兵援助黃祖。十一日黎明，孫策率周瑜、呂蒙、程普、孫權、韓當、黃蓋諸將，向沙羨黃祖大營展開攻擊。孫策親自在馬上擊鼓督戰，諸將「各競用命，越渡重塹，迅疾若飛，火放上風，兵激煙下，弓弩並發，流失雨集」，大破黃祖軍。此役，韓晞戰死，黃祖乘亂逃走，黃祖軍被斬二萬餘人，溺死者萬餘人，損失戰船六千餘艘。

孫策已破黃祖，乃命周瑜屯守巴丘（今湖南省岳陽市西南），自率主力東下豫章。孫策行至椒丘（今江西省新建縣北），派功曹虞翻前去說降華歆。虞翻到豫章，對華歆說：「您與會稽原太守王朗，齊名中州，為海內所敬仰。我雖然遠在江東，也總想見到您。」華歆回答：「我不如王朗。」虞翻又說：「不知豫章的兵糧、器杖和民氣，與會稽相比怎樣？」華歆回答：「也不如會稽。」虞翻說：「您認為自己不如王朗，乃是出於謙遜，認為豫章的兵糧不如會稽，卻是實情。孫策智勇超世，用兵如神，前些日子將劉繇趕走，您親眼看見了，南定會稽的情況，恐怕也曾聽說過。如今，您守在孤城，已經知道自己的力量不足，為何還不早作打算？孫策的大軍已到椒丘，我也該回去了。如果，明天中午還得不到您的回話，咱們也許就要永別了。」華歆說：「我久在江表，常想北歸，孫策只要一到，我就立刻離開這裡回家。」於是，孫策未動干戈，就進入豫章。

孫策於東漢興平二年（一九五年）十二月，以數千人渡江進襲劉繇，至東漢建安四年（一九九年）十二月兼併豫章郡，前後僅用了四年的時間，便開拓會稽、吳郡、丹陽、豫章、廬江、廬陵（由豫章郡分出）六郡。日後東吳開國的根基，至此已經奠定。

孫曹赤壁之戰

孫曹赤壁之戰，發生在東漢建安十三年（二〇八年）十一月。

官渡之戰後，曹操乘勝進軍袁紹的割據地，基本上統一了北方。東漢建安十二年（二〇七年），曹操自冀州出盧龍塞（今河北省遷西縣喜峰口），在白狼山（今遼寧省淩源縣東）一帶打敗了烏桓，進而解除了東北邊境上的威脅。當時，正在荊州劉表處棲身的劉備，力勸劉表乘曹操北征，許昌空虛，出兵襲擊許昌。劉表沒有採納，劉備於是按照諸葛亮所制定的隆中之策，自圖發展。

這時，孫策被刺客刺傷身死，他的弟弟孫權繼承了他的事業。魯肅對孫權說：「漢室已經不可復興，曹操也很難除掉。為將軍考慮，只有保守江東，以觀天下之變。如果能夠剿除江夏（今湖北省武昌）的黃祖，進而討伐荊州的劉表，控制住長江中游地區，則王業可成。」原黃祖部將甘寧，也說：「如今漢朝命運日漸衰微，曹操的勢力愈來愈大，遲早要篡權自立。荊州一帶，山形險要，江河流通，實在是圖王霸業的好地方。劉表目光短淺，兒子們又很庸劣，是保不住荊州的。將軍應當早作打算，免得曹操奪得先機。而欲奪取荊州，莫如先取江夏。一旦擊破黃祖，便可大踏步地向西進軍，甚至有可能奪取巴蜀。」孫權採納了他們的建議。東漢建安十三年（二〇八年）春天，孫權命甘寧西攻江夏，斬太守黃祖，然後準備奪取荊州。劉表見江夏告急，十分惶恐，請劉備率其屯在新野（今河南省新野縣）的軍隊，抵禦孫軍。劉備藉口曹操正有南征之勢，孫權雖然進兵江夏，也不應放棄新野這個荊州的北邊門戶，拒絕出兵。劉表只好派其長子劉琦，反攻江夏。

曹操早就想進取荊州，之前是因北方尚未平定，無暇南征，今見孫權攻取江夏，唯恐荊州為孫權所有，其勢力益發壯大，急忙派軍出合肥牽制孫權，使其不能全力西進。曹操又問計於荀彧。荀彧說：「中原已經在您的手中，這對南征是很有利的條件，可以裝作要從宛（今河南省南陽市）、葉（今河南省葉縣）出兵，而另派精兵，從其他方向輕裝前進，荊州不難一戰而定。」於是，曹操在東漢建安十三年（二〇八年）七月開始南征，集結大軍於南陽。

八月，劉表病死。孫權聽到這個消息，再次問計於魯肅。魯肅說：「荊州與我們相鄰接，那裡地方險要，土地肥沃，百姓富有，必須予以佔領。現在劉表剛死，兩個兒子又不和睦，軍隊中的將領也分成派別，互不團結。而劉備是個野心很大的人，同曹操素有怨仇，借住在劉表那裡，過去劉表因忌怕他的才能，一直沒敢重用他。如果劉備與荊州同心合力，我們就同他們結為同盟，如果他們各懷異志，互不合作，就設法攻取荊州。請讓我代表您，去向劉表的兩個兒子弔喪，慰問他們的將領，以弄清荊州內部情況。」孫權同意魯肅的意見，立即派他前往荊州。

魯肅剛到夏口，就聽說曹操已向荊州出兵，魯肅晝夜兼程馳赴荊州，在南郡（今湖北省江陵縣）又聽說劉表次子劉琮已獻出荊州，投降了曹操，劉備正向南撤退。魯肅就直接去找劉備，在當陽長　坡（今湖北省當陽縣境）和劉備相遇。魯肅向劉備通報了孫權派他來的使命，然後與劉備共論天下形勢，並問劉備準備到何處去。劉備回答：「我與蒼梧太守吳巨有舊交，想去投靠他。」魯肅說：「孫權聰明而有才智，待人也寬厚和氣，特別器重有本事和有德行的人，江東的英雄豪傑都已歸附於他。目前，孫權已佔有六個郡的地方，兵精糧多，勢必能夠成就大業。為您著想，不如派一個可靠的人，去和孫權結好，雙方互相幫助，以實現各自的事業。而您卻打算投靠吳巨，吳巨是個沒有甚麼作為的人，所據地方又很偏僻，眼看就要被別人併吞，怎麼能依靠他呢？」劉備聽了，甚感悅服，遂採用魯肅的建議，率軍進駐鄂縣樊口（今湖北省鄂城縣西北），並派諸葛亮隨魯肅赴柴桑（今江西省九江市西南），去見孫權。

諸葛亮見到孫權後，對孫權說：「如今天下大亂，將軍在江東進兵，劉備在漢水南岸收集部眾，與曹操共爭天下。曹操已鏟除了他的勁敵袁紹，統一了北方，新近又南下攻佔荊州，威震四方，馬上就要進逼江東。劉備現在是英雄無用武之地，所以才暫避樊口，不知將軍打算怎麼辦？如果您願意以江東的人力、物力與曹操抗衡，那就早日同曹操絕交，爭奪天下；如果您感到自己沒這個力量，那就按兵卸甲，趁早降附曹操。如今，您既想向曹操屈服，內心又猶豫不決，捨不得放棄獨立，形勢已到了緊急關頭，仍未作決斷。恐怕沒有幾天，大禍就要臨頭了。」孫權聽後大怒，說：「我不能拿著整個江東的土地和十萬軍隊，去受曹操的擺佈，我的主意已經拿定了。但是，目前除了劉備，沒有誰能和我一起抵抗曹操，劉備最近又敗於曹操，怎麼樣才能抗擊這場戰禍呢？」諸葛亮說：「劉備雖然新敗於長坂，但現在陸續回來的士卒，加上關羽的水軍，合起來還有精兵一萬人。劉琦若集合起他的江夏兵，也不下一萬人。曹軍遠從北方而來，已經疲憊不堪，而又輕兵冒進，聽說為追趕我們，輕騎在一天一夜之內，竟跑了三百餘里。這就好比力量再強勁的箭，到了最後，連一層薄紗也穿不透了。再說，曹軍都是北方人，不習慣水上作戰，荊州的百姓歸附曹操，乃是迫於曹操的兵威，並未真心降服。現在，您如果能派猛將率數萬精兵，與劉備訂約結盟，同心協力，一定可以打敗曹軍。曹軍一破，曹操只得退回北方，荊州和江東的勢力就強大起來，三分天下的形勢，也就形成了。」孫權聽後大喜。

正在這時，曹操派人送信給孫權。信中說：「我奉天子之命，討伐不遵守臣節的人，大兵一南進，劉琮就束手投降。最近，我又訓練了八十萬水軍，準備與您在江東一起打獵。」孫權把這封信交給諸將看，諸將無不失色。長史張昭等說：「曹操像豺虎一樣兇狠，動不動就說是奉天子之命征伐四方。要是抗拒他，我們倒成了亂臣賊子了，在道義上是說不過去的。況且，我們要抵抗曹操，只能依靠長江天險。曹操已取荊州，收降了劉表的水軍，順江東下，長江天險，已非我們所獨有。至於實力上的敵眾我寡，更是明顯的事實。因此，為保全江東起見，看來只有向曹操妥協。」這時，只有魯肅在旁邊，一句話也不講。孫權起來更衣，魯肅追到屋簷下。孫權知道他的意思，拉著他的手說：「您有什麼話，要跟我講嗎？」魯肅說：「剛才大家的議論，都是在貽誤您的，不能與這樣的人討論大事。我魯肅可以投降曹操，您卻不能。因為我若投降，曹操會讓我回歸故鄉，說不定還會給我個官做，一旦有了功勞，累級上升，做個州郡一級的官，都說不定。您若投降曹操，試想能得到個甚麼下場呢？因此，希望您早定大計，不要聽他們議論了。」孫權嘆了口氣說：「大家的主張，很使我失望。只有您所說的一切，才與我的想法相同。」

孫權正準備力排眾議，周瑜自鄱陽（今江西省波陽縣東）回來，孫權便把大家的意見轉告給他。周瑜說：「他們說得不對。曹操名義上雖然是漢朝丞相，其實是個國賊。以您的神武雄才，又有父兄開創的基業可資依仗，豈不正是橫行天下、為漢室掃除污穢的時候？曹操自來送死，豈有主動向他投降的道理？請讓我為您分析一下情況：曹操對北方並未完全平定，馬超、韓遂還在關西為其後患，曹操捨棄了北方軍隊善於馳馬作戰的特長，反而用水軍來與我們較量，曹軍不服這裡的水土，必然會生病……這幾種情況，都是用兵的人最忌諱的，曹操卻冒險而行。因此，擒獲曹操就在今日，請撥給我幾萬精兵進駐夏口，我保證為您破曹。」孫權說：「曹操這個老賊，早就打算廢掉天子，自己做皇帝，只是畏懼袁紹、袁術、呂布、劉表和我幾個人而已。如今，他們先後都被曹操消滅了，只有我還存在。我和曹操勢不兩立。您認為可以擊曹，和我的想法正好一致，大概是上天把您賜給我的罷？」於是，孫權拔刀砍去面前案上的一角，對眾人說：「所有文武官員，若有敢再說應當投降曹操的，就和這張案子一樣！」

當天夜裡，周瑜又去見孫權，進一步分析情況：「大家只看到曹操的信上聲稱有大軍八十萬，就紛紛恐慌了，而不再考慮真假，就主張投降，這是完全沒有根據的。從實際情況來看，曹操所帶的北方兵，最多不過十五六萬人，而且早已疲憊不堪，他所俘獲的劉表的軍隊，也只有七八萬人，這些人對曹操又都心存疑懼。曹操以這樣困乏的軍隊作戰，還要設法控制對他心懷不滿的荊州兵，人數雖多，也毫不值得畏懼。您只要給我五萬精兵，就可以制勝曹操，希望您不必擔心。」孫權用手撫著周瑜的後背，激動地說：「您說得這樣中肯，很合我的心意。張昭他們，只知道顧慮自己的妻子兒女的安危，光從個人得失考慮對策，讓我很失望。只有您和魯肅與我同心，這是上天賜您們二人來輔佐於我。五萬之軍一時很難調集，我已選好了三萬，船隻、糧食也都準備齊全。您與魯肅、程普等人先出發，我繼續調集人馬和輜重，做您的後援。您只要能戰勝曹操，一切均可見機行事，萬一失利，便向我靠攏。我一定與曹操決一死戰。」孫權遂任命周瑜、程普為正副都督，魯肅為贊軍校尉，領兵與劉備合力迎擊曹操。

周瑜率三萬水陸軍從柴桑西上。劉備派人去慰問，並邀請周瑜來共商軍情。周瑜以重任在身不便離軍為辭，拒絕去見劉備。劉備便迎接周瑜於樊口以東，問周瑜：「江東終於出兵抗拒曹操，卻不知有多少兵力？」周瑜回答：「三萬人。」劉備說：「可惜少了些。」周瑜說：「這就足夠用了，請您看我是如何破曹的。」劉備非常佩服周瑜的胸懷氣度，但以為周瑜未必能破曹軍，僅率二千兵力，磨磨蹭蹭地跟隨在周瑜大軍的後面，隨時準備或進或退。

曹操以大軍壓境，又輔以書信脅降，原以為孫權會屈服，不料周瑜已經西上。這時，曹軍有許多人，因水土不服患病，曹操乃留主力在江陵，自率荊州水軍及一部陸軍順流東下。東漢建安十三年（二〇八年）十月十日中午，曹操與周瑜在赤壁（今湖北省蒲圻縣西北長江南岸）相遇，雙方發生戰鬥。荊州水軍初戰即敗，曹操遂至江北紮下水寨，其陸軍亦在江北岸駐營，欲待冬天過後，來年春天再戰。周瑜則駐紮在長江南岸，與曹操隔江對峙。

曹操因初戰失利，又因軍中疾病盛行，為鞏固水寨，將船隻全部用鐵鎖連接起來。周瑜數次往江北曹營前挑戰，曹操均閉營不出。江東老將黃蓋，向周瑜獻計：「現在敵眾我寡，不應與其長久對峙。曹軍把戰船都首尾連結起來，如用火攻，就可以大破曹軍。」周瑜認為言之有理，便將數十艘戰船裝滿乾燥的柴草，在裡面灌上油，外面用帳幕包裹起來，船上插滿旌旗龍幡。然後，黃蓋派人送信給曹操，佯稱要投降曹操，並準備在雙方交戰之際作曹操的內應。曹操並未輕信黃蓋的求降，一笑置之。

十一月十三日夜裡，黃蓋率領數十艘裝滿柴草的戰船駛向江北岸，周瑜則率主力跟進。曹軍官兵都出營觀看，還以為黃蓋真得是來投降了，一點也未作戒備。當黃蓋行至距曹軍水寨還有二里遠的時候，命各船同時點火，箭也似地駛向曹軍水寨。這時，東南風刮得正緊，風助火勢，很快就把曹軍的船隻都燃著了，大火還蔓延到曹軍岸上的營寨，曹軍被燒死和溺死的不計其數。周瑜又率軍在後面大舉進擊，劉備也率軍來助攻，曹操被迫僅帶少量殘部，向華容道逃去。周瑜立即以水軍擋截企圖逃走的曹軍戰船，然後溯江西上，繼續追擊曹操，一直追到江陵城下。

曹操在曹仁的接應下，退據江陵後，深恐周瑜、劉備等沿漢江而上直取襄陽，進而切斷其歸路，又怕孫權進攻合肥和策動北方各州郡反叛，於是留曹仁、徐晃守江陵，留樂進守襄陽，派張遼由南陽增援合肥，自率大軍北返鄴城。曹操走後，劉備向周瑜建議：「江陵城堅糧多，一時不易攻下，我可讓張飛率兵一千跟隨您去攻城，請您分二千兵給我，讓我由夏水抄截曹仁的後路，一定能逼迫曹仁棄城而走。」周瑜便分兵二千給劉備，另派甘寧率一部軍，攻取江陵上游的夷陵（今湖北省宜昌市），以牽制江陵。曹仁怕夷陵失守，會威脅江陵的安危，分兵到夷陵圍攻甘寧。周瑜率主力增援甘寧，大敗曹軍。然後，周瑜又回師，同曹仁相拒於江陵。到東漢建安十四年（二〇九年）十二月，曹仁在江陵屢戰不利，形勢孤危，被迫撤走。周瑜進據江陵。

與此同時，劉備為給自己的未來找塊立足之地，乘機攻取武陵（今湖南省常德市）、長沙（今湖南省長沙市）、零陵（今湖南省零陵縣）、桂陽（今湖南省郴縣）四郡，自己則駐守公安（今湖北省公安縣西北）。這時，劉表原來的部下多歸附劉備，劉備遂以江南四郡「地少不足以安民」為藉口，去京口（今江蘇省鎮江市）面見孫權，要求把南郡（今湖北省江陵縣）借給他，以便控制整個荊州。周瑜深感劉備是個「梟雄」，又有關羽、張飛等「熊虎之將」在他身旁，日後必為江東的勁敵，勸孫權將劉備扣留在江東。魯肅反對這樣做，認為放劉備回荊州，不但可為曹操增加一個敵手，而且可為孫權增加盟友。孫權既怕曹操再下江東，又怕劉備勢力急劇發展，但因當時來自曹操的威脅仍然　最大，為了維持孫劉聯盟，只好同意把南郡暫借給劉備，並上表漢獻帝，封劉備為荊州牧。劉備佔據荊州後，繼續謀求諸葛亮制定的「隆中策」的實現，又伺機西取益州。

赤壁之戰，孫權面對強敵冷靜分析形勢，確立聯劉抗曹的方針，以長擊短，先機制敵，終於大獲全勝。曹操則不僅未能掃平江東，反而連已經到手的荊州也告失。魏、蜀、吳三分鼎足的局面，從此已露端倪。

劉備襲取蜀漢之戰

劉備襲取蜀漢之戰，起於東漢建安十六年（二一一年）十二月劉備因劉璋之迎入蜀，迄於東漢建安二十四年（二一九年）五月劉備佔領漢中，前後共歷七年零六個月。

赤壁之戰後，曹操看到孫權和劉備的勢力一時難以消滅，遂控制合肥、襄陽這兩處戰略要地，對孫劉暫取守勢，而以主要力量西討關中的馬超和韓遂，並準備進圍漢中的張魯。孫權則南取交州（州治在今廣西省蒼梧縣），西窺益州（州治在今四川省成都市），也進一步擴張自己的勢力。劉備早在隆中與諸葛亮初次見面時，就已經認識到「益州險塞，沃野千里，天府之土，高祖因之以成帝業」，當然不願意益州為孫權所奪，故而以巴蜀地險路遠，曹操正欲「觀兵於吳會」，益州牧劉璋乃漢朝宗室，不應攻伐為理由，勸阻孫權取蜀。後見勸阻無效，便讓諸葛亮和關羽屯兵江陵，張飛屯兵秭歸（今湖北省秭歸縣），自己屯兵孱陵（今湖北省公安縣油江口西），以阻擋孫權水軍西上，迫使孫權罷兵。

益州牧劉璋在曹操攻佔荊州時，被曹操的兵威所懾服，曾派別駕張松向曹操致敬。曹操當時躊躇滿志，根本未把劉璋放在眼裡，對張松自然也不客氣。張松因此怨恨曹操，回益州後，勸劉璋斷絕與曹操的來往，轉而結好劉備。劉璋問派誰去見劉備，張松推薦自己的朋友法正。法正在劉璋手下正不得志，見到劉備後說：「以將軍的蓋世英才，應當乘劉璋闇懦無能，張松等作為內應，一舉奪取益州。憑借益州的殷富和險阻，成就大業易如反掌。」法正返回益州後，又與張松密謀，欲擁戴劉備為益州之主。

東漢建安十六年（二一一年）十二月，劉璋得知曹操派鍾繇向漢中討伐張魯，唯恐唇亡齒寒。張松乘機又對劉璋說：「曹操的兵力強大，簡直無敵於天下。如果他在擊破張魯後，以漢中為基地攻蜀，您有能夠抵禦他的兵馬嗎？」劉璋回答：「我正憂慮此事，卻沒有甚麼好辦法。」張松說：「劉備乃漢朝宗室，與曹操有深仇大恨，又善於用兵，如果讓他去討伐張魯，必然能擊破張魯。這樣，益州就更為強大，即使曹操親自來攻也不怕。您現在的部將龐義、李異等，皆自恃有功，驕橫難制，不快請劉備來，很可能造成強敵攻之於外、叛亂起之於內的局面，那可就太危險了。」劉璋被張松的這番話說動，決定派法正、孟達率四千人去迎接劉備。主簿黃權勸道：「劉備是個名聲很大的人，把他請來之後，若以部屬相待，他將感到不滿，若以賓客相待，則一國不容二君。況且，客人若有泰山壓頂之勢，主人必有卵破之危，不如關閉益州的邊境，等待形勢好轉。」劉巴也勸劉璋說：「劉備是個野心勃勃的人，請他入蜀，必然為害。」劉璋均聽不進去。

劉備取蜀之計已定，及法正來迎，便向法正首先詢問「蜀中闊狹，兵器府庫，人馬眾寡及諸要害」的情況。法正全告訴了他，並將益州的地圖也獻給他。劉備於是命關羽、諸葛亮、張飛、趙雲留守荊州，自己和龐統、黃忠、魏延等，率步卒萬人入益州。當劉備行至巴郡（今四川省江北縣）時，巴郡太守嚴顏嘆道：「這真像獨坐在深山裡，放進老虎來自衛啊！」劉備自巴郡沿墊江水（今涪水）至涪城（今四川省綿陽市）時，劉璋已率步騎三萬餘人，聲勢浩大地親自來迎接劉備。張松祕密派人通知法正，讓他勸劉備乘與劉璋會面時襲擊劉璋。劉備沒有同意，認為不可倉促行事。龐統說：「在會面時捉住劉璋，便可不再動兵，益州唾手可得。」劉備解釋道：「剛進入人家的地界，恩威信義還沒有建立，怎麼能幹這種事！」劉備和劉璋相見後，劉璋立刻推舉劉備為大司馬領司隸校尉，劉備亦承認劉璋為鎮西大將軍領益州牧。劉璋就地隆重招待劉備及其部下，然後給劉備補充足夠的兵員和物資，請他北上進攻張魯，將駐守戰略要隘白水關（今四川省昭化縣西北川陝交界處）的楊懷、高沛的軍隊，也交他督理。這樣，劉備的實力一下膨脹到了數萬人，車甲糧秣充足。劉璋向劉備交待完畢後，返回成都。然而，劉備和龐統、法正等行至葭萌（今昭化縣東南）後，並未去討伐張魯，而是在此地「厚樹恩德」，籠絡人心。

東漢建安十七年（二一二年）十二月，劉備在葭萌已屯兵一年。龐統向劉備獻計：「如今應當祕密挑選精兵，晝夜兼程直襲成都。劉璋既不懂軍事，又對您還沒有戒心，大軍一到，便可告捷，這是上計。楊懷、高沛二人，都是劉璋手下的名將，各率強兵扼守險要。聽說他們曾多次寫信勸劉璋把您趕回荊州，您乾脆告訴他們說荊州有急，要回師援救，並裝作確實要歸去的樣子。他們既畏懼您的英名，又高興您終於離開這裡，必然輕騎簡從前來送行，您乘機將他們活捉，收納他們的兵力，再進攻成都，這是中計。退回白帝城（今四川省奉節縣東白帝山上），使之與荊州聯成一氣，漸漸地再圖發展，這是下計。如果總在這裡按兵不動，將要遇到很大麻煩，而且未必能夠長久。」這時，曹操正親率大軍南征孫權於濡須（今安徽省巢縣東南東關鎮），孫權力不能支，向劉備求援。劉備便採納龐統所說的中計，一面準備行裝，一面送信給劉璋說：「曹操進攻孫權，孫權與我本為唇齒。樂進又在青泥（今湖北省襄樊市東南）與關羽相拒，若不去援救關羽，樂進必然長驅直入，進而侵犯整個荊州。我對樂進的憂慮，遠超過對於張魯，張魯不過是個據地自守的傢伙，不值得太憂慮。」劉備還乘機放膽，向劉璋再索取一萬人的兵力和輜重。劉璋已感到劉備並非可信之人，但又不好意思撕破臉面，僅給他四千兵，輜重亦減半。張松聽說後，寫信詢問劉備和法正：「眼看大事可成，為何要扔下而回荊州？」此事，被張松的哥哥廣漢太守張肅知道，報告劉璋。劉璋大怒，立即殺掉張松，並通知各地守將，警惕劉備的陰謀。

白水關守將暢懷、高沛，聽說劉備將東歸，果然來見劉備。劉備藉口他們有失禮節，將他們殺掉，然後便進據白水關，一面召諸葛亮率軍入蜀，一面命霍峻留守葭萌城，而以黃忠、卓膺為前鋒，自率主力在後繼進，疾趨成都。

劉備一路勢如破竹，很快就攻至涪城。益州從事鄭度，向劉璋獻計：「劉備率軍來襲，他自己原來的士卒不滿萬人，被迫投降他的蜀軍，並未真心歸附他，他又沒有多少輜重，莫如盡驅巴西、梓潼的百姓，在潛水以西設防，同時堅壁清野，不與劉備交戰。劉備無所補給，不出百日就得退走，然後再發動攻擊，一定能夠抓住他。」劉備聞訊，深感憂慮，問法正怎麼辦。法正說，劉璋肯定不用鄭度之計，勸劉備不要憂慮。劉璋果然聲稱：「我只聽說抗拒敵人是為了安定人民，沒聽說應騷動人民去躲避敵人。」未採納鄭度之計。

東漢建安十八年（二一三年）五月，劉備自涪城向成都進擊。劉璋一面派扶禁、向存等率萬餘人，由閬水（今嘉陵江）北上攻奪葭萌，一面派劉瞶、冷苞、張任、鄧賢、吳懿等抗拒劉備。劉瞶等迎戰失利，退保綿竹（今四川省德陽縣北），吳懿投降劉備。劉璋又派李嚴、費觀率綿竹諸軍抵禦劉備，不料李費二人亦叛變投降。劉備的力量，因此更為強大。劉瞶、張任，與劉璋之子劉循退守雒城（今四川省廣漢縣），劉備又包圍雒城，張任在出戰時被殺。

東漢建安十九年（二一四年）閏五月，諸葛亮留關羽守荊州，與張飛、趙雲率軍溯江西上，攻克巴東（今湖北省巴東縣西北）、江州（今四川省江北縣），擒獲巴郡太守嚴顏。然後，諸葛亮派趙雲往江陽（今四川省瀘縣）、犍為（今四川省彭山縣東）進攻，派張飛平定巴西（今四川省閬中縣西）、德陽（今四川省遂寧縣）等地，約定與劉備在成都會師。

劉備圍雒城已將一年，仍未攻下，而且損失了軍師龐統。劉備便讓法正，寫信給劉璋勸降：「不要以為劉備孤軍深入，糧草無儲，因而企圖以多擊少，曠日對峙。我們從葭萌出發後，攻無不克，拿下雒城，也只是時間問題。現在，張飛所率之軍已平定巴西、德陽，趙雲所率之軍已平定資中等地，三路大軍若一齊向成都挺進，您有什麼辦法抵禦？魚腹（今四川奉節縣東北）、關頭（即白水關）為益州禍福之門，今二門悉開，堅城皆下，蜀軍兵將損失慘重，存亡之勢昭然可見。然而，劉備自舉兵以來，一直沒忘記您過去對他的恩情，並不想把您本人怎麼樣，只要您停止抵抗，一定保全您的榮華富貴。」劉璋沒有回答。很快，雒城告失，劉備進圍成都，諸葛亮、張飛、趙雲等亦先後趕來會師，馬超自隴右來投靠劉備。這時，成都城內尚有精兵三萬，糧食足夠吃兩年，官民都欲與劉備決一死戰。劉備圍城數十日未下，又派簡雍去勸降劉璋。劉璋終於答應投降，並向全城百姓宣告：「我們父子在益州二十餘年，沒有什麼恩德加於百姓。如今益州境內連續攻戰了三年，屍橫遍野，這都是因為我劉璋的緣故，我於心何忍？」六月，劉璋出城向劉備投降。劉備進入成都後，自領益州牧，一面收拾民心，一面又準備北取漢中。

東漢建安二十年（二一五年）三月，曹操在平定隴右之後，亦欲南取漢中，率夏侯淵、夏侯惇、張郃、徐晃、朱靈等，自陳倉出散關，進擊張魯。這年七月，曹軍進至陽平關（今陝西省沔縣西北），張魯派其弟張衛，率數萬人據關抵抗。曹操進攻受挫，又聽說孫權率軍十萬攻合肥，決定引軍撤退。張衛等因而鬆懈守備，被曹操突然殺了個回馬槍，致使全軍覆沒。張魯得知陽平關已經陷落，要投降曹操。功曹閻圃卻認為：「因為形勢危迫而投降，在曹操看來沒甚麼功勞。不如聯合杜濩、樸胡等族勢力，先與曹操相拒，然後再求和，在曹操眼中就不一樣了。」張魯於是決定退保南山，自米倉道入巴中。他左右的人，勸他燒掉留下的物資。張魯說：「我本是想報效國家的，這心意一直未能實現。今日，只是為了躲避曹操的攻勢，並沒有別的企圖，倉庫裡的東西是國家的，怎能隨便燒掉？」他將全部物資一律封藏，然後棄城而去。曹操未戰即進入南鄭（今陝西省南鄭縣），很贊許張魯的所為，再加上張魯對自己沒有惡意，派使者去招撫張魯。十一月，張魯在收降樸胡、杜濩等族後，親自來南鄭，向曹操投降。曹操拜張魯為鎮南將軍，封閬中侯。曹操既然已定漢中，丞相主簿司馬懿獻計：「劉備用欺詐手段虜取了劉璋，益州人民不會服從他。他最近與孫權遠爭江陵，我們應乘平定漢中之勢，進擊益州，機不可失。」曹操認為這種「既得隴，復望蜀」的想法不大切實，深入蜀中作戰有害無益，便留夏侯淵、張郃、徐晃等屯駐漢中，自率大軍返回鄴城。

這時，孫權見劉備已經奪佔益州，派諸葛瑾向劉備索還荊州。劉備藉口「方圖涼州，涼州定，乃盡以荊州相與」，不肯歸還。而當劉備入蜀時，留關羽守江陵，與魯肅為鄰，關羽自恃勇武，經常與魯肅鬧磨擦。魯肅為堅持聯劉抗曹之策，一再忍讓。東漢建安二十年（二一五年）五月，因劉備拒還荊州，孫權任命長沙、零陵、桂陽三郡太守，前去接收土地。然而，這三個太守，均被關羽趕了回來。孫權大怒，又派呂蒙率軍二萬，去取三郡。長沙、桂陽二郡望風歸附，唯有零陵太守郝普，守城不降。劉備聞訊，急忙自成都引兵五萬至公安，並派關羽率軍三萬爭奪三郡。孫權也從秣陵進駐陸口（今湖北省嘉魚縣西南），派魯肅率萬人屯守益陽（今湖南省益陽縣西），以拒關羽，同時命呂蒙放棄對零陵的圍攻，前去增援魯肅。魯肅進至益陽，與關羽對峙，指責關羽不歸還三郡，關羽無語以答。正當雙方就要交戰之際，適逢曹操將取漢中，劉備懼失益州，派人與孫權講和。雙方經過討價還價，終於議定：以湘水為界平分荊州，江夏、長沙、桂陽三郡屬孫權，南郡、武陵、零陵三郡屬劉備。

東漢建安二十二年（二一七年）十月，法正對劉備說：「曹操一舉收降張魯，平定漢中，不乘勢進圖巴蜀，而留夏侯淵和張郃屯守漢中，自率大軍北歸，這不是由於他考慮不周，也不是因為他力量不足，而是因為孫權在後方跟他搗亂。夏侯淵、張郃都不是很有謀略的將領，舉兵往討，必可克之。一旦佔領漢中，廣積糧秣，窺伺時機，或者可以傾覆曹操，安定漢室，或者可以蠶食雍涼一帶，廣拓土地，起碼也可以固守要害，為持久之計。這是上天給予的機會，切勿喪失。」劉備贊成他的意見。次年春天，劉備讓諸葛亮總理後方補給，自己與法正率大軍進擊漢中。

這時曹軍方面，夏侯淵屯駐陽平關，徐晃守馬鳴閣道，張郃守廣石（今陝西省沔縣西），曹洪、曹真、曹休守下辨（今甘肅省成縣西）。東漢建安二十三年（二一八年）二月，馬超進攻下辨，張飛進攻固山（今成縣南），聲稱將截斷曹洪等人的後路。曹休對諸將說：「他們要真想截斷我們的後路，就應當伏兵潛行，如今先張聲勢，說明他們根本就不想這樣做。我們不妨乘他們立足未穩，先擊馬超，張飛自然會退走。」曹洪接受了這個建議。曹軍首先進擊馬超，斬殺馬超部將吳蘭，迫使馬超、張飛相繼引兵退走。四月，劉備親自率軍進攻馬鳴閣（今四川省昭化縣西北），另遣陳式等切斷馬鳴閣道。徐晃大破陳式，曹操得知後大喜，說：「馬鳴閣道乃是漢中的險要，劉備想在此斷絕我軍內外的聯繫，然後襲取漢中，徐晃將其擊潰，幹得好！」但是，馬鳴閣道，不久終於被劉備攻佔。劉備接著進擊陽平關及廣石，在這兩個地方，遭到夏侯淵、張郃、徐晃頑強阻擊。劉備屢攻不克，急忙給留在益州的諸葛亮寫信，讓他趕快發來援兵。諸葛亮就此事徵詢從事楊洪的意見。楊洪說：「漢中為益州的咽喉，沒有漢中，則蜀地難保。這是在家門口作戰，男子都應上戰場，女子也都應去運輸輜重，發兵還有什麼可置疑的呢？」諸葛亮乃盡發蜀中之兵，增援劉備。這時，曹操見漢中危急，決定親征劉備。曹操於七月自鄴城出發，九月至長安，忽聞宛城守將侯音反叛，與關羽遙相呼應，唯恐中原有失，急忙又回師。

東漢建安二十四年（二一九年）三月，劉備因久攻陽平關和廣石不下，引軍南渡沔水至定軍山（今陝西省沔縣東南）。夏侯淵前來爭山，築圍與劉備對峙，派張郃守東圍，自率輕兵守南圍。劉備乘夜發起火攻，先破東圍，擊敗張郃，迫使夏侯淵撥兵支援張郃，然後又採用法正之計，率黃忠等急襲夏侯淵所在的南圍，重創曹軍，殺死夏侯淵。張郃見主將已死，撤軍退守陽平關。曹軍督軍杜襲與司馬郭淮，為安定軍心，推舉張郃為主將，統一指揮曹軍。劉備渡沔水進擊陽平關，張郃一面佈陣迎戰，一面報告曹操。曹操已平定宛城之叛，便自長安出斜谷道，前往漢中。劉備乘曹操未至，集中兵力，扼險拒守。當曹軍運糧車隊行至，劉備命黃忠發動襲擊，又派趙雲前去接應，大獲曹軍輜重。曹操與劉備對峙月餘，曹軍多有逃亡。這年五月，曹操見取勝無望，盡撤漢中諸軍回長安，命張郃守鳳翔（今陝西省寶雞市東），命曹洪移兵陳倉，同時為阻止劉備北取武都、白馬氐而威逼關中，派雍州刺史張既赴武都，撤遷當地居民至扶風、天水等郡。

劉備佔領漢中後，又東取房陵（今湖北省房縣）、上庸（今湖北省竹山縣），進攻襄陽、樊城，並準備北取涼州。這年七月，劉備自稱漢中王於漢中，然後返回成都。至此，劉備在蜀漢割據之勢，終於底定。

第九章

三國時代

吳蜀荊州、夷陵之戰

吳蜀荊州之戰，起於東漢建安二十四年（二一九年）閏十月，迄於同年十二月。吳蜀夷陵之戰，起於魏黃初二年（蜀漢章武元年，西元二二一年）六月，迄於次年閏六月。

劉備襲取蜀漢成功，意味著三國鼎立局面形成。東漢建安二十年（二一五年）夏天，孫權鑑於劉備已獲益州，遣使索還荊州。劉備卻藉口正圖涼州（今甘肅省），拒不歸還。孫權認為劉備在耍花招，決定派兵奪佔長沙、桂陽、零陵三郡。劉備聞訊，急忙自成都率軍東下公安，準備與孫權對抗。孫權也趕到陸口，指揮各路兵馬，迎戰劉備。正當雙方就要兵戎相見的時候，曹操攻打漢中，劉備感到後方吃緊，被迫與孫權講和，孫權亦欲乘機攻取合肥，同意罷兵。於是，孫劉雙方都作了些讓步，劃湘水為界，平分荊州。但是，孫權並未從此放棄奪回全部荊州的企圖，為此甚至不惜在東漢建安二十二年（二一七年）三月曹操進逼濡須口（今安徽省無為縣東南長江北岸）時，派人向曹操請降。

東漢建安二十二年（二一七年）冬天，鎮守陸口的魯肅死去，呂蒙代其為將。孫權將收回荊州的希望，寄託在呂蒙身上，任命他兼為漢昌太守，管轄下雋（今湖北省通城縣西北）、劉陽（今湖南省瀏陽縣）、州陵（今湖北省監利縣東）等地。這些地方，與關羽管轄的江陵毗鄰。呂蒙知道關羽有向外擴張的野心，而且位於自己的上游，絕不會相安無事。因此，呂蒙明與關羽修好，暗中積極準備收回荊州。東漢建安二十四年（二一九年）七月，關羽舉兵北攻襄樊。呂蒙乘機向孫權上書：「關羽進攻襄樊，卻留下很多兵力守備江陵，一定是怕我攻其後方。我常有病，請讓我帶一些人回建業（今江蘇省南京市）裝作治病，關羽得知，必然撤去江陵守備，全部開赴襄樊。那時，我軍主力乘機渡江，晝夜兼程，突然襲其後方，便可一舉奪取江陵，活捉關羽。」孫權對此心領神會，立刻大張聲勢地召還呂蒙。

關羽果然中計，將守備江陵、公安的兵力，陸續調往襄樊。這時，曹操已自漢中退回長安，派左將軍于禁和立義將軍龐德，率三萬人增援襄樊，屯軍樊城以北。八月，因暴雨連天，漢水劇漲，平地水深數尺，于禁等皆遭水淹。關羽乘機發動進攻，于禁投降，龐德被殺。關羽率水軍進圍襄樊，另遣部分兵力深入郟下（今河南省郟縣），擾動洛陽、許昌。曹仁被圍困在樊城，誓死堅守，無奈城中僅有數千兵，形勢危殆。九月，曹操因襄樊告急，洛陽和許昌不安，便率軍前往洛陽。當時，自許昌以南，許多郡縣已紛紛投降關羽，曹操唯恐許昌有失，漢獻帝被關羽奪去，曾考慮是否遷都。司馬懿和蔣濟勸阻道：「于禁等是被洪水淹沒的，並非作戰的失誤，對國家大計沒有多大損失。劉備和孫權外親內疏，關羽得志，孫權肯定不願意。可以派人勸孫權攻擊關羽的後方，以將江南封給孫權作為條件，則樊城之圍可解。」曹操採納了這個建議，一面派人去見孫權，一面派徐晃先自宛城南下援救曹仁，自己親率大軍至摩陂（今河南省郟縣境），調動各方援軍合救樊城。孫權見到曹操派來的使者，表示願意討伐關羽，但請曹操不要洩漏這個消息，以免關羽有所防備。曹操就此徵詢幕僚的意見，大家都說應當為孫權保密，唯有董昭持不同意見。董昭說：「我們可以答應為孫權保密，但這個情況無論如何要洩漏出去。關羽若聽說孫權將要襲擊他的後方，他一定會回師，樊城之圍即可速解。而且，這將使他和孫權相互厮殺起來，我們則可坐待他們各自損耗。秘而不露，只能使孫權得到便宜，於我們不利。況且，樊城被圍的我軍不知有救兵在外，若因軍糧不足而鬥志動搖，後果將不堪設想，還是盡快讓他們也知道此事為好。關羽這個人非常剛愎，自恃江陵、公安守備堅固，未必會很快退兵。」曹操很贊成他的分析，立即派人，將孫權的來信射入樊城及關羽營中。雙方都得到這個消息後，曹仁等信心百倍，關羽也自以為江陵、公安二城守固，孫權很難一下攻破，捨不得放棄眼看就要到手的樊城，故沒有撤軍。不久，徐晃所率援軍趕到，關羽仍在襄陽、樊城之間與曹軍對峙，一直到這年十月。

這年閏十月，呂蒙奉孫權之召返回建業。呂蒙途經蕪湖時，定威校尉陸遜問他：「您的轄地與關羽接境，為何離去？難道不怕關羽發難嗎？」呂蒙說：「您說得很有道理，無奈我的病情嚴重。」陸遜又說：「關羽本來就沒把我們放在眼裡，現在又聽說您有病離去，必然更加不予防備，如果出其不意發動進攻，定可獲勝。您若見到主公（孫權），應當好好商量一下怎麼辦。」呂蒙為隱秘其行動計畫，故意說：「關羽素來勇猛過人，難與為敵，況且佔據荊州多年，早已收拾了人心，不大好打他的主意。」當呂蒙見到孫權時，孫權問誰可以代替呂蒙在陸口指揮，呂蒙立刻推薦陸遜，說：「陸遜深謀遠慮，足以擔負重任。他又沒有什麼名氣，不是關羽所忌之人。但若用他破敵，要特別提醒他，在外表上儘量不要流露出聰明，只在暗中佈置就行了。」孫權便召見陸遜，命他接替呂蒙。

陸遜來到陸口，首先寫信祝賀關羽在襄樊所取得的勝利，並表示自己學疏才淺，非常仰慕關羽，絕不與關羽為敵。關羽見信後，對後方益發感到放心，再次抽調江陵、公安剩餘的兵力前來樊城。不久，關羽因與徐晃作戰軍糧不足，搶奪了孫權在湘關的存米。孫權在得到陸遜認為可以進襲江陵、公安的報告之後，立即以此為藉口，派呂蒙與陸遜為前部，孫皎為後繼，進襲江陵和公安。呂蒙進至潯陽（今江西省九江市），將精兵埋伏在戰船內，讓搖櫓的士兵都扮作商人模樣，晝夜溯江西上。行至江夏，呂蒙分兵一部進入沔水，以阻關羽水軍南下，自己則到陸口與陸遜會師，進入公安境內，將關羽佈署在江邊的士兵統統活捉。公安守將傅士仁和江陵守將麋芳，以前因向襄樊前線供應軍需不及時，曾遭到關羽的責罵。呂蒙利用傅、麋二人對關羽的不滿和畏懼心理，派人說降，終於使他們將公安和江陵相繼獻出。呂蒙進入江陵後，又派陸遜西取宜都（今湖北省宜都縣），迫使宜都太守樊友棄城逃走，派李異、謝旌等攻取枝江（今湖北省枝江縣）、夷道（今宜都縣西北）、秭歸（今湖北省秭歸縣），然後屯兵夷陵，以防劉備自成都出兵，同時派周泰、韓當等大破房陵（今湖北省房縣）太守鄧輔、南鄉（今河南省淅川縣）太守郭睦，前後納降數萬人。呂蒙在江陵盡得關羽及其將士的家屬，將他們妥善安置，並嚴申軍紀，不許掠奪百姓。

關羽正在襄樊間與曹軍對峙，得知江陵告失，立刻回師。曹仁想乘關羽後撤發動追擊，有個叫趙儼的將領對他說：「孫權乘關羽與我們交戰，所以才在後方發動襲擊，一旦關羽回師，還不知孫權又會怎樣。如今，關羽既然決心找孫權報仇雪恨，就應當讓他前去，成為孫權的大患。如果我們深入追擊，孫權一旦改變了主意，這個禍害就要降在我們頭上了。」曹仁認為言之有理，決定不去追擊關羽。這時，孫權唯恐曹軍乘其和關羽交戰之際撈取便宜，主動向曹操上書稱臣。曹操得知關羽退走，也唯恐曹軍追擊，急忙下令給曹仁，不讓曹軍追擊。其想法正與趙儼相同。

關羽引軍南歸途中，惦念家中老少，數次派人與呂蒙聯繫。呂蒙熱情接待關羽派來的人，帶他周遊城中，到各位將士的家中去慰問。當派去的人回到關羽軍中後，廣大將士知道自己家中平安無事，所受到的待遇甚至超過平時，頓時皆無鬥志。十一月，關羽自知勢孤力窮，前往當陽保守麥城（今湖北省當陽縣東南），想在那裡等待劉備的援兵。孫權派人勸關羽投降，關羽偽裝接受，然後僅率十餘人西逃漳鄉（今當陽縣東北）。孫權派潘璋、朱然率軍追趕關羽，終於將其擒獲，送交孫權。孫權處死關羽，並將其頭顱獻給曹操。曹操拜孫權為驃騎將軍，領荊州牧，封南昌侯，荊州又為孫權所有。

孫權收回荊州後，將治所暫時設在公安，以便進擊蜀漢。這時，孫權所採取的主要措施是：向曹操稱臣，以鞏固與曹操剛結成的同盟；派人去北方購馬，以建立進攻蜀漢所需的騎兵；任命陸遜為鎮西將軍駐軍夷陵，周泰為漢中太守以圖漢中；請被劉備放逐於公安的劉璋駐軍秭歸，以圖巴蜀。

曹操接到孫權向他稱臣的書信後，認為孫權是想把自己放在爐火上炙烤，一笑置之，並拒絕部下也勸他代漢的建議，甘願以周文王自居。東漢建安二十五年（二二〇年）一月，曹操病死。當年十月，他的兒子曹丕廢除漢獻帝，改國號為魏，並定這年為黃初元年。次年四月，劉備也在成都稱帝，國號仍為漢，歷史上稱為蜀漢，改元章武。

魏黃初二年、蜀漢章武元年（二二一年）六月，劉備為報前年荊州告失之恨，決定親征孫權。翊軍將軍趙雲勸道：「篡奪國家政權的是曹操父子，而不是孫權。如果出兵先滅掉曹魏，孫權自然會立即投降，所以不應把大敵曹魏置於一邊，而先與孫權作戰。」丞相諸葛亮，也勸劉備不要進攻孫權。劉備不聽勸告，於七月命諸葛亮留在成都輔佐太子劉禪守國，命趙雲留在江州，自率四萬軍隊出征。

孫權獲知劉備來攻，一面部署兵力，準備抵抗蜀軍，一面讓南郡太守諸葛謹寫信給劉備。信上說：「您與關羽的關係，若和先帝（漢獻帝）比起來，哪個更親近些呢？以荊州的大小，和整個天下比起來，哪個更大些呢？孫權殺死關羽，收回荊州，您就來興師問罪；而曹丕謀害先帝，篡奪天下，您卻不去討伐。即使您認為曹丕和孫權都應仇恨，都該討伐，也總得分個先後才對。如果您明白我所講的這個道理，也就知道應該先攻哪個了。」劉備對來自敵方的勸告，更是聽不進去，連奪巫縣（今四川省巫山縣）、秭歸等地，然後自白帝城繼續東進，直至猇亭（今湖北省宜都縣西、長陽縣南）紮營，與孫權軍形成對峙之勢。

孫權因劉備不肯罷兵，自知交戰難以避免，但為了能夠一心一意對蜀作戰，使魏國不至於掣其後肘，再次遣使向曹丕稱臣，並送還被關羽俘虜的于禁。魏國群臣都向曹丕祝賀，唯獨侍中劉曄指出：「孫權並非無緣無故就向我們討好，而是因為他遇上麻煩了。孫權以前偷襲荊州殺死關羽，劉備當然要找他算賬，孫權面臨強大敵人的進攻，內部人心惶惶，又怕我們乘機去攻他，所以才來討好。這樣一來，一則可以不使我們出兵，二則可以借此鼓舞他們的士氣，迷惑蜀國。我們則應大舉出兵，渡過長江擊滅孫權。」曹丕斟酌再三，認為：「孫權向我稱臣，我還要討伐他，將使天下想歸附我的人，從此懷疑我的為人。不如暫且接受孫權稱臣，而去襲擊蜀國的後方。」曹丕遂封孫權為吳王，加九錫（古代帝王賜給有大功或有權勢的諸侯大臣的九種物品）。但是，曹丕在讓孫權兼荊州牧的同時，卻耍了個花招，即將荊州原來所轄的江北諸郡劃歸郢城。孫權雖然不滿，此時卻不敢言。曹丕並派人到荊州，詢問劉備進兵的情況。當聽說劉備在秭歸至猇亭之間，以木柵聯營七百餘里時，曹丕說：「劉備實在不懂得用兵，七百里長的營地，怎能抗拒敵人的進攻呢？劉備用木柵連營，更是犯了兵家大忌。孫權的好運氣就要到了。」

孫權在聯魏成功後，立即以陸遜為大都督，率諸軍在夷陵迎戰劉備。陸遜命吳軍堅持與蜀軍相峙的局面，不得擅自出戰。諸將因孫桓被圍於夷道，求救甚急，均主張前去營救，陸遜沒有允許，並相信孫桓能夠堅守夷道，諸將遂以為陸遜怯敵。某些跟隨孫策起兵的江東老將，本來就不服陸遜，見陸遜如此用兵，紛紛質問陸遜。陸遜拔劍對眾人說：「劉備天下聞名，連曹操都有些怕他。如今他已在我們的疆界之內，絕不可小覷。諸位身蒙國恩，理應戮力同心，擊滅劉備，豈能如此亂來！我雖然是個書生，卻受命於主公，主公之所以委屈諸位由我節制，大概是因為我多少還有些長處，起碼能夠忍辱負重。請諸位不要多言，否則將以軍法從事！」諸將只好聽令，各守不戰。

這時，蜀軍先鋒吳班率數千人，在平地立營，前來挑戰。諸將又向陸遜請戰，都爭著想去迎敵。陸遜說：「劉備率軍沿江東下，士氣正盛，而且乘高據險，很難立刻將其攻破，縱然能攻破其一部，也無濟於事，萬一失利，反倒影響大局。我們姑且養精蓄銳，從多方面考慮破敵的策略，等待敵情發生變化。如果這裡是平原曠野地帶，恐怕我們根本就站不住腳，好在劉備是沿著山地進軍，兵力施展不開，而且他們必然會疲憊於山林之中，進而給我們以可乘之機。吳班率少量蜀軍，突然在平地立營，其中必然有詐。」諸將不理解陸遜的作戰意圖，認為陸遜的確是懼怕蜀軍，無不心懷憤恨。劉備見立營平原之計，沒有誘敵成功，便下令將預先埋伏在山谷中的八千伏兵撤出。吳軍諸將，這才知道陸遜的顧慮何在。這時，孫權也派人詢問陸遜為何按兵不動。陸遜上書回報孫權：「夷陵這個要害之處，乃是我們東吳立國的關鍵，一旦失守，不僅損失這一個郡，整個荊州都難以保住。我們今日與蜀軍在此爭奪，一定要一勞永逸。我曾擔心劉備水陸大軍同時來，那樣就得分兵抵抗。現在，他不要水軍單靠陸路，又在七百里內處處結營兵力分散，這佈置看來不會再有甚麼變化。所以，請主公放心，不用再為此事而掛念。」於是，吳軍仍然堅守不戰，使蜀軍欲進不得，雙方相峙於高山大川之間，一直到魏黃初三年（蜀漢章武二年，西元二二二年）六月。

這年閏六月，陸遜突然決定向蜀軍發動全面進攻。諸將不解，都認為要攻劉備，應當在他剛來的時候，如今蜀軍已深入國境五六百里，與吳軍對峙了七八個月，所有險阻的地方都有重兵把守，發動進攻必無好處。陸遜說：「劉備閱歷豐富，為人狡猾。當他率大軍初來時，考慮問題必定專心精細，我們不能輕易進攻。現在，時間久了，他的士氣低落，又找不到我們的空隙，想不出打敗我們的辦法，這正是我們進攻他的好時機。」陸遜先派兵去攻打蜀軍的一個營地，受挫而還，諸將又都埋怨。陸遜則說：「我已曉得破敵的辦法了。」說完，他讓士卒每人各持一束茅草，順風放火，全面發起反攻。虎威將軍朱然，首先擊破蜀軍前鋒，並切斷蜀軍後退之路；振威將軍潘璋，擊潰蜀將馮習部；偏將軍韓當與朱然一起，大破蜀軍於涿鄉（今湖北省宜都縣西北馬鞍山下）；綏南將軍諸葛瑾、建忠郎將駱統、興業都尉周胤，也自潺陵（今湖北省公安縣西）進擊猇亭，與陸遜合攻蜀軍主力。蜀軍四十餘座營地，相繼被拔，蜀將馮習、張南等被斬，杜路、劉寧等降吳。劉備見全線已潰，逃往馬鞍山上，命蜀軍環山自衛。陸遜率各軍四面圍攻，蜀軍又傷亡數萬人，終於徹底崩解。劉備乘夜突圍，向西北方向逃去。途中，在石門山（今湖北省巴東縣東北）又遭吳將孫桓的追擊，劉備命令沿途驛站，將輜重器械全部焚燒，阻塞道路，才躲開了孫桓的追兵，逃進白帝城。

夷陵之戰後，孫權本想圍攻白帝城，逼迫劉備投降，進而深入巴蜀，但因顧慮曹丕襲其後方，不敢一意向西，遂下令撤軍。這時，曹丕已平定塞外烏桓、鮮卑之亂，果然派大軍南下襲吳。孫權決心抗拒，並立即建國號為吳，改元黃武元年。孫權為拒曹魏大敵，轉而謀求與蜀漢和解，派鄭泉出使白帝城。劉備亦派宗瑋回訪東吳。吳蜀從此，又相安無事。

蜀伐魏之戰

蜀伐魏之戰，起於魏太和二年（蜀漢建興六年，西元二二八年）二月街亭之戰，迄於魏青龍二年（蜀漢建興十二年，西元二三四年）八月蜀軍還漢中，前後共歷六年半。

吳蜀荊州、夷陵之戰後，蜀漢受到很大損失，東吳的實力也有所消耗，曹魏卻坐收漁人之利。於是，自魏黃初三年至六年（西元二二二～二二五年），曹丕曾三次發兵大舉攻吳，但均因阻於長江天險，未能成功。魏黃初七年（二二六年）五月，曹丕病死，魏明帝曹叡即位。曹叡總結了父祖的經驗和教訓，感到吞滅吳、蜀的力量尚不充足，決定採取休整待機的策略，暫停對吳、蜀的進攻。而此時蜀漢方面，外有吳、魏強敵，內部政局不穩，諸葛亮輔佐後主劉禪負起全部軍政重任。諸葛亮本著他在隆中所制定的「跨有荊益，保其巖阻，西和諸戎，南撫夷越，外結孫權，內修政理」的戰略方針，採取各種措施，穩定蜀漢政權，並於夷陵戰後，立即派使者赴吳，主動與孫權釋怨修好，以改變蜀漢衰弱孤立的不利處境，進而集中力量北伐曹魏，然後再迫降東吳，統一全國。蜀漢經過諸葛亮的勵精圖治，鞏固了後方，增強了實力，與東吳重新結為聯盟，伐魏的準備工作也進展得比較順利。

魏黃初七年（二二六年）曹丕死後，孫權乘機攻魏，在江夏（今湖北省雲夢縣西南）和襄陽（今湖北省襄樊市）牽制了魏軍十餘萬兵力。諸葛亮認為北伐曹魏的時機終於到來，於蜀漢建興五年（二二七年）三月，向劉禪上了一道出師表，提出「今南方已定，兵甲已足，當獎率三軍，北定中原」。劉禪立即命諸葛亮率軍北上漢中（今陝西省漢中市），屯兵於沔水以北的陽平關和白馬山，準備攻魏。曹叡聞訊，亦欲發軍拒之。散騎常侍孫資認為：「漢中道路險阻，素稱『天獄』，用兵困難。用於防吳的兵力，已達十五六萬人，若再興師攻蜀，必然使天下更加騷動。不如派大將分據險要，震懾蜀漢，觀時待變。」曹叡遂決定對蜀暫取守勢。然而，不料這時魏新城（今湖北省房縣）太守孟達密謀歸蜀，諸葛亮為使漢中與東吳的南郡連成一氣，以便吳蜀協同攻魏，亦積極接應孟達。曹叡命驃騎大將軍司馬懿一面潛軍進襲新城，一面拒阻吳蜀援軍，終於擒斬孟達。

魏太和二年（蜀漢建興六年，西元二二八年）正月，諸葛亮與部下商議如何攻魏。丞相司馬兼涼州刺史魏延建議：「聽說魏國以夏侯楙為安西將軍鎮守長安，夏侯楙乃是曹操的女婿，怯而無謀。請給我精兵五千，直接從褒中（今陝西省西南部）出擊，沿著秦嶺向東，再由子午谷（從漢中到關中的南北通道）北上，不過十日，即可到達長安。夏侯楙見我軍突然到來，必然逃走，長安的糧倉和散存在民間的糧食，足夠我軍食用。曹魏從潼關以東派兵西援，沒有二十多天是到不了的，而丞相此時率大軍已出斜谷（今陝西省郿縣西南）抵達長安，咸陽以西一舉可定。」諸葛亮認為這是「危計」，「不如安從坦道，可以爭取隴右，十全必克而無虞」，沒有採納魏延的建議，而是揚言將出兵斜谷攻取郿縣，派鎮東將軍趙雲、揚武將軍鄧芝先自褒城北上，引誘魏國大將軍曹真拒之，諸葛亮卻自率主力六萬人，自漢中西出祁山（今甘肅省西和縣北）。魏南安（治所在今甘肅省武山縣西北隴西縣東南）、天水（治所在今甘肅省甘谷縣南）、安定（治所在今甘肅省鎮原縣南）三郡，未料到諸葛亮會突然兵出祁山，毫無預備，相繼投降蜀漢。整個關中因此大震，曹魏朝內一片惶恐。曹叡卻說：「諸葛亮在漢中憑藉秦嶺險要，難以往擊。現在他出兵來攻，正可破之。」於是，曹叡一面派右將軍張郃率步騎五萬自長安西進，過雍（今陝西省鳳翔縣）、汧（今陝西省汧陽縣）以拒諸葛亮，一面命大將軍曹真扼守陳倉（今陝西省寶雞市南），以拒來自箕谷（今褒斜道中太白嶺之西坡內）的蜀軍趙雲、鄧芝部，自己則親至長安坐鎮。

這年二月，諸葛亮在西城（今甘肅省西和縣）知曹叡派張郃前來拒戰，命參軍馬謖、裨將軍王平為前鋒疾趨街亭（今甘肅省天水市東南），以阻塞隴坻西方的隘口，另以將軍高詳屯駐柳城（今甘肅省清水縣北），作為側翼。然而，馬謖違背諸葛亮的訓誡，不據守街亭險要，反而依山阻水紮營，結果被張郃斷其水源，失守街亭。與此同時，屯駐柳城的蜀將高詳，也被魏將郭淮擊敗。諸葛亮大軍進無所據，繼續奪取隴右已經不可能，被迫由西城退回漢中。趙雲與鄧芝，也自箕谷後撤。戰後，諸葛亮上疏劉禪，請求自貶三等，斬馬謖以明軍紀。劉禪遣使慰問諸葛亮，並欲發兵前來增援。諸葛亮說：「我軍在祁山和箕谷均多於魏軍，不能取勝，反為魏軍所乘，原因並不在於兵力不夠，而是由於我的指揮失宜。如今，我只想減兵省將，明罰思過，修正以往的戰略計畫。如果還像以往那樣，即使兵多，又有甚麼用？」劉禪接受了諸葛亮自貶的要求，以諸葛亮為右將軍行丞相事。

諸葛亮撤軍後，魏大將軍曹真率張郃等進討南安、天水、安定三郡，將其逐一收回。曹真還估計諸葛亮鑑於祁山之敗，今後必然由陳倉出兵，命將軍郝昭等扼守陳倉，加修陳倉城垣。

這年五月，曹叡見西南方面暫告平靜，發三路大軍擊吳，以司馬懿率水軍沿漢水攻江陵，並命張郃督關中諸軍，受司馬懿節制，以大司馬曹休率步騎十萬攻皖，以賈逵攻濡須口之東關。八月，曹休被陸遜大敗於石亭（今安徽省懷寧、桐城二縣間），司馬懿所率水軍，因漢水水淺大船不得通行，退屯方城（今湖北省江陵縣東）。九月，鮮卑三萬騎兵圍攻魏烏桓校尉田豫於馬城（今河北省懷安縣北）。諸葛亮乘關中空虛，準備再次大舉攻魏。蜀漢群臣多因前有街亭之敗，以為魏不可伐，諸葛亮堅持出兵，於十二月潛師自故道（今陝西省鳳縣）出散關（今陝西省寶雞市西南），襲擊陳倉。

諸葛亮在先後擊破魏將費曜、王生之軍後，包圍陳倉，並派靳詳去說降魏陳倉守將郝昭。郝昭拒不肯降，諸葛亮便下令用雲梯和衝車攻城。郝昭用火箭射燒雲梯，用繩子拴著石磨撞壓衝車，給蜀軍以重大殺傷。諸葛亮又在城外搭起一些很高的架子，以便讓蜀軍站在上面向魏軍射擊，同時用土填城塹，企圖登城。郝昭則在城牆裡面又修了一道城牆，諸葛亮挖地道攻擊，郝昭也在城內挖地道截擊。雙方交戰二十餘晝夜，曹叡已急調張郃、王雙部自方城馳救關中。諸葛亮原以為陳倉很快就能拔下，所以攜帶的軍糧不多，此時面臨糧盡，不得不撤離陳倉。張郃乃命王雙引兵急追，諸葛亮回軍交戰，斬殺王雙，然後命陳式率一部軍往攻魏國的武都（今甘肅省成縣西）、陰平（今甘肅省文縣）二郡，自率大軍退返漢中。

次年（二二九年）春天，當陳式圍攻武都時，魏雍州刺史郭淮引兵往救，諸葛亮又親自率軍，還擊郭淮於建威（今甘肅省武都縣東北西和縣南），大破郭淮，一直追至祁山。陳式則奪得武都、陰平二郡。劉禪復拜諸葛亮為丞相。諸葛亮為使漢中立於不敗之地，在漢中西、東兩側加築漢城

（今陝西省勉縣東）、樂城（今陝西省城固縣東）二城，屯兵扼守。

魏太和三年（蜀漢建興七年，西元二二九年）夏四月，吳王孫權自稱吳大帝，改元黃龍，遣使通報蜀漢。蜀漢群臣，認為這是僭逆行為，要求斷絕與東吳的聯盟。劉禪派人赴漢中詢問諸葛亮的意見，諸葛亮認為孫權稱帝是無可奈何的事，蜀漢此時的主要敵人是曹魏，要「應權通變，弘思遠益」，勿為「匹夫之忿」。劉禪遂遣使入吳，向孫權致賀，並與孫權相約，滅魏後平分魏國的州郡。

魏太和四年（蜀漢建興八年，西元二三〇年）七月，曹真向曹叡請求率大軍從斜谷入漢中，同時由司馬懿率南陽之軍自漢水出西城（今陝西省安康縣西北），攻擊漢中的左側，由張郃率雍、秦二州之兵，自隴西入武威（今甘肅省西和縣東南），攻擊漢中的右側，諸軍會師於南鄭（今陝西省南鄭縣），先下漢中，遂即取蜀。曹叡採納了他的這一方略。

八月，諸葛亮獲知魏軍將分三路來攻，於是移軍至城固及赤阪（今陝西省洋縣東子午谷南口及漢水彎曲處）待敵，命魏延與吳壹率少量輕騎，自河池（今甘肅省徽縣）出祁山，西入羌中（今甘肅省臨夏縣及青海省循化、貴德等縣），以擾亂敵人後方為任務，並連結羌人牽制張郃，又命李嚴率軍二萬赴漢中。魏軍在行進途中，適值大雨連月，各處山洪暴發，道路阻絕，隊伍損耗甚大。魏少府楊阜、散騎常侍王肅、司徒華歆等，均向曹叡上疏，請求停止此次行動。曹叡也感到繼續進軍有害無益，於九月下詔班師。

當魏延、吳壹西上羌中時，魏將張郃唯恐蜀軍攻其後背，退守上邽（今甘肅省天水市南），命後將軍費瑤與雍州刺史郭淮，冒雨截擊蜀軍。費瑤、郭淮未追上蜀軍，張郃急忙將此情況報告曹真。曹真認為魏延、吳壹等兵少勢微，不足為懼，乃命費瑤、郭淮嚴守狄道（今甘肅省臨洮縣），使張郃守上邽，以防蜀軍連結羌人進犯。魏延與吳壹進入羌中，在洮水以西輾轉數月，招兵買馬成一勁旅，與羌人的關係處理得也好。魏延還時時派輕騎馳回漢中，請示歸期歸途。這年十一月，魏延與吳壹率萬餘騎兵自羌中撤歸，途中與魏將費瑤、郭淮相戰於首陽（今甘肅省渭源縣東南）南面的陽谷。費瑤與郭淮阻塞道路，佈營谷底，乘夜包圍蜀軍營地，不料諸葛亮已派大軍突來接應，魏軍遭內外夾擊，退守狄道待援。張郃率軍趕到這裡時，蜀軍已退回漢中。

魏太和五年（蜀漢建興九年，西元二三一年）二月，諸葛亮命李嚴負責糧運，自率大軍再出祁山，仍以隴右為目標，第四次攻魏。這時，魏國方面以賈嗣、魏平守祁山，費曜守上邽，戴陵、郭淮守隴西，張郃、曹真屯長安。曹真得知蜀軍已圍祁山，深恐其聲西擊東，命令各地守將不許擅動。後因曹真有病，曹叡改委司馬懿為主將，以拒蜀軍。許多魏將，不願接受司馬懿節制，向曹叡上疏：「蜀軍沒有多少輜重，糧必不繼，沒必要勞師興眾，只要割取上邽一帶的麥子，斷絕蜀軍之食，蜀軍遲早自退。」曹叡知道諸葛亮別有企圖，不但未聽這些人的建議，反而增兵給司馬懿。司馬懿來到長安，便想立即率軍去救祁山。張郃勸道：「諸葛亮雖然已出祁山，漢中仍留下不少兵力，肯定是別有企圖。我們若以全部大軍西救祁山，則後方可慮，應當分兵駐守雍、郿等地，以為後鎮。」司馬懿卻認為，自己的兵力本來就不夠用，不應分散使用，執意率全軍西救祁山。

諸葛亮見司馬懿率全軍遠來，其目的在救祁山，決定避實擊虛，親率三萬主力，北趨上邽。這時，郭淮奉司馬懿之命，自狄道前來會救祁山，途中探知司馬懿與張郃正往祁山進發，而諸葛亮卻分兵北攻上邽，急忙派人通報上邽守將費曜，相約夾擊蜀軍。然而一經接戰，郭淮軍與費曜軍，皆為蜀軍所破。司馬懿趕至祁山後，得知郭淮、費曜戰敗的消息，在將祁山守將之一的魏平接出蜀軍重圍之後，不顧祁山仍然被圍，立刻回軍往救上邽。就在司馬懿回軍上邽的途中，上邽已為蜀軍攻佔，司馬懿只好在上邽的東面憑險據守。諸葛亮自上邽移軍攻之，司馬懿堅守不出。諸葛亮讓將士收割上邽附近的麥子，司馬懿仍堅守不戰。諸葛亮在割盡上邽的麥子後，引軍向祁山方向撤退，以調動魏軍，尋找戰機。司馬懿終於起營追擊，一直追到鹵城（今甘肅省天水市南）。張郃又建議：「蜀軍遠道來進攻我們，求戰未得，必然認為我們是在以不戰為戰，想以持久對峙來消耗他們。如今，祁山被圍的我軍，知道大軍就在附近，必然更加固守，我們可以屯軍於此，分兵攻擊蜀軍的背後。」司馬懿不以為然，繼續尾追蜀軍。諸葛亮突然回軍求戰，司馬懿大吃一驚，急忙率軍登山，又掘營自守。將軍魏平、賈栩等數次要求出戰，司馬懿難以堅持，被迫於五月十日出戰，命張郃率軍進攻蜀軍後方的王平部，自率其他諸軍，從正面進攻蜀軍大營。諸葛亮派魏延、高翔、吳班各率一軍迎戰，魏軍大敗，蜀軍殲敵三千人，繳獲鎧甲五千領、角弩三千一百張。司馬懿只好仍然退保其營壘。此時，張郃進攻王平亦告失利，魏蜀兩軍又復對峙。

這年夏秋之際，負責糧運的李嚴，因大雨連綿未能完成運糧任務，便假傳劉禪的命令，讓諸葛亮退軍漢中。諸葛亮不知道這是李嚴在矯詔，分兵埋伏，以防司馬懿的追兵之後，撤回漢中。司馬懿聽說諸葛亮退軍，立即派張郃引軍追擊。張郃說：「兵法上一向認為，圍城必開出路，歸軍勿追。」司馬懿則以為，蜀軍是因糧盡而退，軍心不穩，追擊必獲大勝，強令張郃追擊。張郃率萬餘騎兵追至木門山（今甘肅省天水市西南）時，遭到蜀軍伏擊，張郃中箭而死。諸葛亮安然退回漢中。

此次戰後，司馬懿深感諸葛亮因幾次北伐均未成功，今後再出祁山，將不再攻城，而求野戰，而且必在隴東，而不在隴西，諸葛亮又每以軍糧不足為恨，歸去必然大力儲積糧食，沒有三年收成，不可能再出兵。於是，司馬懿上表魏明帝，請徙冀州的人民來開墾上邽、天水、南安、新平（今陝西省彬縣、長武、永壽和甘肅省涇川、靈臺等縣）等地的荒田，並在此加修水利，復興農業，作長期戰爭的準備。曹叡立刻批准實行。蜀漢方面，諸葛亮自祁山回到漢中後，一心「休士講武，勸農殖穀」，大量製造「木牛流馬」，並派人修復斜谷及故道的棧道邸閣，連結散關至陳倉之間的陸運，以及嘉陵江與斜谷水之間和陳倉水與渭水上遊的水運。諸葛亮又遣使至吳，約請孫權共同伐魏。

魏青龍二年（蜀漢建興十二年，吳嘉禾三年，西元二三四年）二月，諸葛亮經過長時間的準備之後，終於悉其全力，與吳國同時伐魏。蜀軍十二萬餘人突出斜谷，進至渭水以南。屯軍在渭水以北的司馬懿，聽說蜀軍一部已佔領郿縣，立即召集諸將商議對策，諸將多欲在渭水以北與蜀軍決戰。司馬懿卻說：「百姓積聚之處，多在渭南，那裡乃是必爭之地。」遂引軍當夜渡過渭水，背水為壘，以拒蜀軍主力。司馬懿還對諸將說：「諸葛亮如果從武功（今陝西省郿縣東渭水以南）出發，依託山陵向東進攻，實在使我擔憂；如果西上五丈原（今陝西省郿縣西南），大家就沒有危險了。」諸葛亮果然進駐五丈原，魏諸將皆喜，唯獨郭淮深以為憂。郭淮認為，諸葛亮屯兵五丈原，其目的乃在變更其作戰基地，自漢中移至祁山、天水，而使渭水作為後方交通線，以利用隴西的資源支持蜀軍作戰，削弱魏軍的戰鬥力。郭淮聽說蜀軍已下陳倉、雍城（今陝西省鳳翔縣），開通故道，以一部軍攻天水，使用「流馬」運隴西糧出渭水，便向司馬懿指出，欲拒止蜀軍攻勢，必須先於蜀軍佔據北原（今名積石原，在陝西省郿縣北渭水北岸，距五丈原二十五里），以掩護大軍右側。司馬懿和諸將，皆不以為然。郭淮又說：「諸葛亮如果跨過渭水，登上北原，與五丈原連成一氣，隔絕隴道，將為國家的大患。」司馬懿這才意識到北原的重要性，命郭淮率重兵移屯北原。郭淮連夜佔據北原，急築塹壘，尚未築成，蜀軍已至，郭淮督軍奮力抵抗，擊退蜀軍。幾天後，蜀軍突然大舉向西移動，郭淮的部下以為蜀軍將攻魏軍西側。郭淮卻說：「這是蜀軍故意見形於西，欲使我們前去救應，然後乘虛來取北原。」夜間，蜀軍果然回師北原，因郭淮有備，毫無所得。這時，諸葛亮見東進的道路受阻於司馬懿，從渭水前進又為郭淮所阻，乃移軍攻取散關、隴城（今陝西省隴縣）等地，然後又回師進攻司馬懿。司馬懿堅守不出，諸葛亮知道司馬懿欲待蜀軍糧盡退兵，坐收其功，又鑑於每次出兵都是因軍糧不繼而回師，遂下令在渭水之濱屯田，準備與魏軍長期對峙。

蜀漢此次大舉伐魏之前，曾約請孫權同時伐魏。孫權為避免與魏軍交鋒，遲至五月等魏軍全力移往西方應付蜀軍時，才兵分三路伐魏。孫權的部署是：以陸遜和諸葛瑾率荊州之兵進攻襄陽，以孫韶和張承率揚州之兵進攻徐州和淮陰，孫權自率大軍十萬，自建業進攻新城（今安徽省合肥市東北）。魏國於是東西受敵。

當吳軍圍攻新城時，魏揚州都督滿寵，欲徵集廬江、淮南二郡之兵往救。部將田豫認為，吳軍圍攻新城的目的，正是企圖誘使魏軍增援，而後予以聚殲，建議聽任吳軍攻城，待其疲怠再發動攻擊。滿寵向曹叡請示，在得到曹叡「吾將自往攻之」的回答後，未去救援新城，而命新城守將戮力防守。孫權以為魏國大軍正與蜀軍對峙於渭南，無暇東顧，猛攻新城不止，後因得知曹叡前來親征，才連夜退軍。陸遜、諸葛瑾和孫韶、張承兩路吳軍，亦先後退回原來的駐地。

諸葛亮與司馬懿對峙於渭南，已經四個月，諸葛亮數次挑戰，司馬懿均堅守不出。諸葛亮後來派人送給司馬懿「巾幗婦人之服」，司馬懿終於被激怒，上表曹叡請求出戰。曹叡特派辛毗來作司馬懿的軍師，以節制司馬懿的行動。蜀護軍姜維得知這一情況，對諸葛亮說：「敵使辛毗持節來到前線，司馬懿不會再與我們交戰。」諸葛亮說：「司馬懿本來就沒想和我們交戰。他之所以向曹叡請戰，不過是在將士面前裝裝樣子罷了。將領在外作戰，君命有所不受，如果能戰勝我們，還用得著不遠千里去請戰嗎？他以為我們長途深入至此，糧運困難，利在速戰速決，所以想按兵不動疲怠我們，然後乘我們糧盡退師之際發動攻擊。因此，即使辛毗持節前來督他出戰，他也絕不會出戰，何況是來阻止他出戰呢？我之所以分兵在此屯田，正是為了與司馬懿長久對峙，觀時待變。如今我們利用『木牛』、『流馬』運糧，天天都能得到供應，不但毫無疲怠，反而越戰越強。司馬懿的詭計，將起不到任何作用。」不久，諸葛亮又派人到司馬懿軍中求戰，司馬懿只是向使者詢問諸葛亮的飲食、睡眠情況和事務的繁簡，並未談及兵事。使者回答：「我家丞相料理事務，夜以繼日，處罰二十軍棍以上的案情，都要親自審理，每天吃飯不過數升。」司馬懿歎道：「諸葛亮吃飯這麼少，而事務這麼多，還能活得長久嗎？」諸葛亮果然很快就病倒，數日後死於軍中。長史楊儀和姜維等秘不發喪，整軍後退。當地百姓，見蜀軍已去，急忙向司馬懿報告。司馬懿派部將出營細探，見蜀軍確實退走，乃下令展開追擊。姜維與楊儀等魏軍追至，立即返旗鳴鼓，假裝要回擊魏軍。司馬懿以為中計，急忙引軍後退。蜀軍繼續撤兵，進入斜谷後，才敢為諸葛亮發喪。這時，魏延因不願撤兵，並想統率蜀軍繼續作戰，率所部搶先南行，燒絕閣道，佔據斜谷南口，擋住楊儀的歸路。

楊儀遣馬岱將其擊殺，然後退回漢中。諸葛亮死後，劉禪以蔣琬為尚書令管理國事，蜀漢力量日漸削弱。孫權恐曹魏乘機取蜀，在巴邱（長江三峽）大量增兵，表面上是為了救援蜀漢，實際上是企圖與曹魏共同分割蜀漢。蔣琬增兵白帝城，以防不測。孫權聞知，圖蜀之念才打消。曹叡則因諸葛亮這個心腹大患已除，開始大興土木，過起歌舞昇平的日子來。司馬懿官加太尉，執掌魏國軍權，從此埋下了日後司馬氏篡魏的基礎。

魏滅蜀之戰

魏滅蜀之戰，起於魏景元四年（蜀漢炎興元年，西元二六三年）八月，迄於同年十一月。

魏明帝曹叡自諸葛亮死後，逐漸腐化起來，除了於魏景初二年（二三八年）曾派司馬懿討斬遼東公孫淵之外，沒有再對外用兵。次年正月，曹叡病死，年僅八歲的曹芳即位，由大將軍曹爽和太尉司馬懿輔政。曹爽在其幕僚何宴、鄧颺、丁謐等人的慫恿下，一面伐吳伐蜀，一面專擅朝政。司馬懿因此與其有隙，稱病姑且韜晦，暗中卻與他的兒子司馬師、司馬昭謀誅曹爽。魏嘉平元年（二四九年）正月，司馬懿乘曹爽護送曹芳祭掃高平陵（魏明帝曹叡陵）之際，假傳皇太后的旨意，關閉都城的城門，派司徒高柔佔據曹爽的軍營，然後上奏曹芳揭露曹爽的罪惡。曹芳無奈，只好將曹爽免官。司馬懿又發兵圍住曹爽的宅第，以謀反之罪，殺死曹爽及其黨羽。從此，司馬懿獨攬朝政。魏嘉平三年（二五一年）八月，司馬懿死去，其長子司馬師為大將軍錄尚書事。曹芳與中書令李豐，密謀除掉司馬師，被司馬師發覺，擊殺李豐，廢黜曹芳，迎高貴鄉公曹髦為魏帝。司馬師死後，其弟司馬昭繼為大將軍錄尚書事。不久，司馬昭討平淮南諸葛誕之叛，逼迫曹髦加封自己為相國，稱晉公。觀景元元年（二六〇年）四月，魏帝曹髦已經二十歲，見自己威權日去，不勝忿懣，親率殿中宿衛討伐司馬昭，卻被司馬昭的部下賈充刺死。司馬昭又迎年僅十五歲的常道鄉公曹奐為帝，稱魏元帝。司馬昭從此益發鞏固自己的權勢地位，使魏國的政治開始趨於穩定，經濟也得到迅速發展，出現了所謂「四海傾注，朝野肅然」的局面，為日後滅蜀、滅吳做好準備。

這期間蜀漢方面，大司馬蔣琬繼承諸葛亮的遺志，經過四年的休養生息，率軍出屯漢中，準備再次伐魏。魏正始二年（蜀漢延熙四年，西元二四一年）閏六月，蔣琬鑑於諸葛亮以前幾次兵出祁山均因道險糧困無功而還，下令多造舟船，欲沿漢、沔二水東下，襲取巍興（今陝西省安康縣西北）、上庸（今湖北省竹山縣）等地。蜀漢尚書令費禕、中監軍姜維認為，自漢水東下若不能取勝，退軍將很困難，勸後主劉禪制止這一舉動。不久，蔣琬病重，費禕繼領全部軍政。魏正始五年（蜀漢延熙七年，西元二四四年）三月，魏國大將軍曹爽進軍漢中，費禕率軍赴救，迫使魏軍撤退。魏正始七年（蜀漢延熙九年，西元二四六年），劉禪命涼州刺史姜維與大將軍費禕共同輔政。姜維曾幾次想率軍伐魏，均為費禕所阻。費禕死後，姜維立即率數萬兵北出石營（今甘肅省西和縣西北），經董亭（今甘肅省天水市西南），包圍狄道（今甘肅省臨洮縣），以響應吳國諸葛恪攻魏，後因糧盡退兵。魏正元元年（蜀漢延熙十七年，西元二五四年）六月，姜維乘魏國發生內亂之機，再次出軍隴西。包圍狄道，連拔河關、狄道、臨洮三縣。次年七月，姜維又想攻魏，征西大將軍張翼認為，蜀漢國小民困，不宜黷武，勸姜維停止發兵，姜維未聽。結果，蜀軍此次在狄道，遭到魏軍重創。魏甘露元年（蜀漢延熙十九年，西元二五六年）七月，姜維率軍再出祁山，在上邽以南的段谷與魏將鄧艾部交戰，傷亡又很慘重。次年十二月，姜維聽說魏將諸葛誕在淮南舉兵反抗司馬昭，魏關中之軍已分赴淮南，欲乘虛出秦川襲魏。魏征西將軍司馬望與鎮西將軍鄧艾，率軍在渭水沿岸與蜀軍對峙。姜維見毫無進展，又聽說諸葛誕兵敗身死，引軍退還成都。從此，姜維再不敢隨便對外用兵，而是努力加強漢中的守禦，以防魏軍來犯。但蜀漢已經兵疲民困，國力不足，內部矛盾也逐漸加劇，後主劉禪又庸懦無能，聽任宦官黃皓擺佈，遂使蜀漢更加衰落。

魏景元三年（蜀漢景耀五年，西元二六二年）冬天，早就想篡魏的司馬昭為崇其威望，在人心歸趨之下達到禪代的目的，急於建功於國外，首要目標，自然是內政不修邊備亦差的蜀漢。眾臣皆以為不可，唯獨司隸校尉鍾會贊成伐蜀，並提出名為伐吳、實為伐蜀的聲東擊西之策。司馬昭大喜，命鍾會統率關中十二萬大軍，準備自斜谷、駱谷、子午谷三道並進，分頭進入漢中，同時命征西將軍鄧艾進攻沓中，命雍州刺史諸葛緒進攻武街（今甘肅省武都縣西南）與陰平（今甘肅省文縣），作為助攻。正當魏軍將要大舉征蜀之際，有人提醒司馬昭警惕鍾會心懷異志。司馬昭也認為，鍾會是個靠不住的人，難以信任，但他滅蜀的決心和勇氣卻可嘉許，至於滅蜀之後若萌異心，再解決他也不遲。於是，司馬昭仍部署上述三路軍齊頭並進，只是互不隸屬，各自完成預定的任務。

魏景元四年（蜀漢炎興元年，西元二六三年）八月，鍾會所率的魏軍主力從洛陽出發，司馬昭親自送行，並誓師滅蜀。九月，鍾會軍行至長安，然後分兵自子午谷、駱谷、斜谷南進漢中。諸葛緒和鄧艾兩軍，亦按原計畫行進。

蜀漢後主劉禪得知魏軍來攻，急忙派廖化率軍往沓中（今甘肅省舟曲縣以西岷縣以南）接應姜維，派張翼、董厥率軍加強陽平關（今陝西省沔縣西）的防禦，命漢中蜀軍憑險固守。九月，鄧艾自狄道南進，派天水太守王頎率萬人直趨沓中進攻姜維，命隴西太守牽弘和金城太守楊欣各率五千人助攻，自己則率主力繼後。姜維在沓中見鄧艾軍來到，又聽說鍾會已進軍漢中，立刻引兵東撤，在湔川口（今甘肅省西固縣西）遭到鄧艾軍追擊。這時，諸葛緒所率魏軍，自祁山攻佔武都等地，已進趨陰平，截斷姜維的歸路。姜維被迫從孔幽谷（今甘肅省武都縣孔幽水入白龍江處）前往武街，將諸葛緒的注意力吸引到那裡，然後又回師陰平。姜維在此遇到前來增援他的廖化，方知劉禪已另遣張翼和董厥馳援陽平關，於是留廖化在陰平抵禦諸葛緒和鄧艾的進攻，自率主力往陽平關迎擊鍾會。

鍾會的大軍進入漢中後，正在猛攻樂城、漢城和陽平關三處。鍾會見蜀軍皆堅守城池不戰，命前將軍李輔率萬人攻樂城，將軍荀愷率萬人攻漢城，自率諸軍越過二城猛攻陽平關。蜀漢陽平關守將蔣舒，在強敵面前鬥志動搖，叛變通敵，引導魏軍前鋒胡烈部，襲陷陽平關，使鍾會獲得這裡的大量庫藏積穀。姜維正自陰平來援，忽聞陽平關失守，張翼、董厥之軍已自朝天嶺南退，與廖化同退白水關（今四川省昭化縣北），在此收攏張翼和董厥的部隊，然後前往劍閣佈防。鍾會趕至劍閣，發佈魏帝討蜀檄文，企圖招降姜維。姜維拒不肯降，而是列營守險以待。魏蜀雙方主力，遂在劍閣形成對峙。

鍾會在劍閣久攻不克，深恐發生不測，準備撤軍。鄧艾在陰平，正想與諸葛緒進襲江油和成都，聞訊向司馬昭建議：「蜀軍已遭重挫，應當乘勢進軍。從陰平由小道，經德陽亭（今四川省平武縣東北）到涪城（今四川省涪陵縣），已出劍閣以西四百餘里，距成都還有三百餘里，奇兵衝其腹心，防守劍閣的姜維必然回救涪城，鍾會便可不戰而入劍閣。如果姜維不去援救涪城，則救援涪城的蜀軍就很少了，正可攻其不備，出其不意，一舉拿下涪城。」司馬昭回書，表示讚許。鄧艾於是約請諸葛緒與其同行，諸葛緒認為自己的任務是牽制姜維，並沒有接到司馬昭讓他也南進的命令，沒有答應，並且移軍白水關，與鍾會部會合。鍾會欲專軍權，向司馬昭誣告諸葛緒畏懦，致使諸葛緒被司馬昭下令押回洛陽，諸葛緒軍全部歸鍾會所轄。此時，連同沿途收降的蜀軍，鍾會軍已達二十萬人。

十月中旬，鄧艾自率精銳萬人爬山開路在前，命其餘二萬餘人負責糧運在後，自陰平進入景谷，在果陽土霸（今四川省青川縣北）遭遇蜀將田章所率的數千蜀軍，將其全部俘獲。鄧艾以蜀軍降卒為前導，火速向江油戍（今四川省江油縣）進發，一舉擊降蜀漢江油戍守將馬邈。然後，鄧艾驅軍自江油戍南行，出左擔道和天柱山棧道，進入成都平原。猛撲涪城。奉命增援涪城的蜀將諸葛瞻（諸葛亮的兒子）尚未進駐涪城，即被如疾風而至的鄧艾軍擊潰，退守綿竹（今四川省德陽縣）。鄧艾派人勸降諸葛瞻，遭到諸葛瞻的拒絕，雙方列陣以待。鄧艾命其子鄧忠領兵二千，攻擊蜀軍右側，命司馬師纂領兵二千，攻擊蜀軍左側，二將皆失利敗回，聲稱「賊未可擊」。鄧艾大怒說：「存亡與否，在此一舉，還有甚麼可以不可以的？」逼使二將再戰。鄧忠和師纂又衝向蜀營，終於大破蜀軍，並殺死諸葛瞻。鄧艾遂進入綿竹，隨即進軍雒城（今四川省廣漢縣城）。

十一月，成都城內已是一片混亂，後主劉禪命群臣商議對策。有人主張投奔盟國東吳，有人主張逃往南中七郡，光祿大夫譙周勸劉禪乞降，劉禪的兒子北地王劉諶，則決心背城一戰，與蜀漢社稷共存亡。最後，劉禪還是採納了譙周的意見，先送天子璽綬和降表給鄧艾，然後把自己捆綁起來，身後拉著棺木去見鄧艾。鄧艾立即為其鬆綁，焚燒棺木，並依照原定計畫，拜劉禪為魏驃騎將軍，請他下令，讓各地蜀將停止抵抗。

姜維堅守劍閣，忽聞成都告急，引軍南退郪縣（今四川省三臺縣南），以等待確切消息。鍾會遂長驅直入劍閣，並分遣胡烈、田續、龐會等繼續追趕姜維。姜維在郪縣，接到劉禪命令他投降的敕書，不禁傷心流涕，只好投戈卸甲，率部赴涪城向鍾會投降。鍾會很器重姜維的才幹，對姜維非常厚待，出則同車，坐則同席。姜維知道鍾會懷有異志，亦欲構成魏軍內部混亂，乘機復蜀，便勸鍾會吸取前代范蠡、韓信被殺的教訓，在蜀中稱王。鍾會對此自然高興，但考慮到鄧艾還在成都，暫時沒有表態。

鄧艾進入成都後，志得意滿，在給司馬昭的報告中，也流露出驕矜之氣。司馬昭本來就擔心鄧艾反叛，又因鍾會一再密奏鄧艾「詆毀晉公」，下令讓鍾會逮捕鄧艾，同時挾魏帝曹奐親自西征，以防鄧艾或鍾會作亂。魏咸熙元年（二六四年）正月十五日，鍾會率大軍至成都，用突然襲擊的手段，囚禁鄧艾父子，派人押往洛陽，鄧艾之軍則歸於自己。鍾會見魏國的猛將銳卒已全在手中，欲使姜維率蜀軍五萬為前鋒出斜谷，自率大隊隨後，前往洛陽爭奪天下。然而，司馬昭這時已屯兵長安，並派中護軍賈充經斜谷屯駐樂城。鍾會知道司馬昭發覺自己的用心，便聲稱魏國太后有密詔，「使會起兵，廢除逆臣司馬昭」，宣佈自己為益州牧，公開聲討司馬昭。鍾會還把所謂「密詔」交給諸將傳看，以求得到諸將的支持，諸將面面相覷，誰也沒有作聲。鍾會便將諸將關押起來，而以自己的親信代領諸軍。姜維乘機寫密信給劉禪，說自己準備勸鍾會殺死魏軍諸將，然後再殺死鍾會，以恢復蜀漢。魏將胡烈之子胡淵，得知鍾會要誅殺諸將的消息，領兵衝入成都城內，救出被囚的諸將，聚兵格殺姜維和鍾會。鄧艾本營將士，見鍾會已死，鄧艾被押離去未遠，企圖將鄧艾營救回來。司馬昭的親信衛瓘聞知，搶先派人追殺鄧艾，進而撫定了成都的混亂局面。

魏滅蜀之戰，是由三國鼎立走向統一的戰爭，可謂大勢所趨。蜀漢在三國中，力量最為弱小，初期依靠諸葛亮的擘劃與地形之利，才得以與魏吳為敵，但自夷陵敗後，國力大損，即使後來又有所恢復，仍不是魏吳的對手。諸葛亮在世時，尚且六出祁山而無功，及諸葛亮一死，蜀漢在強鄰壓境之下，已有岌岌可危之勢。姜維繼承諸葛亮的遺志，屢次出師伐魏，反而益發民困兵疲，加上內政日衰，終於導致蜀漢滅亡。

國家圖書館出版品預行編目（CIP）資料

中國古代戰爭通覽 / 張曉生著. -- 第一版. -- 臺北市 : 風格司藝術創作坊, 2017.08
冊 ; 公分
ISBN 978-986-95148-2-8(第1冊 : 平裝). --
ISBN 978-986-95148-3-5(第2冊 : 平裝). --
ISBN 978-986-95148-4-2(第3冊 : 平裝)

1.戰史 2.中國

592.92 106011359

中國古代戰爭通覽（一）——上古時代至三國時代

作　者 / 張曉生
編　輯 / 苗龍
發行人 / 謝俊龍
出　版 / 風格司藝術創作坊
10671台北市大安區安居街 118 巷 17 號
Tel：（02）8732-0530　Fax：（02）8732-0531
http://www.clio.com.tw
經銷商 / 紅螞蟻圖書有限公司
地址：11494台北市內湖區舊宗路二段121巷19號
Tel：（02）2795-3656　Fax：（02）2795-4100
http://www.e-redant.com
出版日期 / 2017 年 08月
定　價 / 360元

ISBN 978-986-95148-2-8　Printed in Taiwan